猪场标准生产
流程管理体系教程

U0315207

Treasures in the Sea of Pigs

猪海拾贝

保育育肥舍系统管理

喻正军 温志斌 李伦勇 编著

中国农业科学技术出版社

图书在版编目（CIP）数据

猪海拾贝. 3，保育育肥舍系统管理/喻正军，温志斌，
李伦勇编著. —北京：中国农业科学技术出版社，2017.5
ISBN 978-7-5116-3086-5

Ⅰ. ①猪… Ⅱ. ①喻… ②温… ③李… Ⅲ. ①养猪学
Ⅳ. ①S828

中国版本图书馆CIP数据核字（2017）第 106330 号

责任编辑　　徐定娜
责任校对　　贾海霞

出 版 者　　中国农业科学技术出版社
　　　　　　北京市中关村南大街12号　邮编:100081
电　　话　　（010）82109707　82105169（编辑室）
　　　　　　（010）82109702（发行部）　（010）82109709（读者服务部）
传　　真　　（010）82109707
网　　址　　http://www.castp.cn
经 销 者　　各地新华书店
印 刷 者　　北京富泰印刷有限责任公司
开　　本　　787mm×1 092mm　1/16
印　　张　　42.25（共三册）
字　　数　　761 千字（共三册）
版　　次　　2017 年 5 月第 1 版　2017 年 5 月第 1 次印刷
总 定 价　　998.00元（共三册）

《猪海拾贝》

编著委员会

主 编 著：喻正军　温志斌　李伦勇

副主编著：陈　杰　张强胜

参与编著：（按拼音顺序排名）

陈顺友　高振雷　胡巧云　黄少彬

李增强　刘　丹　刘清钢　刘世超

刘祝英　马　沛　谭成辉　唐万勇

王　军　王贵平　谢红涛　叶培根

余江涛　喻传洲　袁国伟　张　政

张李庆　周小双

封面设计：孙宝林　田　静　柯小力　秦　勤

配　　图：陈　杰　龚　路　秦　勤

版式设计：陈　杰　秦　勤

序

一心只为养猪人
——写在历练中前行的2017

  早在六七千年以前，猪就跟人们的生活结下了不解之缘。虽说在浩如烟海的知识宝库里，养猪只是不起眼的一个小众行业，但我始终认为养猪无小事。随着时代的变迁，今天的我们再也不是一头一头的家庭养殖，现代化、规模化养殖的蓬勃发展更是赋予了养猪新时代的意义。在这养猪知识的海洋中，单是养猪本身的学问，我们一辈子也学不完，我愿做一个海滩拾贝的孩童，一边游泳，一边看看风景，把收获的贝壳分享，其实很好的。

  从时间上看，中国的养猪历史悠久，但养猪水平，特别是近年来的发展普遍落后于一些发达国家。要养好猪，其中涉及到的知识非常多，有种、料、养、管、防、人、财、物、产、供、销、机械、环保、设备、建设等。盘根错节的影响因素，却无法衡量孰轻孰重，我们能做的非常有限，只有先从养猪流程中关键环节的关键控制点开始，一步步总结一些东西，这些经验希望能够带给广大从业者一点思考。

  做事总是困难的，因为怕高手诟病，怕知识不全，怕图片不优美，怕各种怕，但新南方还是选择用勇于尝试的态度编写这套教程，希望在历练中前行，有问题发现问题，有错误改正错误，如果不做，一辈子很短，也很快就会过去了。

好在老喻的朋友圈足够强大，初稿出来后，得到了广大朋友和专家的支持，这里特别鸣谢喻传洲、叶培根、陈顺友等老师的大力支持；同时也感谢唐万勇、王军、黄少彬、谢红涛、袁国伟、张李庆先生的热情奉献和帮助；感谢张强胜先生提出的宝贵建议并为这套教程带来质的飞跃；感谢李伦勇、温志斌、陈杰的辛勤付出，以及为这套教程付出心血与汗水的小伙伴们。全国高手众多，以后一定慢慢请教！千里之行始于足下，新南方在各位的支持和帮助下，一定勉励前行，努力做好每一项工作，真正做到只为养猪人！

喻正军

2017年4月

前言

保育育肥舍生产管理是猪场生产管理流程中最后的一个环节，也是猪场生产管理至关重要的一个环节。关于保育猪及育肥猪的生产管理也许人们想得过于简单了，人们平时觉得饲养保育及育肥猪只是简单饲喂和做好卫生就可以了。但实际上要想将保育猪及育肥猪养好，远远不止如此。要想做好保育育肥舍的生产管理，提高生产成绩，就需要掌握保育育肥舍的生产管理涉及到一系列的关键生产环节，进行系统性的管理，真正站在"猪"的角度来考虑问题。

断奶仔猪由于机体组织发育不健全，疾病抵抗力较差，从分娩舍转出后需要通过保育舍的进行精心饲养达到合适体重后，再转入育肥舍进行继续生长直至达到合适的体重顺利出栏销售，才能给猪场带来源源不断的利润和收入。同时，猪群在保育育肥舍饲养过程中需要消耗大量的饲料用于自身生长发育及体重增长，其所消耗的饲料成本占到整个猪场生产成本的80%以上，因此保育育肥舍生产管理的好坏直接影响猪场的最终利润和收益，在猪场生产管理中的重要性也就不言而喻了。

作为《猪海拾贝》猪场生产流程管理系列丛书中的重要组成部分，在本书中，依旧沿用了图文并茂，模拟课堂教学的方式，围绕着保育猪及育肥猪生长发育特点及生产管理目的，结合保育育肥舍生产管理的特点，将本书共分成七大章节：保育育肥舍生产管理的目标，提供良好的生长环境，如何减少转群应激，如何让猪群长得更快，尽可能减少健康问题，如何进行销售，准确的生产记录。系统地阐述保育阶段及育肥阶段所涉及到的所有生产流程及关键点。同时，在本书中采用了大量猪场生产一线操作照片将生产管理的流程和细节展示给读者，希望能让广大读者快速理解、迅速掌握。

本书以直观性、实用性为主，本书编著过程当中，鉴于编者知识水平有限，加之养猪业新知识和新技术不断更新，虽然本人在编写过程中尽了自己最大努力，但难免还存在不足之处，希望广大同行、养殖户朋友批评指正，提出宝贵意见，以便再版时进行修正及完善。

李伦勇

2017年4月

【目录】
Contents

【目录】
Contents

第一章

保育育肥舍生产管理的目标

保育舍生产管理的目标

仔猪断奶后就需要转入保育舍进行继续饲养，目的是使仔猪顺利渡过各种断奶应激并逐步适应群体生活，保障健康并能快速生长，直到体重达到25~30千克时顺利进入育肥舍。良好的保育舍管理将给猪群在育肥阶段打下一个坚实的基础，是猪场生产管理中一个非常重要的过渡阶段。

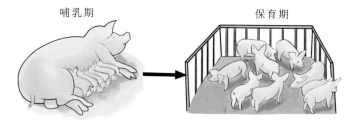

保育舍生产目标

生产指标	参考标准
成活率	≥ 98%
残次率	≤ 2%
料肉比	1.5
70 日龄均重	≥ 30kg

主要内容

转猪之前保育舍彻底的空栏干燥

（1）正确的准备栏舍

正确的准备保育舍是保育猪生产管理的开始。断奶仔猪转入保育舍之前要求将上一批保育猪全部清空，进行彻底的清理、清洗、消毒、干燥，可以大大减少上一批猪群遗留下来的病原微生物，降低疾病交叉感染机率。在断奶仔猪转入之前，需要提前将所有的硬件设备进行设置，尤其是升温设备，在进猪前提前预热，给断奶仔猪提供一个温暖舒适的环境，可以有效降低断奶仔猪转群应激。

合理分群，弱小仔猪提供充足的保温措施

（2）合理的分群

日龄和体重不同的断奶仔猪对环境和营养的需求存在较大差异，应按照体重、日龄、性别、品种进行分群，在断奶猪到达保育舍的同时进行分群，以减少转群应激。断奶仔猪分群工作做得好，不仅可以提高保育猪的均匀度和生长速度，而且还为转入育肥舍后的发挥最大的生长潜能打下基础。

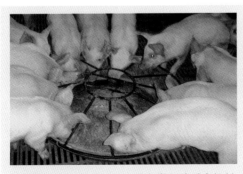

保育猪的早期规范可以尽早刺激仔猪采食饲料

（3）做好早期规范

仔猪断奶后，失去了吮吸母猪乳汁的机会和母猪的照顾，断奶仔猪的一切生活习惯都被打乱；同时在转群过程中的驱赶和运输会使仔猪身体虚弱、缺水，给仔猪造成强烈的应激，严重危害仔猪的健康。断奶仔猪转入保育舍后需要尽早开始采食及饮水，通过正确的早期规范可以使断奶仔猪尽早采食固体饲料及学会使用饮水器，及时获得营养物质满足生长发育的需要。

保育猪的饲喂要保证保育猪能同时采食，并保证料槽的卫生

（4）正确供应饲料和饮水

一旦仔猪开始吃料，饲养员应该保证随时供应新鲜可口的饲料和饮水供应，并保证料槽内干净卫生和饮水器持续供水。使用合理的料槽对于提升断奶仔猪采食量很关键，由于断奶仔猪喜欢像哺乳期一样群食，因此料槽的设计应该允许多头猪同时采食，并提供充足的光照。

僵猪要及时挑出转至护理栏专门护理

（5）及时处理保育猪常见的健康问题及僵猪处理

仔猪断奶后由于机能组织器官发育还不完善，又失去了来自母乳中母源抗体的保护，自身抗病能力非常弱，非常容易感染疾病出现健康问题。尤其是断奶仔猪的小肠粘膜非常脆弱，极易受到环境中的病原体感染而导致发生腹泻，要及时采取治疗措施。

保育舍采用空气加热器进行保温

（6）良好的环境控制

保育舍的环境管理对保育猪的健康和生产效率影响很大，尤其是刚断奶的前一周。温度是影响保育猪生产效率的主要环境因素，刚断奶的仔猪极易受到温度变化的影响，加热和通风系统应能很好地控制温度，稳定舍内温度，同时避免贼风。保持良好的空气质量，避免有害气体影响保育猪的呼吸系统，增加疾病的感染概率。

2 育肥舍生产管理的目标

育肥阶段是商品猪养时间最长的一个阶段，商品猪有三分之二的时间都在育肥舍渡过；商品猪在育肥阶段（30~110千克）所消耗的饲料占猪只一生所耗饲料的85%，占到猪场生产成本的70%以上，因此育肥舍生产管理的好坏与否直接决定了猪场经济效益的高低。

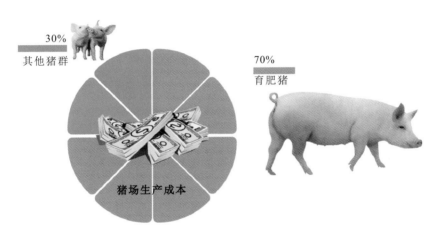

30% 其他猪群

70% 育肥猪

猪场生产成本

育肥猪的生产成本占猪场总成本的70%

育肥舍生产管理的目标是将转入的保育猪保持理想的成活率和料肉比，以最快的生长速度达到理想体重并成功出售，使猪场以最低的增重成本获得最大的经济效益。

育肥舍生产目标

生产指标	参考标准
成活率	≥ 99%
残次率	≤ 1%
料肉比*	2.6
160日龄均重	≥ 100%

注：*体重25~110kg范围

主要内容

育肥舍进猪前做好栏舍准备

（1）正确的准备栏舍

保育猪转入育肥猪舍之前，必须将上一批育肥猪全部清空，并对栏舍进行彻底的清洗、消毒、干燥后，将日龄、体重、大小相近的同一批次的保育猪转进，可以有效保障猪群健康，提高生长速度，使猪群更快生长，获得理想的料肉比，降低生产成本。

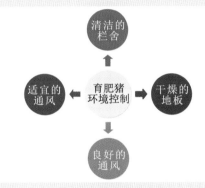

育肥舍环境控制关键点

（2）提供良好的环境

清洁的栏舍、适宜的温度、干燥的地板、良好的通风是保障育肥舍猪群健康快速生长，达到理想生产性能所必需的环境要求。清洁的栏舍可以使猪群养成良好的生活习惯，减少栏舍内病原微生物的数量。适宜的温度可以提高猪群采食量和饲料转化率。保持地板干燥可以降低栏舍湿度，减少病原微生物的附着，提高猪群健康度。良好的通风可以降低栏舍内氨气、一氧化碳等有害气体的含量，降低猪群感染呼吸系统疾病的概率。

高效的饲养管理才能让育肥猪快速生长

（3）高效的饲养管理

育肥猪需要通过采食大量的饲料用于体重的增长，饲料消耗占到猪场很大一部分生产成本。高效的饲养管理就是要以最低的饲养成本，以最快的生长速度达到出栏体重，提高经济效益。每天必须及时给育肥猪提供新鲜充足的饲料和饮水，正确调整料槽下料口保证饲料正常流出而又不造成浪费；保持料槽清洁和卫生饲料；检查饮水器，确保流速合适能提供清洁足量的饮水满足育肥猪的生长需要。

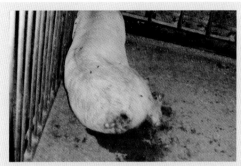

及时发现病猪并进行隔离治疗

(4)减少健康问题

保持育肥猪的健康才能保证其快速生长，因此育肥舍工作人员要求掌握育肥猪常见的健康问题及处理方式，每天对猪群进行巡栏检查至少2次，尽快发现出现猪群的健康问题，及时隔离进行治疗，使猪群尽快恢复。

育肥猪批次生产记录表

(5)详细的生产记录

通过对育肥舍的生产过程进行详细记录，可以对育肥舍的各项生产指标进行分析和评估，从而发现生产管理中存在的问题和不足并及时修正。育肥舍生产记录需要重点关注猪群存栏头数变化、疫苗兽药的使用、饲料及饮水的消耗情况，这些生产数据直接反映猪群的生长情况。每批育肥猪饲养结束后，要汇总所有的生产记录，对猪群的生长速度、料肉比、成活率等指标与生产目标进行对比分析。

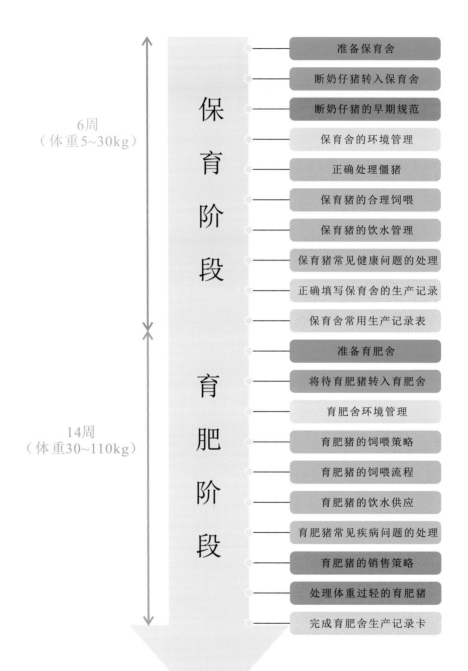

6周
（体重5~30kg）

14周
（体重30~110kg）

保 育 阶 段

育 肥 阶 段

准备保育舍

断奶仔猪转入保育舍

断奶仔猪的早期规范

保育舍的环境管理

正确处理僵猪

保育猪的合理饲喂

保育猪的饮水管理

保育猪常见健康问题的处理

正确填写保育舍的生产记录

保育舍常用生产记录表

准备育肥舍

将待育肥猪转入育肥舍

育肥舍环境管理

育肥猪的饲喂策略

育肥猪的饲喂流程

育肥猪的饮水供应

育肥猪常见疾病问题的处理

育肥猪的销售策略

处理体重过轻的育肥猪

完成育肥舍生产记录卡

保育育肥舍操作总论

第二章

提供良好的生长环境

1 环境控制与管理

本节疑惑

保育育肥舍环境管理的主要内容有哪些？

各环境因素如何影响猪群的生长性能？

如何正确地控制好保育育肥舍的环境？

猪只的环境组成

①热环境：包括温度、湿度、风速、光照和空气质量（如氨气、硫化氢、二氧化碳和灰尘等）。

②物理环境：包括猪接触的地面、猪圈、料槽、饮水器和其他硬件等，还包括猪舍的布局。

③社会环境：是指猪群个体之间的相互关系和等级秩序，取决于猪的体重、体重波动的程度、群体数和其他因素。社会环境受实际空间、饲料和饮水以及管理因素（如混群和转群）的影响很大。

环境的各个因素以一种复杂的方式相互作用，相互影响，对猪群的生产性能有很大影响。了解及掌握猪群的环境要求非常重要。

最适温度21±2℃　　　光照强度50~75Lux

相对湿度65%~75%

二氧化碳浓度=0.2%

粉尘<1.5mg/m³

氨气浓度≤20mg/m³　　　硫化氢浓度≤10mg/m³

保育猪的热环境控制

热环境对猪只的影响

(1)温度

影响猪对温度需求的因素包括体重、采食量、空气流速和地板类型。随着体重的增加，猪所需要的环境温度逐渐降低。

保育猪的推荐温度

断奶天数（d）	温度（℃）	断奶天数（d）	温度（℃）
1~2	29	15~18	24
3~4	28	19~22	23
5~6	27	23~26	22
7~10	26	27d以上	21
11~14	25		

育肥猪的推荐温度

体重范围（kg）	温度（℃）	体重范围（kg）	温度（℃）
25~35	22	65~80	19
35~50	21	80~100	18
50~65	20	>100	17

高温应激的表现：

减少活动性　　靠墙周边趴卧　　猪舍不清洁　　腹部贴地趴卧
增加饮水量　　争水打架增多　　采饲量减少　　生长速度下降
呼吸快（每分钟50次以上）

低温对猪群造成应激的表现：
相互挤推　　　排粪行为不良
采食时间长　　脱肛
采饲量增加　　被毛粗乱
饲料效率低　　咬尾
颤抖　　　　　体重差异大
腹泻　　　　　发病率增加
死亡率增加

温度过低，猪群扎堆

（2）湿度

湿度过高会使空气中有害微生物浓度增加，猪群呼吸器官感染机会增大；湿度过低会导致干燥使灰尘飘扬，空气中有害生物微生物浓度增加，猪群呼吸器官感染机会增大。湿度过高还会造成猪群散热困难，增加热应激。因此保持合适的舍内湿度能够降低空气中有害生物浓度，减少猪只呼吸器官感染的概率。

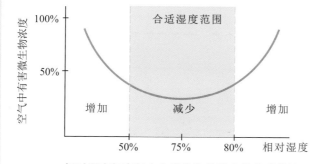

相对湿度与空气中有害微生物浓度的关系曲线

栏舍内高温高湿导致猪群浑身很脏

哼哼课堂趣味多

(3)空气质量

保育育肥猪排出的粪便、尿液量大，容易发酵产生氨气和硫化氢等有毒气体，而且猪通过呼吸排出大量的二氧化碳，加上空气中的粉尘都导致猪群咳嗽、流泪、眼结膜红肿、打喷嚏，继而引发呼吸系统疾病，降低猪的食欲、影响猪的增重和饲料利用率。

氨气浓度过高对猪群的影响

浓度（mg/m³）	影响
25	疾病抵抗能力降低
	眼睑发红，流泪
	咳嗽
50	日增重下降12%
	日采食量下降
	饲料效率下降9%
	肺部疾病增多
100	日增重下降30%
	饲料效率进一步下降9%
	喉头和鼻腔刺激症状

氨气过重导致猪眼睑红肿

走进课堂
图文释惑

物理环境对猪只影响

物理环境结构包括栏舍围栏/墙、地板、料槽、饮水器等硬件设备。这些栏舍硬件设备破损容易造成猪只皮肤破损、跛腿、疼痛流血等机械性损伤，会严重影响猪群健康，降低生长性能。

破损的料槽和尖锐边缘也会导致受伤

有尖锐凸起物的地面

社会环境对猪只的影响

　　社会环境是指猪只之间的相互关系，包括群体地位、等级秩序、异常行为、生存空间等。猪只混群时为了建立"优势等级"经常会发生打斗，有时为了更好地获得空间、饲料和水，会出现相互之间的争抢，导致猪只受到外伤，甚至应激过大，出现休克死亡。除此之外，猪只的咬尾、咬耳、咬侧腹部、喝脏水等恶性都会对影响猪只的生长，导致潜在的经济损失。

保育猪激烈打斗

育肥猪密度过大

满足猪只的环境需求

猪的推荐饲养密度及猪栏基本结构参数

猪栏种类	每头猪占用面积（m²）	栏高（mm）	栅栏间隙（mm）
保育舍	0.3~0.4	700	55
中猪舍	0.5~0.7	800	80
育肥舍	0.7~1	900	90

猪舍通风量与风速

猪舍类别	通风量（m³/h·kg）			风速（m/s）	
	冬季	春秋季	夏季	冬季	夏季
保育舍	0.3	0.45	0.6	0.2	0.6
育肥舍	0.35	0.5	0.65	0.3	1

自动饮水器的水流速度和安装高度

适用猪群	水流速度（L/min）	安装高度（mm）
保育猪	0.8~1.2	250~280
生长育肥猪	1.5	380~600

猪舍采光要求

猪群类别	窗地比	自然光照（lux）	人工照明	
			光照强度（lux）	光照时间（h）
保育舍	1：10	50~75	50~100	12~14
育肥舍	1：12~15	50~75	30~50	8~12

猪舍空气质量要求

猪群类别	氨（mg/m³）	硫化氢（mg/m³）	二氧化碳（mg/m³）	细菌（万个/m³）	粉尘（mg/m³）
保育猪	20	8	1 300	≤4	≤1.2
肥育猪	20	10	1 500	≤6	≤1.5

保育育肥猪推荐料位宽度

猪体重（kg）	猪肩宽（mm）	建议料位宽度（mm）
5	110	120
30	200	220
50	230	255
60	250	276
70	270	300
80	280	310
90	290	320
100	300	330
110	320	350

① 【感受舍内环境】

　　安静的进入猪舍，感受舍内温度、湿度和空气质量等是否正常。

② 【检查环境控制设备】

　　①利用环境控制设备检查各项环境控制要素是否在正常范围内。

　　②若温度过高/低，应检查降温和加热设备是否正常工作；若空气质量差，应检查通风设备是否正常工作。

③ 【观察猪群的社会行为】

　　①通过猪只的躺卧行为，确认舍内温度是否合适。若温度正常，猪只会四肢平展，但相互很靠近；若温度过高，猪只会分散睡，远离热源，甚至躺在排泄区；若温度过低，猪只会挤在一起或扎堆，少数猪只还会发抖。

　　②观察猪只其他行为是否正常，若出现打斗、咬耳、咬尾、争抢饲料和水源等行为，需要采取隔离或其他有效措施减少猪只应激和伤害。

实践课堂学操作
提供良好的生长环境

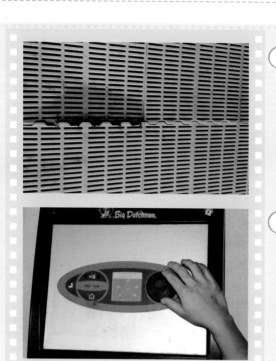

④ 【检查栏舍的物理环境】

　　检查猪舍内的围栏、地板、料槽、饮水器等设备是否破损。这些硬件设备的破损会导致猪只皮肤划伤、蹄部磨损、关节肿大、拐脚等机械性损伤，需要及时维修。

⑤ 【环境控制设备检测】

　　猪舍的环境管理是饲养管理中的一项日常工作，饲养员及技术员每天都要对猪舍的环境设备进行检查和灵活的调整。报警系统应每周检查一次，尤其是感应探头要及时清洁，一旦加热或通风设备出现故障可能会造成猪群大量死亡，造成严重的经济损失。

一问一答

温度过低/过高对育肥猪生长有什么影响？

　　如果室内温度过低，会严重影响育肥猪的生长发育，降低育肥猪的生长速度。育肥舍温度如果低于4℃，育肥猪的生长速度会下降50%，而单位增重的耗料量是最适温度时的2倍，大大降低饲料转化率，增加饲料成本。如果育肥舍内部温度高于最高舒适温度2.8℃，育肥猪的采食量就会下降。在高温环境下，育肥猪为增强散热，会加快呼吸频率，食欲降低，采食量下降，生长速度减慢，如果栏舍内还存在通风不良、湿度过大、饮水不足的情况，会造成育肥猪严重热应激最终导致死亡。

温差管理对保育育肥猪为什么很重要？

温度对育肥猪群的影响还要注意控制栏舍内部的温差不能过大，断奶仔猪的舍内温差不要超过2.5℃，超过24小时会增加猪群咬尾出血；如果育肥舍内部温差＞10℃，会造成猪群不适，抵抗力下降，容易生病，降低生长速度。

商品猪最大允许温差

体重（kg）	24小时温差（℃）
<10	2.5
10~30	5.5
30~出栏	10

光照对保育育肥猪的行为和健康有何影响？

适当提高光照强度，可增进猪的健康，提高猪的免疫力；提高光照强度也增加猪的活动时间，减少休息睡眠时间。仔猪断奶后的前3天保持24小时光照，可以有助于尽早学会采食。育肥猪栏舍采取低强度的光照，有助于提高日增重。

贼风对保育猪有什么影响？

保育猪对贼风非常敏感，贼风会增加保育猪的热量流失，从而使它们的温度需求提高，因此在保育舍内不能有贼风，同时要避免由通风系统的不正确设置或功能异常产生的贼风。

一问一答有要点

猪只是如何散热的？

育肥猪散热的方式有对流、辐射、蒸发、传导四种方式。猪由于缺乏汗腺，很少通过排出汗液来进行蒸发散热，因此猪比其他动物更加怕热，体重越大的猪对热越敏感。

猪的散热方式

类别	比例	说明	影响因素
对流	40%	通过与气体流动进行热量交换	风速大小
辐射	30%	热量以热射线形式散热到周围的环境	猪舍隔热与环境温度
蒸发	17%	皮肤表面的通过蒸发、排汗及喘气散热	汗腺、淋水
传导	13%	接触地面或者冷水散热	栏舍地面

炎热的夏季如何给育肥舍降温？

育肥舍常用降温设备有湿帘、喷雾、滴水、淋浴等，还可以通过使用遮阳网减少夏季太阳直射来降温。常用通风设备是风机，通过加快室内空气流速进行降温。对于全封闭育肥舍，还要安装温度警报系统，当育肥舍环境温度过高时或过低时及时报警。对于自然通风的育肥舍，夏季建议使用滴水喷淋设备进行降温，通过水分的蒸发来降低猪只体表温度。

改善空气质量有哪些方法？

改善空气质量的方法

项目	处理措施	项目	处理措施
氨气	及时清理粪便	粉尘	改造饲喂系统和料槽
	排粪沟中增加水		料槽增加翻盖
	饲料中添加除氨剂		湿、干料搭配
一氧化碳	增加排气通风		增加湿度（同时通风）
	防止排出空气回流		经常打扫卫生

小结

　　环境因素包括热环境、物理环境和社会环境。环境管理不当影响猪只的采食量和生长速度，从而降低饲料转化率和增加生产成本。其中热环境中的温度和通风影响对猪只的生长性能影响最大，合理的通风换气可以减少育肥舍内有害气体的含量，减少对育肥猪呼吸道的刺激，降低呼吸道系统疾病的发生。在日常生产管理过程中，正确的设置好各种环境控制设备，给猪只提供一个良好的生长环境，是猪群快速生长的基础，也是保育育肥舍生产管理的一项重要内容。

惊喜在这里

扫一扫加入

猪海拾贝互动社区

打开嘻嘻会APP扫描

2 合理的栏舍设置

本节疑惑

栏舍清洗的标准操作程序是什么？

如何设置保育舍的栏舍？

如何设置育肥舍的栏舍？

哼哼课堂

栏舍的清洗消毒程序

上一批猪群转出后，要对栏舍进行彻底的清洗、消毒、干燥，减少病原微生物的残留，降低疾病交叉感染几率，为下一批猪群的健康生长打下坚实的基础。

保育舍栏舍清洗消毒程序

育肥舍栏舍清洗消毒程序

保育舍的设置

（1）栏舍设置

断奶仔猪转入保育舍之前，仔细检查各单元栏舍围栏、漏缝板和栏门是否干净、有无破损。同时还要预留特殊护理栏、病猪栏，这些栏位需要提供额外的垫板或局部加热器，以提供更加温暖的环境帮助仔猪尽快恢复健康。

保育栏舍的设置

哼哼课堂趣味多

（2）饲喂系统设置

料槽在使用之前，无论是圆形料槽还是方形料槽都要将料槽中残留的水和消毒剂清除干净，防止污染饲料。同时调整好下料速度，保证饲料的新鲜，减少饲料浪费。

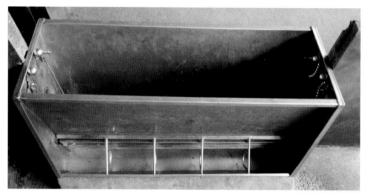

进猪之前保证料槽干净

（3）饮水系统设置

根据饮水器的种类合理设置饮水器的高度（25~40厘米）、方向、流速（1.2升/分钟）。

不同饮水器类型对应猪群头数要求

饮水器类型	饮水器数量与对应猪的头数
乳头式饮水器	1∶10
碗状饮水器	1∶15
鸭嘴式饮水器	1∶10
水槽（300mm宽）	1∶25

（4）环境控制设备

检查加热及通风设备以保证其能正常工作，同时要测试报警和过载保护设备。加热器（通常是热风机或暖气管道）可以为刚断奶的仔猪提供所需的温度。通风系统（风机-水帘负压通风系统）能保证猪舍内空气质量，减少保育猪呼吸道疾病的发生。

水暖系统

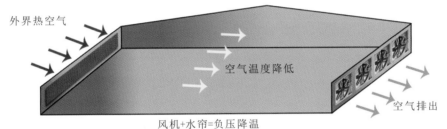

外界热空气

空气温度降低

空气排出

风机+水帘=负压降温

负压降温系统

育肥舍的设置

（1）进猪前准备

在保育猪转入育肥舍之前需要将栏舍栏门、料槽等硬件设备重新安装，并检查地板、栏门、隔栏、料槽和饮水器是否有破损。

育肥舍栏舍设置

（2）料线系统设置

料槽在使用之前，无论是圆形料槽还是方形料槽都要将料槽中残留的水和消毒剂清除干净，防止污染饲料。同时调整好下料速度，保证饲料的新鲜，减少饲料浪费。

圆形干湿料槽

（3）饮水系统

育肥猪的饮水供应必须特别注意饮水器的高度和流速，饮水器高度45~70厘米，流速＞1.5升/分钟。同时检查饮水质量，保证猪只喝到干净、新鲜的水。

育肥猪的饮水器安装高度及流速要求

猪的体重（kg）	与水管呈90°的饮水器高度（cm）	与水管呈45°的饮水器高度（cm）	流速（L/min）
30	45	55	≥1.2
50	55	65	≥1.5
100	70	75	≥1.5

（4）环境控制设备

育肥舍通常使用风机、喷雾、冷风机、加热器、通风球等设备来控制环境温度、湿度及空气质量，对于全封闭式猪舍，还必须配备环境报警设备，所有的环境控制设备要在进猪之前进行检查和调试，确保能正常运行。

保证风机与水帘正常运行

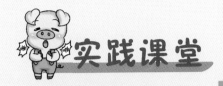

保育舍栏舍设置

①【保育舍清洗消毒】

①清洗栏舍时需要遵循进行全进全出原则，将猪群全部清空，减少猪群病原交叉感染。

②在栏舍清洗消毒之前，应将电源设备用防水薄膜包裹，特别是插座、开关等外露设备，以免进水漏电发生安全事故。

③根据栏舍的"清理-清洗-消毒-空置"程序清洗消毒栏舍，以保证足够的空栏干燥时间。除了栏舍彻底消毒外，还需要对饮水管道进行消毒，清除水线中的生物膜，这样可以很大程度上减少产房疾病的发生。

④清洗的每一道程序，应仔细检查栏舍的清洗消毒是否达标，不达标则重新清洗消毒。

②【栏舍设备检查与维修】

将保育舍的设施设备全部安装好，同时检查保育舍围栏、地板、料槽、饮水器等设备。若出现异常或损坏，需要及时进行维修或更换。

①地板：是否破损、不平或边缘突起，漏缝板的漏缝条是否断裂。

②料槽：料槽等金属器械的螺栓是否丢失、错位、焊接断裂和尖角。

③围栏：是否出现裂缝或断裂，尤其是围栏的底部是否会出现生锈断裂。

④栏门：是否能正常开关，门扣是否牢固。

⑤饮水器：位置、方向、水流速度是否合理。

实践课堂学操作

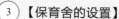

③【保育舍的设置】

①在仔猪断奶转进保育舍之前，需要提前准备好料槽、保温灯、饮水器、料盘、加热垫板、玩具、工具箱等设备，并确保这些设备干净和干燥。

②在保育舍最温暖的位置（一般是栏舍中间）设立弱猪特殊护理栏，在栏舍末端单独隔离设置病猪栏，并提前将加热设备放入栏内，给弱病猪创造最舒适的小环境。

③检查并调试料线系统、饮水系统、通风系统、保温设备、照明设备是否正常工作。

④【用电设备安全检查】

①插头：检查插头是否有松动及烧焦的痕迹，更换有问题的插头。

②电线：检查电线是否有折断、裸露、老化或烧焦现象，更换有问题的电线。确保电线牢固地连线在插头的接线柱上，如有松动及时修理。

③配电箱：检查配电箱内的电源开关或过载保护器是否能正常运转，检查线路是否出现裸露、烧焦等情况，如果有问题及时更换。

④用电设备：对风机、加热器、料线电机等固定用电设备以及照明灯、保温灯，保温垫等所有移动的电器设备进行安全检查。

⑤【检查环境控制设备】

检查环境控制器是否能正常运转，并根据保育猪的环境管理程序设置好相应参数，同时测试环境警报系统的报警功能。

育肥舍栏舍设置

① 【育肥舍彻底清洗消毒】

①在栏舍清洗消毒之前，应将电源设备保护起来，特别是插座、开关等外露设备，以免进水发生安全事故。

②然后根据栏舍的"清理-清洗-消毒-空置"程序安排饲养员及时清洗消毒栏舍，以保证足够的空栏时间。除了栏舍彻底消毒外，还需要定期（1次/月）对饮水管道进行消毒，这可以很大程度上减少疾病的发生。

③清洗的每一道程序，育肥舍主管应仔细检查栏舍的清洗消毒是否达标，不达标则重新清洗消毒。

② 【栏舍设备检查与维修】

①检查育肥舍所有栏舍地面、围栏、栏门都彻底干净，不能残留粪便、灰尘、蜘蛛网等。

②检查料槽或料线下料器内部是否完全干燥，如果有水或者消毒剂，必须将其倒出来，并擦干，否则添加饲料后会导致饲料发霉、结块堵塞。

③检查饮水器，如果杯式饮水器中含有水或者消毒剂，要用清水冲洗，干燥后才能使用。

实践课堂学操作

③ 【育肥舍设置】

①待育肥舍清洗消毒干燥好后，将拆卸的栏门、门栓、料槽等重新安装好。

②在进猪之前要对育肥舍的硬件设备进行调试和检查，保证可以正常使用。

③在育肥舍预留一定数量的病猪栏，用于病猪的隔离饲养。

④ 【检查环境控制设备】

检查环境控制器是否能正常运转，并根据保育猪的环境管理程序设置好相应参数，同时测试环境警报系统的报警功能。

一问一答

什么是全进全出管理？

全进全出管理要求在猪群转入之前将上一批猪全部清空并进行彻底的清理、清洗、消毒、干燥后再一次性转入，可以大大减少疾病传播和感染几率，保障保育猪健康和充分发挥其生长潜力的关键因素。保育育肥舍实施全进全出管理可以有效提高保育猪的成活率及生长速度，降低料肉比，是生产管理的基础。

为什么保育舍需要设置特殊护理栏和病猪栏？

在保育舍中弱小的仔猪和提前断奶的仔猪，消化系统发育不全，疾病抵抗力差，需要关在特殊护理栏内给予特殊护理，让其获得更多易消化的饲料和更温暖的环境。保育舍生病的仔猪需要关在病猪栏内，以便

典型的育肥舍有哪些类型？

育肥舍的类型根据地域及气候条件的不同，有封闭式、半封闭式或敞棚式。在南方炎热地区一般采用半开放或开放式猪舍，在冬季应适当封闭；而北方宜采用封闭式猪舍。育肥舍可采用单列、双列或多列式猪栏。单列式育肥舍过道占地面积大，一般小规模猪场多见。而双列式育肥舍设计比较经济，规模化猪场比较常见。

双列式与单列式的育肥舍布局

栏舍设置时如何防止用电安全事故的发生？

　　猪舍用电安全十分重要，有故障或潮湿的电器设备在使用时会导致人和猪触电而发生伤亡事故。电线和电器设备平时要严格保护以免损坏或沾水。在冲栏时要采取隔离防护措施，关闭总电源，包裹所有插座防止进水，人员要穿好雨衣雨鞋戴橡胶绝缘手套。进猪前仔细检查加热垫板和保温灯等可移动设备是否正常，特别注意电线、插头以及插头与设备的连接处有无损坏及松动，避免虚接漏电。

保育育肥猪栏舍的长度和宽度设计有什么要求？

　　栏舍的长宽比例为2∶1~1.5∶1有利于育肥猪的活动和采食，料槽安放在长度1/3位置靠近排泄区，可以更好让猪有更多的睡觉空间，有利于猪养成在固定区域进行休息、采食、排泄、活动，养成良好的生活习惯，保持栏舍内卫生干净。

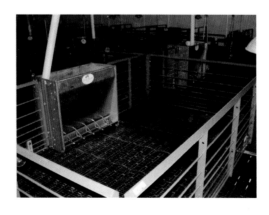

小结

　　在保育育肥舍栏舍设置时需要对栏舍进行彻底的清洗、消毒和干燥，以减少猪舍内部病原微生物的残留，降低不同猪群之间疾病的交叉感染概率。准备保育育肥舍时要根据猪只的特点，合理安排好栏舍，提前设置好料线系统、饮水系统、保温设备、通风设备等各种硬件设备和环境控制设备，给保育育肥猪提供一个干净、温暖、舒适的生长环境。

惊喜在这里

扫一扫加入

猪海拾贝互动社区

打开哼哼会APP扫描

第三章

如何减少转群应激

正确将断奶仔猪转入保育舍

本节疑惑

如何减少断奶仔猪转群应激？

如何进行合理分群？

断奶猪转入保育舍的操作要点有哪些？

哼哼课堂

提前做好转猪计划

转猪之前提前准备栏舍

转猪前，产房工作人员须提前告知保育舍工作人员断奶猪到达的时间、头数、体重和健康情况。以便保育舍工作人员提前准备栏舍、预热猪舍，针对弱小仔猪的准备特殊护理栏，并准备好足够的饲料，给断奶仔猪提供一个干净、干燥、温暖的栏舍环境。

减少转群时的应激

①正确的抓猪：对于体重比较小的仔猪，正确的抓猪方式是用一只手抓住小仔猪的腰部并提起，同时马上用另一只手托住仔猪的胸部；体重比较大的仔猪，要顺着猪的腹部抓住猪的大腿，用另一只手托住胸部；体重更大的仔猪可以抓住猪腹股沟处的皮肤皱褶处，这样可以更好的用力和避免小猪挣扎。严禁直接抓仔猪的耳朵或者前腿，增加仔猪的疼痛和关节的损伤。

正确的抓猪方式

错误的抓猪方式

②使用赶猪板：为了避免把猪赶进保育舍时损伤小猪，必须用赶猪板来驱赶，防止仔猪掉头或者乱跑。

③控制转移的头数：为了避免在保育舍混群后猪只打架，最好是将同一窝仔猪放在一起，每次赶1窝或者2窝，在猪背上用不同颜色的记号进行区分开。如果是大群转移，每次转移头数不要超过100头，便于在保育舍的分群。

④小心驱赶与装车：转猪时必须小心翼翼地驱赶仔猪，避免应激或损伤。使用转猪车转移猪只时，一次避免装过多头数，让每头仔猪都有足够的空间站立。

⑤避免仔猪跌落：仔猪断奶时的体重可达7千克，在将猪转移时，避免仔猪的头先落到栏内或过道上，否则会让它们严重受伤，应把它们缓缓放到转猪车或者地面上。

合理分群

断奶仔猪到达保育舍后应该按性别、大小、日龄进行合理分群。通常断奶仔猪会有15%个体小的猪，35%个体中等，35%个体较大，15%个体特大的猪，因此要考虑仔猪个体大小的差异进行分群。在分群时要重点照顾弱仔和提前断奶的仔猪，这些仔猪需要特别的照顾才能尽快恢复。在断奶前要给这些弱小的仔猪作好记号，转入保育舍后直接放进特殊护理栏内。生病或受伤的仔猪也要及时找出放进病猪护理栏内。

走进课堂
图文释惑

哼哼课堂趣味多

实践课堂

① 【仔猪到达前的准备】

仔猪到达保育舍前产房工作人员要提前与保育舍工作人员沟通确定转猪的时间、猪只的大小、日龄等信息。保育工作人员要提前准备好保育舍，做好接猪准备，具体内容包括：

①检查保育舍所有栏位的设备已经正确安装并能使用。

②栏舍保温设备提前开启，栏舍温度提前预热（断奶仔猪适宜温度为28℃）。

③设置好特殊护理栏，打开保温灯和保温垫。

④根据卸猪程序设置赶猪通道，设置卸猪区域（仅针对场外保育舍）。

② 【转移仔猪】

仔猪到达保育舍后，可以按照1窝或者2窝仔猪对应一个保育舍的方式安排栏舍，减少转群应激，也可把整批仔猪全部赶下车后再转移至保育舍。仔猪若在产房未安排称重，也可在仔猪转入保育舍前进行过磅。

③ 【合理分群】

将断奶仔猪赶至空栏后，根据仔猪的大小、性别和日龄进行合理的分群。同时将弱小仔猪和提前断奶猪分类放进特殊护理栏内，生病、受伤或生长不良的仔猪，做上标记后放进病猪栏内。

④ 【健康检查】

　　将所有断奶仔猪分群关进保育栏内后，对猪群进行彻底地健康检查，将之前未发现的生病、受伤或生长不良的仔猪，打上记号，集中关到护理栏内。根据实际情况，进行治疗。

⑤ 【清点猪群】

　　健康检查的同时，对猪群头数进行清点，并对猪群的品种、弱猪、病猪分开进行统计。

断奶仔猪转入登记表

日期 2017.4.8　来源 多3　转入栏号 保1　重量 3655.2kg
健仔头数 521头　弱仔头数 15头　总头数 546头　均重 6.7kg/头

栏号	健仔头数	弱仔头数	小计	栏号	健仔头数	弱仔头数	小计
1	20	0	20	21	21	0	21
2	21	0	21	22	22	0	22
3	22	0	22	23	21	0	21
4	18	2	20	24	22	0	22
5	20	0	20	25	22	0	22
6	21	1	22	26	0	12	12
7	20		20	27			
8	22	0	22				

⑥ 【详细记录】

　　记录断奶仔猪转入信息，包括栏舍、日期、重量、仔猪总数和弱仔猪数等信息，并在保育舍内放置保育舍记录表、免疫跟踪卡、温度监测表和用耗水量记录表等。

一问一答

护理栏或病猪栏有什么要求？

要有额外的加热设备，良好的饲料和饮水供应，提供充足的光照，猪栏之间是实心的围栏隔断，最好是小间，每栋舍至少按照栏位的10%预留护理栏或病猪栏数量。并定期给病猪栏及猪群进行驱虫。这样可以给弱小仔猪或者病猪更好的环境和额外的照顾，减少其他健康猪群的干扰和竞争，更有利于身体恢复。

断奶仔猪添加电解质为什么可以降低应激？

电解质是配比均衡的猪体必需的各种矿物质盐类，它能保持猪体内矿物质的平衡，仔猪断奶后使用饮水加药器给仔猪补充电解质可以降低转群应激，连用5~7天。

使用饮水加药器给仔猪饮用电解质

自制电解质溶液的配方（单位：L）

配方	使用量
纯葡萄糖	23g
氯化钠（食盐）	4.25g
柠檬酸	0.2g
甘氨酸	3.0g
柠檬酸钾	60mg
磷酸二氢钾	200mg

保育舍环境温度如何设定？

保育舍环境温度设定（推荐）

温度\日龄	17	18	19	20	21	22	23	24	25	26	27	28
断奶前7d				产房内温度								
断奶~7d												
7~14d												
14~21d												
21~28d												
>28d												

保育舍温度高于产房
有助于缓解断奶应激

每周温度降低1~2℃

如何控制保育育肥猪的饲养密度？

保育猪的饲养密度要保证猪只在保育后期时仍有足够的活动空间。比如：保育猪在高床保育栏中饲喂到8周龄左右（20千克体重），那么在刚转入时应给每头仔猪提供0.22平方米的面积。公式：面积=重量$^{0.67}$×0.03；（来源：Petherick 1981）。

猪的推荐饲养面积

猪别	体重（kg）	每猪所占面积（m²）	
		非漏缝地板	漏缝地板
断奶仔猪	6~11	0.37	0.26
	11~18	0.56	0.28
保育猪	18~25	0.74	0.37
	25~55	0.90	0.50
生长猪	56~85	1.2	0.7
	86~120	1.50	0.9

小结

　　仔猪断奶后需要从分娩舍转移到保育舍，转移的过程会给仔猪带来强烈的应激。同时仔猪断奶后离开母猪，与陌生仔猪混群，被驱赶与转移时精神紧张并消耗大量能量等都会导致仔猪免疫力下降，影响仔猪的生长。因此提前准备好保育舍、减少转群应激、合理分群，可以降低仔猪断奶应激，使仔猪由产房顺利过渡到保育舍，更好地适应保育舍环境，使仔猪快速生长发育。

惊喜在这里

扫一扫加入

猪海拾贝互动社区

打开哼哼会APP扫描

2 保育舍的早期规范

本节疑惑

为什么要进行保育猪的早期规范？

早期规范的内容有哪些？

如何让断奶仔猪快速恢复采食和饮水？

哼哼课堂

保育猪早期规范的目的

保育猪的早期规范可以及时引导仔猪采食和饮水，使其尽快恢复采食和饮水，减少体重的损失，平稳地从断奶期过渡到保育期，并通过定位调教养成良好的行为习惯，保证仔猪健康生长。

通过早期规范使断奶仔猪健康生长

早期规范的重要性

由于仔猪断奶前已经养成了固定的采食习惯，母猪会每隔1小时左右主动召唤仔猪吃奶。但仔猪断奶后不再有母猪奶水供应，也没有母猪主动发出叫声召唤仔猪采食，只能靠自己寻找食物和水，适应固体饲料，这对断奶仔猪而言是一个严峻的挑战。仔猪断奶后如果不能正确及时地引导它们尽快采食和饮水，会导致仔猪小肠绒毛萎缩、生长缓慢、逐渐消瘦、体温降低、抵抗力下降、感染疾病，产生一系列严重的问题。因此，给仔猪进行早期规范，尽快让仔猪安定下来，并刺激和诱导仔猪采食饲料和水，有利于仔猪度过断奶应激期，快速生长发育。

仔猪断奶前后的采食变化

项目	断奶前采食母猪提供的奶水	断奶后采食固体饲料
采食次数	每小时1次	自由采食（前提是仔猪愿意/适应/敢于采食）
采食时间	母猪决定和主动召唤	需要仔猪自己去采食
集体采食	是	取决于料槽采食栏位
物理性质	液体易消化	固体（粉料、颗粒）或者水料，不易消化
采食方式	吮吸	嘴巴咀嚼
食物温度	温暖	取决于环境温度

引导仔猪饮水

尽早饮水对于断奶仔猪很重要，否则仔猪会口渴并降低采食量。仔猪断奶前习惯于从乳汁中获得水分，而当它们转入保育舍后由于转群应激会非常渴，若不及时饮水，会造成脱水。断奶仔猪转入后，可以将饮水器引流15~30分钟，引导仔猪喝水。同时在栏舍内临时增加一个装满水的小料盆可以快速吸引仔猪注意力刺激饮水，最好在水中添加电解质，降低转群应激。

饮水器导流

刺激采食

断奶后越早让仔猪进行采食越有利于肠道发育和生长，这就需要给仔猪刺激采食，增加额外的料槽可以吸引仔猪注意力，提高仔猪采食量。对于提前断奶的仔猪，还可以在躺卧区铺上一个垫子，撒上饲料，每头每次饲喂5~10克，每天饲喂4~6次，持续3~4天，可以刺激仔猪采食。还可以使用额外可移动的料槽给仔猪饲喂粥料（料水比为1：1），让仔猪在30分钟内吃完，之后在移动的料槽和栏内固定的料槽都放入少量教槽料（5~10克／头）。使仔猪尽早学会使用料槽，熟悉和适应饲料。

使用小料盆放入教槽料刺激仔猪采食

定位调教

定位调教是为了让保育猪在栏舍的固定地点采食、饮水、躺卧和排泄，可以保持栏舍卫生，减少疾病传播，提高保育猪的生产成绩。使仔猪养成良好的生活习惯对于之后的饲养管理非常重要。

哼哼课堂趣味多

　　①饲料定位：将少量饲料撒在料槽附近的躺卧区吸引仔猪采食，使其养成在料槽附近采食的习惯，避免排泄物污染饲料。

　　②水定位：猪喜欢在潮湿区域排泄粪尿，在排泄区洒水有利于引导仔猪在排泄区排泄。

　　③玩具定位：在躺卧区悬挂玩具吸引仔猪玩耍，可以引导其在躺卧区玩耍休息，避免仔猪在此区域排泄。

　　④粪便定位：仔猪刚转到保育舍时，会随意排泄粪尿，及时将躺卧区的粪便扫至排泄区，引导仔猪在排泄区排泄。

　　⑤夜间定位：晚上仔猪睡觉的时候，将不在躺卧区睡觉的仔猪赶走，直到其在躺卧区睡觉为止。

水定位

玩具定位

饲料定位

①【提前预热保育舍】

　　该程序假设上午9点保育舍完成转猪，下面各步骤的时间据此而定。若转猪时间迟于上午9点，则会降低第一天刺激采食的效果。

　　①检查保育舍的环境温度。

　　②检查环境温度是否稳定，预热温度是否达到28℃。

　　③检查加热器是否正常工作。

②【检查饮水器和料槽】

　　①检查所有饮水器，确保流速达到0.8升/分钟，流出的水能够被仔猪喝到。

　　②检查所有料槽，确保充分干净且干燥。

③【定位调教】

　　①洒水把排泄区打湿，在躺卧区撒上麦麸、木屑或者饲料吸引仔猪躺卧或者采食。

　　②及时清扫躺卧区的粪便，使猪栏形成固定的采食区、休息区和排泄区。

④【引导仔猪饮水】

　　①在保育栏内放入小料盆，尺寸和数量根据群体大小而定，装满电解质溶液，刺激仔猪饮水。

　　②卡住饮水器让水流出，引导仔猪快速找到水源。

5 【刺激仔猪采食程序】

①引导仔猪饮水后，让仔猪充分休息2个小时，上午11点开始刺激仔猪采食。

②使用料盆加入少量饲料，5~10克/头，或者饲喂粥料（使用温水与饲料混合，水料比1∶1），放入栏内，召唤仔猪过来采食，让仔猪在30分钟内吃完。

③在保育舍的料槽内添加少量饲料，5~10克/头，少喂勤添。

④每隔2小时使用小料盘饲喂一次，同时保育舍的料槽也添加饲料10~15克/头，晚上7点之后继续给料槽添加饲料10~15克/头，使仔猪晚上也能采食。

⑤第2天上午8点继续往料盆及保育舍料槽内添加饲料10~15克/头，每隔3小时添加一次，晚上8点往保育舍料槽内添加足够多的饲料让仔猪自由采食。

⑥第3天，检查猪群，如果仔猪没有出现腹泻，生长良好，可以进行自由采食，但是也要注意少喂勤添。

一问一答

如何有效地刺激仔猪采食？

仔猪断奶后头几天的采食量是影响整个保育期生长成绩的关键因素，因此要采取少喂多餐的方式，使用额外的料槽饲喂饲料，每2小时重复一次，可以有效提高采食量。比如所有断奶仔猪在上午9点转至保育舍，在上午11点进行第一次采食，之后分别在下午1点、3点、5点和7点使用料盆饲喂。同时仔猪断奶后的3天内保持保育舍24小时的光照，可以使仔猪更好的采食饲料。

光照对保育猪采食量有何影响？

　　仔猪断奶后需要足够的时间来学习如何采食饲料，不同个体的仔猪学会采食饲料的时间会存在很大差异，有时最慢的仔猪可能需要花费3天时间才会开始采食饲料。同时它们需要通过观察同栏仔猪的采食来学习如何进行采食。（断奶仔猪在黑暗的环境下不会采食，延长光照时间可以提升采食量。因此断奶仔猪转移到保育舍前3天要提供24小时的光照，这将大大有利于断奶仔猪尽快学会采食饲料并提高采食量。）

在不同光照时间表下刚断奶仔猪日均采食量（g/d）

参数	光照时间表	
	8h*	23h**
仔猪数	20	20
第一周采食量（g）	121	140
第二周采食量（g）	302a	418b
全期采食量（g）	218a	289b

注：*表示8h光照后16h黑暗；**表示23h光照后1h黑暗。a，b表示同一行内没有显著（$P<0.05$）差异。

什么时间内完成猪断奶转入保育舍比较合适？

　　断奶仔猪经过转猪后会受到很大的应激，体温升高，容易疲惫和脱水。为了让仔猪在转进保育舍后有更多时间休息，同时方便饲养员白天有足够时间进行早期规范，应该在上午9点以前完成所有转猪流程。

小结

　　保育舍早期的主要任务是让断奶仔猪平稳度过断奶应激期，及时饮水和学会使用料槽采食饲料。掌握保育猪的早期规范流程，及时引导仔猪采食和饮水，使其尽快饮水和采食，减少体重的损失，平稳地度过断奶应激期。

打开哼哼会APP扫描

惊喜在这里

扫一扫加入
猪海拾贝互动社区

3 正确将保育猪转入育肥舍

● 本节疑惑

转群前要做好哪些准备工作？

如何减少猪只的转群应激？

如何顺利完成育肥猪的转群工作？

提前准备

　　转猪之前，保育舍饲养员需要提前告知育肥舍饲养员转入猪群时间、头数、体重，以便有充足的时间准备好育肥舍，确保有足够的栏舍及饲料供应。在育肥舍进猪之前，育肥舍饲养员要根据转入的保育猪头数与育肥舍实际的猪栏数目合理安排每栏的饲养头数。

保育猪转入之前设置好料槽

尽量较少转群应激

　　保育猪转入育肥舍后，最好将保育舍原栏饲养的猪群仍然关在一个栏内，可以避免猪群合栏混群造成的应激。如果不能原栏饲养则需要按照猪只体重、大小、公母重新进行分群。弱小的猪需要转入特殊的护理栏中，病残猪需要转入病猪栏中。

对问题猪进行标记并单独饲养

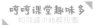

实践课堂

①【提前准备】

在将保育猪群转入育肥舍之前，保育舍饲养员提前告知育肥舍饲养员本次转进育肥舍猪只的头数和质量。并提前将育肥舍的栏舍、饲料及所有生产设备、赶猪板、生产批次报表、蜡笔等工具都准备好。如果是从外场转猪到本场，需要提前准备好卸猪台及赶猪通道。

②【转猪进育肥舍 】

在赶猪过程中动作尽量轻柔，保持耐心，使用赶猪板避免猪只掉头和乱窜，禁止使用棍棒敲打猪只，避免造成惊慌和损伤，尽量按照保育舍原栏猪群进行驱赶进育肥舍。

③【称重】

将转入育肥舍的保育猪分批赶至磅秤上进行称重及清点头数，并进行记录。

④【合理分群】

将保育猪赶入育肥舍后，如果不能原栏饲养，需要进行重新分群，则根据猪群的体重大小、公母依次赶入育肥栏中。病残猪则要单独赶至病猪栏，弱小猪只则需要转入单独护理栏中。

实践课堂学操作

⑤ 【正确饲喂与饮水】
　　保育猪转入育肥舍后，首先提供充足的饮水，添加电解质，让猪群及时饮水并能尽快休息减少转群时的应激，猪群饮完水后，充分休息3~4小时后再进行限量饲喂，每头猪提供0.5~1千克的饲料为宜，第二天进行自由采食。

⑥ 【健康检查】
　　猪群转入育肥舍后要进行健康检查，对于未及时发现的病猪或残猪以及赶猪过程中受伤或者出现应激的猪进行及时标记，并赶入病猪栏，按照猪场的兽医制度进行治疗。

⑦ 【猪只清点与记录】
　　待所有保育猪转入育肥舍后，对所有猪群再次清点一次，统计转入育肥舍所有的保育猪头数、并将公母、病猪、残猪及弱猪进行分别统计和记录。同时填写育肥舍生产批次表，注明该批转入育肥舍猪只的猪舍号、转入日期、来源、批次号、弱小猪的头数和总头数，并悬挂在保育舍进门的过道处。

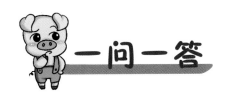

一问一答

如果转群后饲养密度过大，应该如何处理？

如果保育猪转进育肥舍后，猪群的饲养头数超标，则需要根据猪场猪群的生长速度提前做好分栏和提前出栏销售的计划，以便调整猪群密度，有利于猪群生长。

如何做好育肥猪的"三点"定位工作？

保育猪转入育肥舍后的对猪群进行三点定位，使猪群养成在指定地方睡觉、采食、排粪排尿的习惯，有助于维持栏舍的干燥和卫生。在保育猪转入育肥舍之前饲养员可以在猪排泄的地方洒上水，在猪睡觉的地方撒上锯末麸皮，引导猪群在固定区域的排泄和睡觉。如果有猪只随意排粪排尿，要驱赶猪只至固定的排粪处，及时清除采食区和躺卧区的粪便和尿液。

一问一答有要点
如何减少转群应激

小结

保育猪体重达到20~30千克时需要转入育肥舍，虽然相对断奶仔猪的适应能力要强些，但是仍然容易受到各种应激的影响。因此在转猪过程中必须合理地安排好各项工作：制定转猪计划，合理的标记和分群，温和地驱赶和正确地运输，才能尽量减少转群应激，使保育猪能快速适应育肥舍新的环境，进入快速生长阶段。

打开哼哼会APP扫描

惊喜在这里

扫一扫加入
猪海拾贝互动社区

第四章

如何让猪群长得更快

1 保育猪的合理饲喂

本节疑惑

断奶仔猪的消化系统发育有什么特点？

如何制定合理的保育猪饲喂方案？

保育猪的饲喂流程是怎么样的？

哼哼课堂

断奶仔猪消化系统的变化特点

（1）胃肠道功能不完善

断奶仔猪的胃肠道体积和功能发育不全，胃肠道运动机能微弱，小肠绒毛长度、隐窝深度和绒毛面积仍然处在生长发育阶段，消化吸收功能较差。同时仔猪断奶后，食物由液体的母乳变成固体的饲料，会造成小肠绒毛磨损、剧烈萎缩、隐窝增生，肠黏膜吸收面积大大降低，严重影响对营养物质的吸收，容易导致仔猪消化不良而发生腹泻。

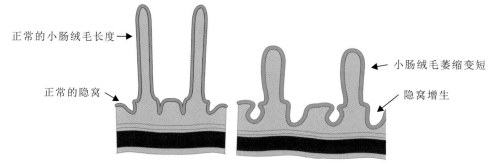

正常的小肠绒毛长度　　　　　　　　　　　　　　　小肠绒毛萎缩变短

正常的隐窝　　　　　　　　　　　　　　　　　　　隐窝增生

仔猪断奶后，小肠绒毛长度减少25%，在断奶后第5天，减少为原绒毛长度的50%

（2）胃酸分泌不足

胃酸是仔猪防御外部病原微生物的重要屏障，但是断奶仔猪胃酸的分泌能力很弱。仔猪断奶前，母乳中的乳糖为胃中乳酸菌提供了重要的营养来源，乳酸菌可以分解乳糖产生乳酸补充胃酸，弥补胃酸分泌的不足。但仔猪断奶后由于没有乳汁摄入，导致胃内无法再获得乳糖，造成胃内厌氧菌营养源黏性蛋白数量的下降，随之引起乳酸菌数量下降，导致乳酸分泌不足，胃内pH值升高，抑制消化酶的活性，使得消化系统代谢紊乱。

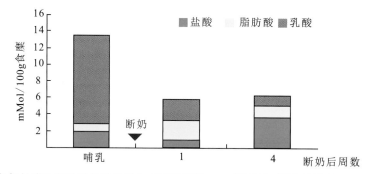

断奶仔猪胃内盐酸分泌的变化（哺乳时间35d，饲喂后3h测定的浓度）

(3)消化酶活性低

仔猪断奶后消化道腺体发育尚未完善，脂肪酶、蛋白酶、淀粉酶等消化酶分泌较少。同时胃底腺不发达，胃酸分泌少，导致胃内 pH值过高（pH值≥4）胃蛋白酶原不能被完全激活，造成胃蛋白酶的活性很低，不能充分消化饲料中的植物性蛋白质，而没有消化的植物性蛋白质进入肠道将不能被充分吸收，进而造成严重的消化不良，破坏小肠绒毛，导致腹泻的发生。

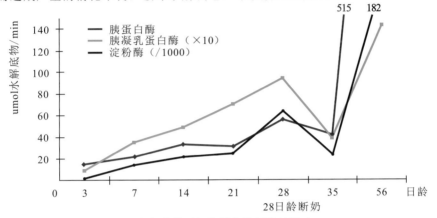

断奶应激对仔猪消化酶活性的影响

(4)肠道微生物菌落紊乱

仔猪刚出生时，消化道是无菌的。在仔猪出生到断奶过程中，消化道内的细菌菌落逐步增加，处于一种动态平衡状态。但是断奶后由于各种应激和胃内pH值上升，导致有益菌数量减少，改变了仔猪小肠环境，肠道菌落平衡被打破，造成病原菌繁殖加快；致病菌如大肠杆菌会吸附在肠绒毛上，分泌毒素侵蚀肠绒毛和肠道表面，破坏肠道的吸收能力，从而导致仔猪生长停滞和出现腹泻等问题。

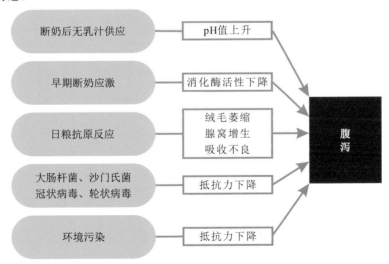

引起腹泻的因素（通过添加剂改变肠道环境）

(5)缺乏母源抗体，抗病能力下降

断奶前仔猪主要通过母猪乳汁获得脂肪和蛋白质等营养物质，同时乳汁中的免疫球蛋白IgA、IgG、IgM为仔猪提供抗体保护。仔猪断奶后主动获得的抗体大量降低，抗病能力随之降低。

乳汁中的抗体组成及作用

分类	初乳	常乳	作 用
IgG	80%	30%	血清杀菌，抗败血
IgA	15%	60%	作用肠道杀灭大肠杆菌，抗胃肠道疾病
IgM	5%	10%	主要抑制革兰氏阴性细菌

走进课堂
图文释惑

断奶仔猪尽早采食的重要性

如果仔猪很好地适应了断奶过程并很快开始采食固体饲料，那么饲料进入胃部可以刺激胃液的分泌，胃液中含有盐酸和胃蛋白酶原。盐酸可以阻止或逆转肠道pH值的上升，还可以刺激小肠内其他消化酶的释放并激活。在这种情况下，肠细胞和绒毛细胞受到的破坏很小，绒毛仍然正常或很快就能恢复，仔猪可以很好地消化食物并吸收营养，从而提高抗应激能力，快速生长。

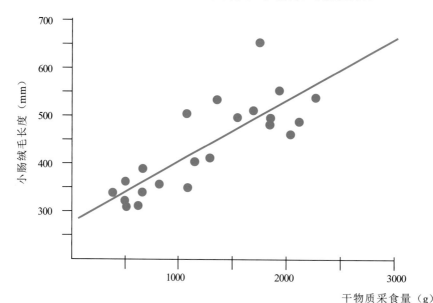

采食量是影响仔猪消化道发育的重要影响因素

保育猪的饲喂方案

换料时进行过渡可以减少应激

　　使用简单的饲粮可以降低饲料成本，但是过早饲喂简单饲粮会增加保育猪腹泻问题，均匀度变差。仔猪断奶后饲喂易消化的教槽料可以促进采食，加快早期生长减少腹泻问题，但是过量饲喂教槽料会增加整体的生产成本。因此要根据断奶仔猪的大小和消化能力制定合适的保育猪饲喂方案。

　　实际生产过程中常用的方式是根据仔猪的日龄分别饲喂3种饲料，分别是教槽料（7~28天）、保育前期料（28~42天）、保育后期料（42~60天）。在饲喂不同类型饲料时最好有3~5天的饲料混合过渡，减少换料应激；如教槽料过渡到保育前期时，教槽料与保育料的混合比例依次为75%：25%、50%：50%、25%：75%，每种比例的过渡时间为1~2天。

仔猪常用饲喂方案推荐

饲养阶段	哺乳阶段	保育阶段		
	哺乳教槽补料期	保育过渡期（断奶后1~7d）	保育期	
			保育前期（断奶后7~42d）	保育后期（42~60d）
饲喂策略1	教槽料		保育料	
饲喂策略2	开口料	教槽料	保育料	
饲喂策略3	开口料		教槽料	保育料
饲喂策略4	教槽料		保育前期料	保育后期料
饲喂策略5	教槽料	保育前期料		保育后期料
饲喂策略6	开口料	教槽料	保育前期料	保育后期料

正确的饲喂管理

　　(1)保证饲料质量

　　霉变的饲料会严重影响保育猪的生长性能，因此每批饲料在饲喂之前都要检查质量，尤其是料塔内的饲料，如果饲料颜色不正常、潮湿结块、发热或气味异常就要立即报告上级，及时更换。

料塔内的饲料结块霉变

（2）正确的料槽管理

料槽管理不当会降低保育猪对饲料的兴趣，从而降低采食量，增加饲料浪费。料槽中的饲料要保证没有受潮或霉变，饲料一旦被粪便污染或变质就必须从料槽中清理出去。每天检查料槽以确保下料速度合适，并根据饲料类型的变化进行调整。

①如果投料器下料速度过快：料槽中就会有过量的饲料，保育猪会将饲料拱下料槽并只吃最新鲜的颗粒，造成饲料浪费；同时不新鲜的饲料将长时间留在料槽中造成变质，不仅降低采食量，还可能引起疾病问题。

②如果投料器下料速度太慢：保育猪获得的饲料量过少，使得猪只之间出现争斗，同样会降低采食量，并使恶习增加，如咬尾、咬腹、咬耳等。

料槽饲料过多，造成浪费

喂料过少导致仔猪争斗

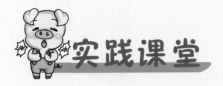

① 【喂料前的检查】

　　①喂料前仔细检查每一批饲料的外观、颜色、气味正常，确保饲料质量合格。

　　②检查料箱和料管，避免突发性饲料泄漏或由于设备损坏引起的泄漏。如果是人工手动喂料检查所有喂料车是否干净，清除霉变或潮湿的饲料。

　　③确保料槽内之前喂的饲料吃完，将料槽中的粪便、尿液、被污染的饲料、霉变的饲料清理掉，确保料槽干净卫生。

② 【正确投料】

　　①手动运行输料管将新鲜的饲料转入喂料器，注意不要将饲料撒出造成浪费。

　　②打开下料开关，让饲料顺着下料管流到料槽内，料槽加满后，关闭料线下料开关。

　　③如果是人工饲喂，使用料勺添加饲料，注意不要将饲料撒出料槽外。

③ 【观察猪群采食情况】

　　如果在料槽周围有过分拥挤和打斗行为则表明料槽中的饲料量不够，增加料槽或者饲料量并及时清理喂料器堵塞。特别要注意不吃料的猪只，检查它们是否存在疾病或受伤等异常情况。

④【打扫漏出来的饲料】

　　及时打扫从料线或者料槽漏出来的饲料，丢弃潮湿或变质的饲料。

⑤【做好记录】

　　每次喂料后都要详细记录饲料的品种和用量，以便后续跟踪计算耗用量。

⑥【其他事项】

　　①料车清空：每周至少彻底清空料车1次。

　　②库存最少：确保在下一批饲料到达之前料箱中剩余的饲料量最少。

　　③料塔清空：每月至少清空1次料塔。

　　④料线清空：确保在保育猪转入育肥舍前所有的料管和喂料器都清空。

　　⑤料线清洗：最好在批次饲养结束后用高压水冲洗料箱，除了寒冷季节。

一问一答

教槽料有什么特点及作用？

教槽料是由熟化的谷物、乳清粉、鱼粉、动植物蛋白和植物油等配制而成，营养成分和乳汁接近，同时教槽料中还添加了特殊的调味剂以提高适口性，具有易消化易吸收的特点。饲喂教槽料的仔猪可以更快地适应固体饲料，刺激酶系统的发育，促进消化道的快速成熟，提高采食量。

为什么断奶仔猪要尽快提高采食量？

因为提高仔猪断奶后一周内的采食量将有利于刺激消化酶的活性和发育，从而使胃肠道适应饲料中的植物蛋白，吸收营养物质，保证生长发育的需要。

保育猪可以一直饲喂教槽料吗？

不行。因为随着保育猪采食量的提高和消化能力的增强，饲粮中的营养浓度可以适当降低。在之后饲喂的饲粮中逐步将熟化的谷物、乳蛋白和动物蛋白替换掉，增加谷物原料和植物蛋白的比例。在持续7~8周的保育阶段要饲喂一系列饲料（典型的有4~5种），目的是随着保育猪消化系统的不断成熟，饲喂与其消化能力相匹配饲料。

保育猪饲料的主要营养成分组成是什么？

保育组各阶段饲料主要营养成分需求推荐值

饲料种类	参照标准	净能（kcal/kg）	消化能（kcal/kg）	粗蛋白质（%）	可消化赖氨酸（%）	可消化蛋氨酸和胱氨酸（%）	钙（%）	总磷（%）	有效磷（%）
教槽料	常用	2 520	3 500	20.0	1.40	0.81	0.70	0.60	0.40
	NRC标准（第11次修订版）	2 448	3 542	—	1.35	0.74	0.80	0.65	0.40
保育前期料	常用	2 460	3 450	19.0	1.20	0.70	0.68	0.58	0.36
	NRC标准（第11次修订版）	2 412	3 490	—	1.23	0.68	0.70	0.60	0.33
保育后期料	常用	2 440	3 400	18.0	1.05	0.61	0.66	0.56	0.32
	NRC标准（第11次修订版）	2 475	3 402	—	0.98	0.55	0.66	0.56	0.31

能否举例说明保育猪各阶段饲喂的各项标准？

各阶段保育猪饲喂量标准

饲料	期初重（kg）	期末重（kg）	头均饲喂量（kg）	头均增重（kg）	头数	总耗料（kg）	总增重（kg）	FCR
教槽料	6.5	10	4.55	3.5	600	2 730	2 100	1.3
保育前期料	10	15	7.5	5	594	4 455	2 970	1.5
保育后期料	15	25	15.8	10	588	9 290.4	5 880	1.58
小计				18.5		16 475.4	10 950	1.50

保育猪饲喂量计算（平均断奶重6.5kg）

饲料	目标头均饲喂量（kg）
教槽料	4
保育前期料	8.55
保育后期料	15.25
评估项目	目标
转出体重	25.00
头均耗料	27.8
头均增重	18.50
FCR	1.50

注：假设该批断奶仔猪共600头，21d断奶，平均断奶重为6.5kg，转出均重为25kg。教槽料的饲喂量由断奶重决定，保育料严格按照饲料程序，保育后期料一直饲喂到保育猪转入育肥舍。

保育猪不同日龄阶段的采食量标准是多少？

    由于猪的品种、健康状况和环境的不同采食量的变化也很大，因此每个公司应该制定自己的保育舍饲料消耗参考数据。

保育猪采食量参考标准（推荐）

周次	头均采食量（g/d）
1	230
2	450
3	600
4	770
5	970
6	1 150
7	1 350

小结

　　仔猪断奶后在保育阶段的采食方式和哺乳阶段相比发生了很大的变化，由母乳变成固体饲料。由于断奶时仔猪的消化系统发育还不完善，消化酶活性低，同时又失去了母源抗体的保护，使得仔猪受到极大的营养应激，大大降低了其抵抗疾病的能力，因此了解保育猪消化系统的发育特点，制定正确的饲喂程序和方案，提供营养充足的饲料，才能保证断奶仔猪能正常生长发育，这对于保育猪的健康和最大限度发挥生产性能非常关键。

惊喜在这里

扫一扫加入

猪海拾贝互动社区

打开哼哼会APP扫描

 **育肥猪的合理饲喂**

● 本节疑惑

影响育肥猪的营养需求有哪些因素？

如何制定合理的育肥猪饲喂方案？

育肥猪的饲料配方有什么要求？

影响育肥猪的营养需求因素

（1）猪的品种

不同品种的育肥猪的采食量及瘦肉组织生长速度有很大差异，即沉积肌肉和脂肪的潜力不同，这是影响育肥猪饲料营养需求的一个主要因素。根据肉质的类型可以将猪的品种分为瘦肉型、脂肪型和兼用型三类，脂肪型猪的胴体瘦肉率通常为38%~45%，而瘦肉型猪胴体瘦肉率可以达到60%以上。由于饲料中的蛋白质主要用于瘦肉的生长，饲料中充足的蛋白质供应对猪生长潜力的发挥起主导作用，其含量高低对提高猪体瘦肉率有很大影响。与脂肪型猪相比，饲养瘦肉型猪必须保证提供更多的蛋白质饲料，如鱼粉、豆粉、糠麸类及嫩的青绿植物等，以满足瘦肉沉积的需要。

脂肪型猪（左图，需要高能量的饲料）与瘦肉型猪（右图，需要更高蛋白的饲料）

（2）性别

猪性别不同，其瘦肉沉积率、食欲、生长速度存在一定的差异。母猪瘦肉沉积率比阉公猪要快，但是采食量与阉公猪相比要低，生长速度也比阉公猪要慢。阉公猪采食量比母猪要高，长速也要比母猪快，但阉公猪的脂肪沉积率要高于瘦肉的沉积。由于饲料蛋白质转化成脂肪的效率比转化成瘦肉的比率要低，因此阉公猪的饲料转化率要比母猪差。

性别对猪营养需求的影响

项目	母猪	阉公猪
瘦肉沉积率	高	低
采食量	低	高
生长速度	慢	快
胴体瘦肉率	高	低
蛋白质需求	高	低

（3）健康状况

良好的健康状况直接影响猪的采食量、饲料转化率、生长速度，是决定猪对饲料营养需求的另外一个重要因素。猪的健康状况越好，食欲越好，消化能力越强，可以采食更多的饲料用于生长。相反，猪感染疾病后会降低采食量，引起消化系统代谢紊乱，饲料转化率降低，生长受阻，增加饲养成本。因此，保证猪群的健康才能最大限度利用饲料里的营养成分提高生长速度和瘦肉率。

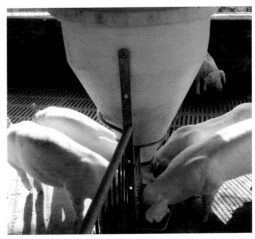

健康育肥猪采食照片

走进课堂
图文释惑

育肥猪的生长规律

育肥猪的体重增长随日龄增长呈现"慢-快-慢"的趋势。育肥猪生长前期主要是以骨骼及瘦肉生长发育为主，后期则是沉积脂肪为主，20~30千克为骨骼生长高峰期，60~70千克为肌肉生长高峰期，90~110千克为脂肪蓄积旺盛期。因此，在猪瘦肉增长期内，要供给蛋白质充足的优质饲料，使其快速的生长发育，而到脂肪沉积期，则要适当限制蛋白质饲料的供应。

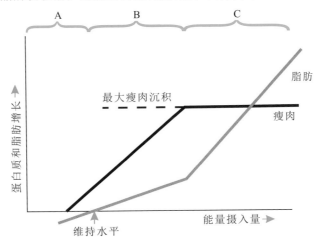

育肥猪体重增长的规律（A阶段用于维持生命，B阶段可以得到最大的瘦肉沉积，C阶段瘦肉不再增加，只会不断沉积脂肪，造成猪只过肥和饲料成本过高）

育肥猪的饲喂程序

　　育肥阶段的主要目标是提高饲料转化率，因此制定合理的育肥猪饲喂程序要掌握育肥猪的瘦肉增长与脂肪沉积的规律，满足各个体重范围育肥猪的营养需要，在不同生长发育阶段饲喂不同营养成分的饲料。根据育肥猪生长发育的特点，可以饲喂3~6种不同营养配方的饲料，满足育肥猪的营养需求。实际生产过程中根据育肥猪的体重分别饲喂3种饲料，分别是小猪料（25~50千克）、中猪料（50~75千克）、大猪料（75千克~出栏）。

育肥猪常用饲喂程序推荐

饲养阶段	小猪阶段 25~50kg	中猪阶段 50~75kg	大猪阶段 75kg~出栏
饲喂策略1	小猪料		
饲喂策略2	小猪料	中猪料	
饲喂策略3	小猪料	中猪料	大猪料

育肥猪的饲喂方式

　　育肥猪的饲喂可采用自由采食或定时分餐饲喂两种方式，饲料的类型有粉料和颗粒料，根据饲料与水的混合程度分为液体饲喂、湿拌料饲喂。不同饲喂方式各有优缺点，猪场可以根据实际情况进行选择。

育肥猪不同饲喂方式的比较

项目	优点	缺点
自由采食饲喂	工作量小、节省劳力、操作简单 猪生长速度快、个体均匀、	不易发现病猪，只有猪病严重时才能发现；容易造成猪群采食过量
定时分餐饲喂	根据猪只体重和头数进行饲喂，可以及时发现不吃料的猪	工作量大、猪群容易争抢饲料造成浪费，必须提供充足的料位

不同饲料形态的比较

项目	优点	缺点
干料	饲喂操作简便	容易增加粉尘、饲料浪费大
湿拌料	适口性好、减少饲喂时的粉尘、饲料浪费少	工作量大、易霉变
液体饲料	提高采食量、容易消化、饲料转化率高	容易污染、成本较高

料槽管理

对于自由采食的料槽首先要保证能顺利下料让猪随时可以吃到饲料，同时又不能下料过多，造成浪费。理想的下料量是饲料面积只占到采食区的四分之一，既可以满足猪群的采食，又可以减少浪费。在育肥猪饲喂过程中，减少陈料的堆积，每天清空料槽1次，可提高饲料报酬。每天检查、清扫料槽，及时清除被粪便、尿液污染的饲料，保持饲料的新鲜度。

每天及时检查料槽清除被粪便污染的饲料

①【检查饲料质量】

    使用品质差的饲料会严重影响育肥猪的生产性能，尤其霉变饲料，将会严重危害育肥猪的健康。因此在饲喂育肥猪之前，对每一批饲料都要检查外观和气味是否正常。如果饲料颜色异常，看上去有霉变，用手感觉很热或有异常气味，禁止饲喂育肥猪。

②【正确调整料槽的下料开口大小】

    饲养员每天要及时调整料槽的下料器的开口大小和下料速度，使下到料槽底盘内的饲料与猪的采食量相当，育肥猪的饲料覆盖料盘面积不要超过1/4为宜，保持饲料新鲜和卫生。

③【检查料槽】

    喂料前检查料槽饲料剩余情况，是否混有粪便、尿液和霉变情况并及时清理，保证料槽内干净卫生。

④【正确投料】

    ①料线饲喂：手动运行输料管将新鲜的饲料转入喂料器，注意不要将饲料洒出造成浪费。

    ②人工饲喂：饲养员使用料勺将饲料加入料槽中，注意不要添加得太满，防止饲料溢出。

⑤【观察猪群采食情况】

如果在料槽周围有过分的拥挤和打斗行为则表明料槽中的饲料量不够。及时调整料槽下料开关，保证饲料能顺利下到料槽的采食区内。

一问一答

育肥猪为什么最好要分性别进行饲喂？

由于母猪和阉公猪生长发育及瘦肉沉积率不同，提供相应的营养配方的饲料，可以提高饲料转化率，降低饲料成本。在生产过程中，可以将育肥猪分开性别进行饲喂，阉公猪可以提供低蛋白质含量的饲料进行饲喂，可以降低生产成本。同时分性别饲养管理对提高上市猪的均匀度很有帮助，在育肥后期对阉公猪进行适当的限喂，可以降低脂肪的沉积，改善猪肉品质。

育肥猪在生长后期饲喂高蛋白含量的饲料会导致什么结果？

如果再供给过量的蛋白质饲料，就会使过量的蛋白质转化为能量而沉积成脂肪，不但降低了饲料转化率和育肥猪的生长速度，还会增加饲料成本。

影响育肥猪饲料配方的两个最重要因素是什么?

猪群的健康及品种是影响育肥猪饲料营养需求的最主要因素。

不同营养配方的饲料在进行更换时为什么要进行过渡?

为了减少更换饲料对育肥猪胃肠道的应激,影响猪群的生长速度,在饲喂不同类型饲料时需要进行饲料过渡,如小猪料过渡到中猪料时,小猪料与中猪料按照70%∶30%、50%∶50%、30%∶70%进行过度为宜,为期5~7天。

什么样的育肥猪饲料的营养配方比较好?

育肥猪各阶段饲料主要营养成分需求推荐值

饲料种类	参照标准	净能（kcal/kg）	消化能（kcal/kg）	粗蛋白质（%）	可消化赖氨酸（%）	可消化蛋氨酸和胱氨酸（%）	钙（%）	总磷（%）	有效磷（%）
小猪料20~50kg	常用	2 300	3 250	17.1	0.9	0.5	0.65	0.6	0.31
	NRC标准（第11次修订版）	2 475	3 402	—	0.98	0.55	0.66	0.56	0.31
中猪料50~75kg	常用	2 200	3 180	16	0.85	0.48	0.6	0.55	0.28
	NRC标准（第11次修订版）	2 475	3 402		0.85	0.48	0.59	0.52	0.27
大猪料75kg~出栏	常用	2 475	3 250	16	0.7	0.48	0.55	0.5	0.25
	NRC标准（第11次修订版）	2 200	3 402		0.73	0.48	0.52	0.47	0.24

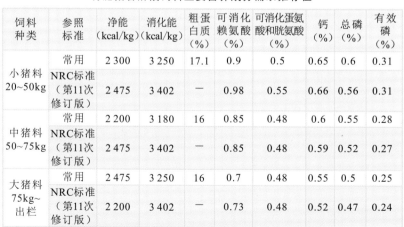

举例说明母猪与阉公猪在育肥阶段的饲喂量标准？

育肥猪饲喂标准（母猪）

饲料	期初重（kg）	期末重（kg）	头均饲喂量标准	头均增重	饲养头数	总耗料	总增重	FCR
肥猪料1	25	50	47.75	25	600	28 650	15 000	1.91
肥猪料2	50	75	58.25	25	597	34 775.3	14 925	2.33
肥猪料3	75	100	75	25	591	44 325	14 775	3
肥猪料4	100	125	81.5	25	588	47 922	14 700	3.26
小计				100		155 672.3	59 400	2.62
死亡率	总耗料（kg）	饲养总天数（d）	总增重（kg）	ADG（g/d）	全群FCR			
2%	155 672.3	112	59 400	892.8	2.62			

注：该实验参考标准是假设转入育肥舍的600头肥育猪为基础得到的，这些猪的平均体重为25kg。平均上市体重假设为125kg，上述饲料转化率（FCR）可以作为每种饲料程序及检验饲料营养的参考。

育肥猪饲喂标准（阉公猪）

饲料	期初重（kg）	期末重（kg）	头均饲喂量标准	头均增重	饲养头数	总耗料	总增重	FCR
肥猪料1	25	50	50.5	25	600	30 300	15 000	2.02
肥猪料2	50	75	61	25	597	36 417	14 925	2.44
肥猪料3	75	100	78	25	591	46 098	14 775	3.12
肥猪料4	100	125	83.5	25	588	49 098	14 700	3.34
小计				100		161 913	59 400	2.72
死亡率	总耗料（kg）	饲养总天数（d）	总增重（kg）	ADG（g/d）	全群FCR			
2%	161 913	109	59 400	917	2.72			

注：该实验参考标准是假设转入育肥舍的600头肥育猪为基础得到的，这些猪的平均体重为25kg。平均上市体重假设为125kg，上述饲料转化率（FCR）可以作为每种饲料程序及检验饲料营养的参考。

一问一答有要点

饲喂颗粒料与粉料的有什么优点和缺点？

颗粒料与粉料的优缺点

项目	优点	缺点
颗粒料	适口性好，消化吸收率高、饲料浪费少 降低猪舍内粉尘，猪采食速度快	价格较贵，易造成 猪群采食过量
粉料	易加工、成本低、饲料配方搭配灵活	饲料浪费大、增加栏舍内粉尘

如何减少饲料浪费？

①育肥猪饲喂湿拌料比喂干料浪费少。
②使用合适的干湿自由采食料槽比传统长方形斗式料槽减少饲料浪费。
③料槽始终用盖子盖住，预防老鼠、鸟类、昆虫吃料。

小结

　　育肥猪是猪生长发育最快的时期，也是猪场获得经济效益高低的关键时期。育肥舍生产管理主要目标就是提高猪群饲料转化率，加快育肥猪生长速度，在最短的时间内，使猪达到出栏体重，提供高瘦肉率的猪肉满足市场的需求，获得理想的利润。

　　为了达到这一目标，就必须根据育肥猪各个阶段生长发育的生理特点，制定合理的饲喂程序来满足育肥猪生长发育的营养需求，保证猪群的快速生长。

打开哼哼会APP扫描

惊喜在这里

扫一扫加入

猪海拾贝互动社区

3 合理地供水

○ 本节疑惑

猪的饮水习性是什么？

猪场提供给商品猪的饮水方式有哪些？

合理给商品猪提供饮水有哪些注意事项？

哼哼课堂

洁净的饮水

猪喜欢喝新鲜、干净、水面宽阔的水，对水的气味和质量要求很高，任何被粪便、尿液污染的水都会影响猪的饮用。

猪的饮水喜好

类别	喜欢	不喜欢
水的种类	新鲜、干净	矿物质含量高的水
水的味道	水中添加增味剂或甜味剂	被粪便、尿液、饲料、水藻或唾液污染的水
饮水方式	可以自由饮水，如杯式饮水器	水压过高流速过小的饮水器

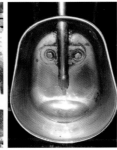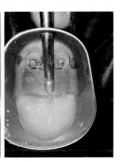

饮水碗中水量正常（左）、水太少（中）、水太脏（右）

走进课堂
图文释惑

猪的饮水习性

猪每天的饮水量比采食的饲料要多，冬季猪的饮水量是采食量的2~3倍，夏季的饮水量最高可达采食量的5~6倍。猪每天饮水的时间有限，主要在采食后饮水，因此最好在料槽旁边安装饮水器，而不应该安装在角落里。实际生产中，育肥猪每天的饮水量可能在2~10升范围内变化，白天饮水量大于晚上，饮水最活跃的时间是上午9点至下午5点，饮水高峰期在下午3~4点之间。

饮水碗应该安装在料槽旁边

哼哼课堂趣味多

商品猪的饮水量及影响因素

育肥猪每天要饮用大量的水，随着猪的生长，其饮水量随着采食量稳定地呈线性增长，同时猪舍温度、体重、饮水器（类型、高度、水压）、饲料品质、健康程度都可影响猪的饮水量。当猪感到热时会通过多饮水来减轻热应激，增加排尿量也可以进一步散热。通常猪吃颗粒料比吃粉料需要饮用更多的水，饲料中的蛋白质和矿物质含量越高，饮水量越大；当饲料缺乏时为了增加饱腹感，育肥猪饮水量也会增加。如果水被污染，猪只会饮用维持自身生命的水量，导致饮水不足，降低采食量。

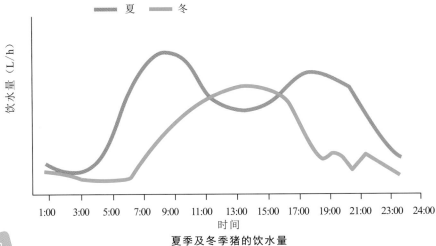

夏季及冬季猪的饮水量

猪饮水不足的行为表现

（1）群体行为表现

猪群烦躁不安表现口渴，挤在饮水器旁抢水喝，甚至相互攻击和打架行为，并发出尖叫。当饮水严重不足时，会出现严重干渴现象，导致猪群消化能力减弱，食欲下降，体内代谢严重紊乱，采食量下降，皮肤苍白消瘦，甚至死亡。

饮水器流量不足，猪群争抢饮水器

刚断奶的仔猪在学习饮水时总会拱饮水器，但并不能饮用到足量的水

（2）个体猪行为表现

猪饮水不足，会表现出皮肤苍白，毛长消瘦，腹部凹陷，精神沉郁，远离猪群。

走进课堂
图文释惑

保证所有猪都可以喝到水

每天都对整个猪舍进行仔细的观察，观察猪群是否有缺水症状，检查饮水器是否有水，防止饮水管道或者饮水器堵塞。注意供水管始端比末端的压力更大。水压如果太大，猪饮水时水会过量溅出，对猪群造成惊吓，尤其是胆小的猪会不敢喝水，而水压如果太低会导致远端饮水器流速不足，造成猪群缺水。

不同饮水器的出水孔大小不一，在设计保育舍时可以根据水管压力实际情况选择不同的饮水器进行安装，以保证水流速度的稳定

饮水器堵塞

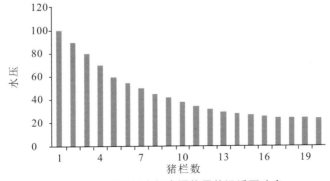

随着栏舍与水源位置的远近而改变

嘻嘻课堂趣味多

检查水的流量

饮水器的水流量可能由于水压低、管道太长、太细或管道有渗漏、饮水器堵塞等原因造成水流量过低，所以要经常对水嘴流量进行检查，流速太高只会造成水的浪费。保育猪的饮水器流量不能低于0.8升/分，育肥猪要保证饮水器的流速达到1.5升/分，定期进行饮水器流量检查将可以及时发现饮水供应异常的情况发生。

通过使用有刻度的容器在1min接水的多少来测试流速

温度对猪饮水的影响

猪群饮用水的温度要保持在10~15℃为宜。水温过低会降低猪体内消化酶的活性，导致饲料消化不良而造成腹泻；水温过高时会减少胃液分泌，pH值升高。随着栏舍环境温度升高，猪增加饮水量，尤其是在炎热的夏季，但水温都过高时反而导致猪群饮水量严重下降。在夏季炎热的猪舍，当水温为11℃时，育肥猪的日饮水量为10.5升/头；当水温为30℃时，育肥猪饮水量仅为0.6升/头。因此，在夏季要注意猪舍内的水温不能太高，水管应该安装在栏舍内而不是外部，避免水管被太阳直接照射。

供水管安装在猪舍内而不是室外夏季可以防止太阳直晒提高水温

使用滤水器

为了避免水中的杂质造成饮水器堵塞，可以在进水管安装过滤器对水进行过滤，尤其是使用井水中或者河流、鱼塘等地表水作为猪群饮用水源的猪场。每周都要检查滤水器，及时进行清洗和更换滤芯，确保水中杂质过滤，减少饮水器的堵塞。

哼哼课堂趣味多

实践课堂

猪群饮水量登记表

① 【检查水表】

　　为了评估猪群饮水是否正常，每一栋商品猪舍应该安装水表，饲养员每天早上8点查看水表上的读数并进行记录，用于评估猪群整体的饮水消耗量来检查饮水供应是否充足。

② 【记录耗水量】

　　将查看到的水表上的读数填写在用水消耗表上，并计算实际耗水量。

③ 【观察猪群状况】

　　进入猪舍查看猪群是否出现口渴饮水不足的情况，重点观察猪群是否拥挤在饮水器周围抢水喝，猪群攻击、打斗行为是否增加，猪群发出异常尖叫，猪群是否出现皮肤苍白、消瘦、毛长、精神不振、倒地划水等情况。

④ 【检查饮水器】

　　进入猪栏检查饮水器流速是否正常，饮水器是否损坏或脱落。如果使用饮水碗，检查碗中的水是否被粪便、尿液或饲料颗粒污染，并及时清理。

⑤ 【饮水器异常情况处理】

如果饮水器流速偏低则检查调整饮水器和水管中是否堵塞，如果流速过大则检查进水管的水压是否过大。

⑥ 【检查饮水投药情况】

检查正在饮水投药的猪舍，确保饮水器没有被药物颗粒堵塞。

⑦ 【检查饮水加药器的过滤器】

使用饮水加药器进行饮水加药时，要取下过滤器彻底清洗或更换。

实践课堂学操作

一问一答

饮水为什么对商品猪非常重要？

水是猪体内所有组织、器官、体液的重要组织成分，参与猪机体内部所有营养成分的消化和吸收、代谢废物的排泄、血液循环、体温调节、生长发育等生命活动，是维持正常新陈代谢不可缺少的因素。如果商品猪饮水不足，会导致饲料的消化吸收不良，降低采食量，缺水还会导致猪体内血液黏稠，体温上升，危害健康。

选择哪种饮水器比较好？

猪喜欢在宽广的水面进行饮水，因此使用饮水碗或者饮水槽可以增加饮水量，但是容易造成水被污染，需要经常检查和清洗。使用乳头或者鸭嘴式饮水器可以持续提供新鲜足量的水，但是容易造成浪费。无论是哪种饮水器，注意不要饮水器安装墙角，至少距离1米。

饮水器的安装高度多高比较合适？

饮水器与水管成90度角安装时要与猪肩部的高度相齐，呈45度角向下斜时要高出猪背部高度5厘米，碗式饮水的安装高度在20~25厘米，饮水器高度过低会增加水的浪费。

饮水器安装要求

猪的体重	日饮水量（L）	90°饮水器高度（mm）	45°饮水器高度（mm）	流速（L/min）	每栏个数
断奶~30kg	0.7~3.3	250	350	0.8	2
30kg	3.3	450	550	0.8~1.2	2
50kg	5	550	650	1.5	2
100kg	7.9	700	750	1.5	2

水线如何消毒和清洗？

水线和水管长期使用不清洗，容易沉积水垢和生物膜，导致病原微生物富集，不利于猪群健康。因此，要定期清理水线。可以采用专用的水线消毒剂，也可以使用碘酊，5%碘酊按每升水加3滴，2%的每升水中加入5~6滴。50升水中加入2.5%碘酊20毫升，即含碘10毫克/升，消毒10~15分钟即可。

如果供水系统正常，但是猪群日用水量却不正常，造成的原因有哪些？

猪群水消耗量异常原因

水消耗量偏低	水消耗量偏高
猪群生病/天气炎热/水温过高/饲料霉变/水中盐分含量高	水管破损漏水/饲料蛋白质含量高/饲料矿物质含量高/猪群饥饿时/饮水器脱落

猪群用水的质量标准是什么？

猪的用水标准

项目	好	差
pH值	5~8.5	<4或>9
铵（mg/L）	<1.0	>2.0
亚硝酸盐（mg/L）	<0.10	>1.00
硝酸盐（mg/L）	<100	>200
氯（mg/L）	<250	>2.000
钠（mg/L）	<400	>800
硫酸盐（mg/L）	<150	>250
铁（mg/L）	<0.5	>10.0
锰（mg/L）	<1.0	>2.0
硬度（OD）	<20	>25
大肠杆菌（cfu/L）	<100	>100
总细菌数（cfu/L）	<100	>100

小结

　　水是生命之源，同时水又是最廉价的营养物质。掌握影响商品猪猪饮水的各种因素，正确的评估猪群饮水情况，保证猪群能获得充足新鲜的水，满足生长发育的需要，这对于维持猪群健康和提高生长速度非常关键。

惊喜在这里

打开哼哼会APP扫描

扫一扫加入
猪海拾贝互动社区

第五章

尽可能减少健康问题

正确地处理保育舍僵猪

本节疑惑

什么是僵猪？

形成僵猪的原因是什么？

如何正确处理僵猪？

哼哼课堂

僵猪

僵猪是仔猪断奶后由于不能克服断奶应激，导致消化系统紊乱，消化酶水平低下易受肠道病原体侵害，表现出生长发育不良，只吃食不增重或增重缓慢，体质虚弱，毛长消瘦的猪。每批断奶仔猪都有可能存在僵猪，尤其是体重较轻及提前断奶的仔猪。僵猪有别于伤猪和病猪，如果不及时处理，会严重影响生产成绩和经济效益。

僵猪

走进课堂

图文释惑

僵猪形成的原因

僵猪形成的原因主要是由于仔猪不能克服各种断奶应激（包括：转群应激、营养应激、环境应激、心理应激），不能适应固体饲料和饮水，导致胃肠道受损，营养物质吸收受阻，断奶后3天内情况持续恶化，伴随出现腹泻，逐渐脱水消瘦成为僵猪。

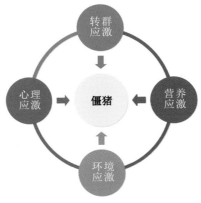

僵猪往往是由各种应激造成

僵猪的症状

　　僵猪可以从外观和行为特征进行识别，越早发现僵猪，就可以越快采取措施对其进行护理。通常在断奶仔猪转入保育舍后第2天或第3天就可以发现这类猪只。越晚发现，救治的机会越小。

僵猪的典型表现特征

外观表现	行为特征
皮肤颜色暗淡或苍白，缺少血色	无精打采，缺乏活力，与同栏猪相比，对饲养员的出现反应迟缓
腹部凹陷，尤其是在后腿前方的肋部	对喂料活动缺乏兴趣，拱饮水器但并不喝水
仔猪可能出现拉稀（一般在断奶3d后）	颤抖，站立时拱背，离群

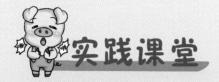

① 【尽早发现僵猪】

断奶后每天仔细观察所有仔猪，尽快从外观表现和行为特征中发现僵猪。重点是检查提前断奶的仔猪和弱仔，查看是否有采食量低和营养吸收不良的症状，识别并进行标记，转入特别护理栏进行治疗。

② 【注射多维】

根据猪场实际情况给僵猪注射合适的维生素及饮用电解多维。

③ 【饮用电解多维液】

按照厂家推荐的稀释比例在水桶中配制电解液，在栏内放一个料盘装满配制好的电解液，召唤猪来饮用，使猪在30分钟内喝完，并让猪休息1小时。

④ 【饲喂粥料】

①在断奶第1天，每头僵猪用20克教槽料和40毫升水（最好是用40℃的温水）混合成稀粥样，装入小料盆并放在猪栏中，让猪在30分钟内吃完，吃完后将料盘拿走冲洗，倒置晾干。每天早晚至少进行2次。

②对于不会采食粥料的仔猪，可以使用10毫升注射器进行补喂。

③粥料饲喂结束后，在栏舍的料槽中放少量新鲜的教槽料（10克/头），让猪自由采食，空槽再加，少喂勤添。

⑤【晚上继续饲喂电解液】

每天下午工作结束前配制电解液并倒入特别护理栏的料盘中，让僵猪晚上也可以饮用到电解液，连续5~7天。

为什么发现僵猪后不能马上使用抗生物进行治疗？

对早期发现的僵猪不要立即进行抗生素药物治疗，而是要教会这些猪吃料和饮水，使其能开始正常地消化饲料吸收营养，避免其因饥饿造成进一步的消瘦与胃肠道的永久性损伤。

一问一答有要点

给僵猪粥样饲料的优点及注意事项是什么？

　　粥料更易消化，也更容易让僵猪开口采食，可以使僵猪尽快恢复。饲喂粥样饲料的关键是要讲究卫生，每次只给仔猪饲喂少量饲料，保证粥料温度适宜，使猪能在30分钟内吃完。每天饲喂3次，4~5天时逐渐增加饲料量，可以参考下表进行饲喂，通过提高料水比例，并在第6天减少饲喂粥料的量，在第10天停止饲喂粥料，让仔猪逐步使用采食干料。

粥料饲喂推荐表

天数	仔猪头数	饲料量（g）	耗水量（mL）	总耗料（g）
1		20	40	
2		25	50	
3		25	50	
4		75	150	
5		100	200	
6		75	100	
7		75	100	
8		50	50	
9		25	25	
10	停喂粥料，饲喂干料			

采取哪些管理措施可以降低僵猪的发生率？

①仔猪断奶时抓猪、转群动作轻柔，减少应激。
②做好环境控制，尤其是保温工作，降低环境应激。
③保证刚断奶仔猪可以顺利采食和饮水。
④将非常弱小和提前断奶的仔猪分开饲养进行特别护理。
⑤提前断奶仔猪补充电解多维，饲喂粥料。

小结

每批断奶仔猪中都可能会有1%的僵猪形成，尤其是提前断奶仔猪和弱小仔猪。发现僵猪后要立即安排到特殊护理栏中（注意和病猪、伤猪或残次猪分开），并提供保育板和加热设备。如果僵猪的数量过多，就必须对整个断奶程序以及保育早期规范程序进行检讨，总结是否存在不足之处并进行改正，减少僵猪的产生。

打开嘀嘀会APP扫描

惊喜在这里

扫一扫加入

猪海拾贝互动社区

2 保育猪常见健康问题的处理

本节疑惑

保育猪常见的健康问题有哪些？

保育猪常见的健康问题有哪些症状？

如何正确处理保育舍病猪？

疾病对猪群的影响

　　一旦患病，猪需要动用自身大量的脂肪储备转化成能量和蛋白质来激活自身免疫系统，用于产生抗体抵抗病原，这个过程会降低猪的生长速度。同时疾病会导致猪群食欲变差，采食量下降，进一步降低猪群生长速度甚至停滞，因此减少疾病的发生对于维持猪群的快速生长非常重要。

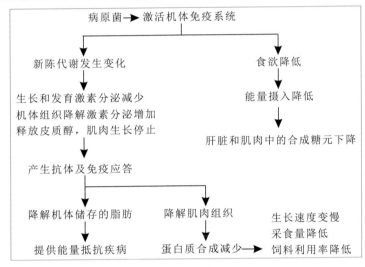

疾病的影响

腹泻

（1）主要症状

　　腹泻是保育猪最常见的一种疾病，通常发生在断奶后3~5天。腹泻的病猪会排出水样的粪便，臀部很脏，皮肤发白，逐渐脱水消瘦，严重的会引起脱水死亡。

造成仔猪腹泻的原因

营养性腹泻	仔猪断奶后过量采食而引起的消化不良
病原性腹泻	感染细菌、病毒和寄生虫 （如大肠杆菌、沙门氏菌、猪瘟、伪狂犬、钩端螺旋体、小袋纤毛虫等）
环境因素	栏舍过于潮湿、猪舍温度过低、温差过大、贼风等环境管理不到位等

（2）治疗措施

保育猪发生腹泻后要根据发病程度和原因合理使用药物进行个体治疗和群体治疗，腹泻仔猪所在的栏舍要加强保温，提供电解液以免仔猪体内必需盐分的流失。如果受影响仔猪数量很大，最好是通过饮水投药进行治疗。

走进课堂
图文释惑

恶习

保育猪之间有时会发生咬尾、咬耳、啃咬侧腹等恶习或者异常行为，影响猪群的健康和生长速度。

（1）主要症状

①啃咬侧腹：吮吸其他猪的乳头和肚脐等腹部区域的异常行为通常发生在刚断奶的仔猪，尤其是提前断奶的仔猪，主要原因是仔猪在哺乳阶段习惯性的吮吸母猪乳头所致。在哺乳期，如果仔猪错过母猪的一次放奶时间，没有及时吃到奶水，仔猪仍然会吮吸乳头，对母猪乳房拱来拱去，养成一个不好的习惯。

②咬耳：咬耳会导致仔猪耳朵坏死或者水肿，主要是由于仔猪耳朵被当成乳头的替代品，或者耳尖受伤破损后黏附饲料而被其他猪只咬伤。需要注意的是在温度过高的环境下，断奶仔猪非常容易发生咬耳现象，主要原因是仔猪耳根部会产生特殊的气味，这种气味对于仔猪而言很好闻，会吸引仔猪啃咬。

③咬尾：咬尾是保育猪最普遍最严重的一种异常行为，通常发生在保育后期，被咬猪只会尾巴会出血，被同栏其他猪只攻击，严重导致尾根脊神经损伤，影响生长速度及胴体品质。

（2）形成原因

造成保育猪恶习的因素有很多，包括饲养密度过高、温度波动、氨气浓度高、通风不佳、存在贼风、采食和饮水不足、躺卧区有贼风等。猪栏布局不合理和环境异常也会对猪造成应激从而改变其行为。与咬尾有关的营养因素包括纤维素不足，食盐含量过低（低于0.5%），钙磷比低于1.25：1，饲料配方突然改变等。

密度过大的保育猪群照片

（3）治疗措施

被咬尾及攻击的猪都要挑出单独饲养，避免被别的猪继续攻击，同时注射长效抗生素并消毒伤口。另外在发生咬尾、咬耳、啃咬侧腹情况的猪栏中放入一些稻草、铁链、棉绳等物品吸引猪群的注意力，还可以喷洒气味较重的消毒药水掩盖出血产生的血腥气味。

咬尾猪群放入棉绳或者稻草

仔猪渗出性皮炎

(1)主要症状

发病之初，猪的头部、颈部和腹部会出现小的油脂斑，然后迅速蔓延，覆盖整个身体并传染给其他猪。在保育舍，渗出性皮炎常见于刚断奶的仔猪，但也可能发生在比较大的生长猪，在成年种猪也可以看到轻微皮炎的现象。

(2)形成原因

渗出性皮炎是猪体表伤口感染葡萄球菌所引起的一种皮肤病，如果群体免疫力遭到破坏，例如母猪群快速更新或猪群刚感染了PRRS，保育猪可能会被感染。

(3)治疗措施

仔猪出生时剪牙、断尾要按程序严格操作和消毒，改善产房和保育舍的卫生，修理会引起损伤的硬件设施，仔猪身上发现伤口立即进行治疗，同时配合聚维酮碘皮肤浸泡消毒。当猪舍内湿度较高时猪渗出性皮炎的发生率比较高，因此还要保证栏舍内良好的通风和干燥。

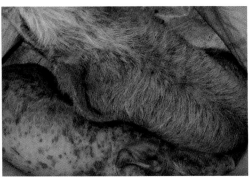

渗出性皮炎的病猪

呼吸道疾病

(1)主要症状

呼吸道疾病的临床症状由致病微生物的类型决定，以鼻炎、肺炎多见，主要包括打喷嚏、咳嗽、呼吸急促和呼吸困难、体温上升、食欲下降、毛长消瘦等。

保育猪犬坐

保育猪咳嗽

（2）形成原因

引起猪呼吸道疾病的病原非常复杂，常常不止一种病原，发病严重程度主要取决于病原的数量和组合，常见的病原包括伪狂犬病毒、蓝耳病毒、猪流感病毒、支原体、链球菌、巴氏杆菌、寄生虫等。单个病原对于健康猪的影响很小，但是这些病毒、细菌、寄生虫与各种应激因素相互作用则会产生严重的症状，形成呼吸道系统综合征（PorcineRespiratoryDiseaseComplex，PRDC）。如蓝耳病毒和猪流感病毒的混合感染会造成严重的呼吸道疾病。单纯由支原体引起的地方性肺炎的危害比较轻微，但如果同时继发感染了其他病毒或细菌，如副猪嗜血杆菌、猪链球菌、支气管败血波氏杆菌和出血败血性巴斯德菌将会引起严重的疾病，造成很大的经济损失。环境管理对呼吸道疾病的影响很大，温度过低或者温度波动过大，有贼风等都会导致保育猪应激，造成抵抗力下降，导致发病。高浓度的氨气、二氧化碳和灰尘水平会刺激呼吸道黏膜，诱发呼吸道疾病。在连续生产体系中，频繁地换栏、混群、过渡拥挤、接触日龄比较大的猪都会增加呼吸道疾病的发病率。

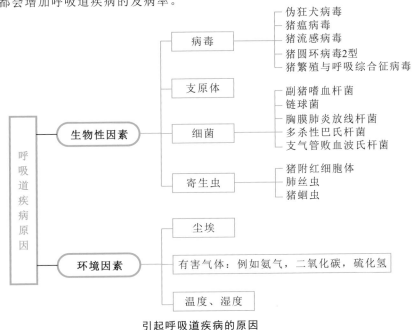
引起呼吸道疾病的原因

哼哼课堂趣味多

（3）治疗措施

由于保育猪的呼吸道疾病发病几率比较高，因此猪场要掌握本场猪群的发病规律，建立系统防控方案，针对本场猪群及时给药和做好相关疫苗的免疫。如果只有少量猪发病，可以对其进行特别护理，肌注药物进行治疗。如果猪群被大量感染，由于猪群采食量会大大降低，使用饮水加药治疗效果比较理想。

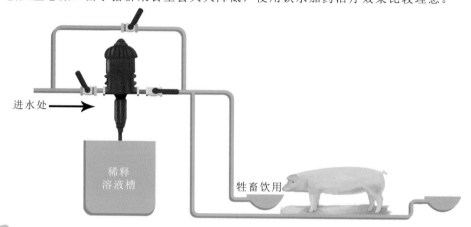

饮水投药对于治疗呼吸道疾病效果较好

走进课堂
图文释惑

脑膜炎

（1）主要症状

急性脑膜炎暴发时，仔猪会在发病后4小时内急性死亡。发病症状表现为仔猪头偏向一侧、运动失调、出现四肢划水或转圈行为、眼睛转动麻木和神经高度紧张等。发病猪往往伴随关节肿大和肺炎症状。

脑膜炎病猪倒地划水

（2）形成原因

脑膜炎常常见于断奶后10~14天的保育猪，主要由2型猪链球菌及伪狂犬病毒引起，这两种病原都会造成病猪运动失调、角弓反张、倒地划水。同时与高密度、经常转群、环境控制差有很大关系。

伪狂犬与链球菌造成保育猪脑膜炎的区别

症状	伪狂犬病毒	链球菌
眼球转动	不会转动	不停转动
转圈	转圈	不转圈
划水频率	有停顿	一直不停，幅度大
侧卧翻身	翻身后又翻回原来一侧	不会翻身，两侧都出现划水症状
伴随腹泻咳嗽	有	无
伴随关节肿大	无	有
口吐白沫	有	无
发病突然	否	是
皮肤变化	腹部针尖状小青点	无
磺胺药效果	无	有

（3）治疗措施

脑膜炎要尽早发现尽早治疗，如果是链球菌引起的脑膜炎，肌注青霉素、磺胺等药物，如果是伪狂犬病毒引起，病猪紧急接种伪狂犬疫苗进行治疗，同时将病猪转移到病猪护理栏进行护理，提供温暖干燥的环境，同时做好猪场伪狂犬疫苗也非常关键。

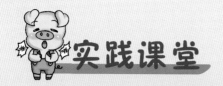

① 【巡栏检查（栏外检查）】

①每天保证对所有猪群进行检查两次，检查最佳的时间是上午8点至10点，下午3点至5点，因为此时猪群最为活跃。

②物品准备：标记笔、笔、记录本、注射器、针头、药物

③在栏舍外对猪群行为表现进行整体观察，确保猪群都能站立，可以使用工具将猪群驱赶起来进行观察。

② 【栏内检查】

进入栏舍内，蹲下与猪群相同的高度对猪群进行仔细检查是否出现瘸腿、关节肿大、受伤、腹泻等症状的病猪。同时检查饮水器和饲料是否正常。

③ 【标记转移】

对病猪进行标记，并转移至病猪栏。

④ 【治疗】

给病猪肌注药物治疗或者全群加药。

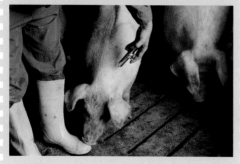

5 【记录】

对病猪测量体温，并进行治疗，记录观察到的病猪症状，头数以及使用药物剂量、疗程。

一问一答

针对保育猪出现的常见健康问题，正确的治疗思路应该是什么？

在保育舍的日常管理中，饲养员需要学习掌握猪群常见健康问题的症状，才能在第一时间发现病猪，并采取治疗措施；同时饲养员要与兽医保持紧密的合作关系，以便及时针对保育猪的病情采取最佳的治疗方案。

正常猪群与异常猪群行为表现的区别

行为表现	正常猪群	异常猪群
主动接近人	是	否
精神状态	正常	沉郁、无精打采
是否发出尖叫声	否	是
是否很快安静	是	否
卧姿	侧卧，分布均匀	扎堆
呼吸情况	呼吸平稳，无咳嗽	呼吸急促，咳嗽
采食饮水行为	无争抢打架行为	相互啃咬
行走	正常	瘸腿

如何从管理的角度预防保育猪疾病的发生？

　　所有的疾病都与日常管理和环境管理不善有很大关系，猪群发病后首先采取药物进行治疗，同时检查原因，查找在日常管理和环境控制方面可能存在的漏洞，及时进行改正。例如，脑膜炎的暴发可能和高湿环境有关，因此增大通风率对降低该病发生有显著效果。

当腹泻暴发时，除了药物治疗还有哪些其他措施？

　　加强环境保温，如使用保温板及额外的保温灯，给猪群补充电解液。

为什么饮水投药是治疗猪群感染呼吸道疾病最有效的方法？

　　因为猪群患呼吸道疾病时往往采食量急剧下降，但是饮水影响不大，饮水投药可以尽快让猪群得到治疗。

保育猪常见疾病的症状有哪些？

保育猪常见疾病的症状

常见疾病		症状
腹泻		无精打采、反应迟钝 腹部凹陷，皮肤无血色 臀部很脏 地面、墙面等有稀便 拉稀的臭味
呼吸道疾病		连续咳嗽或打喷嚏的声音 呼吸速度加快，呼吸困难 鼻周围有黏液或脓液 体况下降，脊柱突出 无精打采，反应迟钝 扎堆（如果一群猪中大多数被感染）
恶习	吮吸肚脐	吮吸其他猪的肚脐，导致其他猪肚脐红肿
	咬尾	猪后面有血，墙/设备上有血 尾巴被咬掉并流血 被咬的猪尖叫 咬尾的猪追赶其他猪 血腥味
	咬耳	耳根或耳尖疼痛或肿胀 耳根或耳尖结痂 一头猪咀嚼另一头猪的耳朵 骚乱、噪音或打斗
猪渗出性皮炎		头、耳和颈部有发暗的油脂斑 严重时会损伤全身
脑膜炎		猪站立时头歪向一侧 转圈行为或步伐不稳 普遍缺乏平衡性和协调性 猪颤抖、毛直立，腹部向下跪卧 猪侧卧，四肢游泳状划行，眼睛忽动忽停

一问一答有要点

小结

　　保育猪的健康、福利和生产性能对经营利润的影响很大，掌握常见疾病发生的原因、症状，迅速发现保育猪的健康问题，及时采取合适的治疗是提高生产效率，降低生产性能损失、治疗成本和经济损失的关键。

惊喜在这里

扫一扫加入

猪海拾贝互动社区

打开哼哼会APP扫描

3 育肥猪常见健康问题的处理

○ **本节疑惑**

育肥猪常见健康问题有哪些？

如何快速识别有健康问题的育肥猪？

出现健康问题的育肥猪如何正确处理？

尽快发现病猪

　　在育肥舍的日常管理中，让饲养员学习常见病猪及症状非常重要，只有掌握常见的疾病，才能在第一时间发现病猪，并在第一时间采取治疗措施，做到"早发现、早隔离、早治疗"。

健康猪与病猪行为特征

项 目	健康猪	病猪
体表伤口	无伤口	擦伤、破损、出血
皮肤颜色	干净、有光泽	暗淡、苍白、缺少血色
毛发	整齐平整	粗乱且长
体况	良好、丰满	瘦、脊柱突出
腹部	饱满	鼓胀或凹陷，起伏明显
关节	大小正常	肿胀、有伤口
鼻镜	潮湿，无鼻涕	干燥或流鼻涕，出血
眼睛	干净明亮	泪斑、眼黏膜潮红
尾巴	向上卷曲	下垂
粪便	灰色或褐色，成形	伴有血液或黏液，水状拉稀
行走	行走迅速，协调性好	跛行或僵直，弓背，平衡性差
头部姿势	抬头	低头
精神状态	警觉、反应迅速	迟钝、无精打采
躺卧	侧卧、自然舒展	扎堆、颤抖
是否合群	合群	离群
体温	正常体温38.8~39.0℃	体温升高或降低
呼吸频率	正常频率30~40次/min	频率加快
叫声	好奇的哼哼声 喂料发出较大的声音	痛苦的叫声或咳嗽，打喷嚏声
气味	正常	拉稀时特有的臭味

育肥舍常见的健康问题

　　育肥舍中常见的有五大健康问题，在大多数育肥猪群都有可能发生，了解常见疾病的症状、原因及治疗方法，可以有效地进行快速识别和及时治疗。

育肥猪常见问题的症状

疾病分类	常见症状	原因	措施
呼吸道疾病	咳嗽或打喷嚏的声音	密度过高	发病率<10%，个体治疗 发病率>10%，群体治疗 消灭猫、老鼠、苍蝇 蚊子等病虫害
	呼吸加快或呼吸困难	温度、湿度高	
	鼻子周围有黏液或流黏液	氨气浓度高	
	体重下降，脊柱突起	通风差、粉尘多	
	无精打采，发呆，反应迟钝	多种细菌、病毒、寄生虫感染	
	拥挤或扎堆		
咬尾	猪的后背、墙壁、设备上有血	密度过高	转出，单独饲养 肌注抗生素 伤口喷洒消毒药
	尾巴被咬，流血	空气质量差	
	被咬的猪尖叫	温度变化过大	
	咬尾的猪追赶其他猪	饲料配方突然改变	
	血腥味	采食与饮水不足	
跛腿	跛行，僵直，移动缓慢或不能起身	围栏、料槽、地板破损	转出，单独饲养 肌注抗生素 伤口喷洒消毒药
	关节或蹄部肿胀	感染链球菌、副猪嗜血杆菌病、支原体等	
	擦伤、疼痛、伤口或脓肿		
	病猪或伤猪典型的叫声		
消化道疾病	地面、猪栏或设备上有拉稀的粪便	流行性腹泻病毒、传染性胃肠炎病毒、胞内劳森菌、密螺旋体、沙门氏菌等	发病率<10%，个体治疗 发病率>10%，群体治疗 消灭猫、老鼠、苍蝇 蚊子等病虫害
	猪后半身和其他猪身上很脏	饲料霉变、污染，配方转变	
	粪便颜色异常或粪便中有黏液或血	环境卫生差	
	气味不同，可能很难闻		
	猪无精打采、呆慢，反应迟钝体重迅速下降		
脱肛	受影响的猪臀部和其他猪头部和身上有血液	便秘、咳嗽、腹泻	伤口清理消毒 手术缝合，肌注抗生素 隔离、单独饲养
	猪栏或设备上有血液	饲料霉变、配方转变	
	鲜红色的直肠内膜翻出来	密度过大、通风不良	

哼哼课堂趣味多

育肥猪健康问题处理流程

| 巡栏 每天2次 | ⇒ | 检查猪群 | ⇒ | 病猪标记 | ⇒ | 病猪隔离 | ⇒ | 病猪治疗 | ⇒ | 治疗记录 |

育肥猪健康问题处理流程

病猪健康问题解决方案

　　按照猪场兽医治疗方案，对问题猪进行治理。个体病猪可以直接注射抗生素，发病猪头数较多采取群体饮水或者饲料加药。在治疗时注意控制药物的使用剂量和治疗疗程。产生特殊的气味，这种气味对于仔猪而言气味很好闻、味道很好，会吸引仔猪用嘴啃咬，这种情况下发生咬耳的部位往往是耳根而不是耳尖。

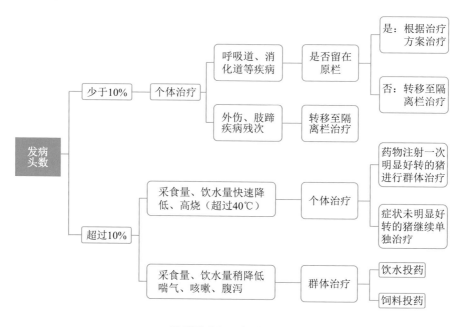

猪群健康问题解决方案

常见疾病药物使用方案

常见疾病药物使用方案（推荐）

病症	首选药			备选药		
	药品名称	剂量	停药期（d）	药品名称	剂量	停药期（d）
腹泻、下痢	痢菌净	5mg/kg	35	泰乐菌素	0.15mL/kg	21
	土霉素	20mg/kg	28	林可霉素	20mg/kg	6
咳嗽、喘气	林可霉素	20mg/kg	14	治菌磺	0.2mL/kg	28
	30%氟苯尼考	20mg/kg	14	泰乐菌素	0.15mL/kg	21
	土霉素	20mg/kg	28			
皮肤苍白	阿莫西林	15mg/kg	14	治菌磺	0.2mL/kg	28
跛行	普鲁卡因青链霉素	0.1mL/kg	28	阿莫西林	15mg/kg	5
	地米	0.5mL	3	头孢	10mg/kg	5
				地米	0.5mL	3

群体用药方案

病症	药物	剂量	停药期（d）	备注
消化道问题	水溶性硫酸新霉素	100g/L,饮水使用1w	14	细菌性
	硫酸黏杆菌素	100g/L,饮水不超1w	5	
	林可霉素或金霉素	100mg/kg或600mg/kg混饲	28	回肠炎
呼吸道问题	林可霉素+氟苯尼考	100mg/kg+100mg/kg混饲1w	14	视具体情况使用
	泰乐菌素+治菌磺	200mg/L+250mg/L	28	
	替米考星+治菌磺	200mg/L+250mg/L	28	
	强力霉素+氟苯尼考	180mg/L+50mg/L	14	
	泰妙菌素+金霉素+阿莫西林	100mg/L+300mg/L+300mg/L	14	
	金霉素+磺胺+阿莫西林	200mg/L+200mg/L+110mg/L	28	

育肥猪健康问题的处理最好的办法是什么？

当猪群出现健康问题时，猪场要结合实际情况从生物安全、免疫程序、药物治疗、环境卫生等方面制定最佳的治疗措施。饲养员必须检查育肥猪日常的饲养管理和环境控制等方面是否出现了漏洞，并积极进行修正，预防问题的再次发生，这是减少育肥猪健康问题的最根本也是最经济的办法。

猪群生病时在什么情况下采取群体治疗？

发病头数超过10%，且采食量与饮水量下降不超过20%，使用群体给药效果比较好。

饮水给药如何计算猪群用水量？

①安装水表：最好的方法是安装水表来监测猪群的实际用水量。
②估算用水量：饮水量与采食量的比值3∶1来估算饮水量，即饮水量是采食量的3倍，还可以按照猪体重的10%~15%来计算饮水量，同时还要加上10%~30%水的浪费量。

饮水给药时对于水质有哪些注意事项？

水质对饮水给药的影响

影响因素	导致结果	解决方案
井水中含钙、铁离子太高	土霉素失活	与自来水预混
pH值	药物溶解差	添加重碳酸盐（碱）或酸
水质差	药物失活	使用自来水
水管内有生物膜	药物失活	清洁水线
水温太低	药物溶解差	使用微热的水

一问一答有要点

小结

　　育肥猪的健康直接影响着生产性能和猪场利润。如果育肥猪生病没有及时发现并及时采取治疗措施，会导致生长速度下降、料肉比增高，甚至死亡，给猪场带来严重的经济损失。在育肥舍，一个饲养员需要照看上千头育肥猪，因此掌握育肥猪常见问题的表现，快速从大量的健康育肥猪群体中快速发现生病的猪并进行治疗，是保障猪群健康的关键。

打开哼哼会APP扫描

惊喜在这里

扫一扫加入
猪海拾贝互动社区

第六章

如何进行销售

育肥猪的销售

本节疑惑

如何对猪只进行正确的估重？

体重不足猪只应该如何处理？

如何制定合理的销售计划？

哼哼课堂

提前评估育肥猪的体重

　　育肥猪饲养到一定的体重后，就要及时销售，经过屠宰提供优质的猪肉满足市场消费者的需求，获取最大的经济利润。在育肥后期，由于生长速度不同育肥猪之间的体重会出现较大差异。其中长速最快的育肥猪占比10%~15%，长速中等的育肥猪占比85%，长速偏慢的育肥猪占比约5%，个别猪群上市体重差异可能达到20%以上。在制定育肥猪的销售计划时，要对待销售的育肥猪群进行估重并分批出售，提高上市猪的整齐度，满足于市场的要求，提高售价。

　　估重最简单的方法是进行目测估重，而准确的方法是使用磅秤进行称重。

　　①目测估重：根据育肥猪群的品种、日龄、体况、采食量等因素通过眼睛观察评估待上市育肥猪的体重，将育肥猪分类，确定上市育肥猪的数量及先后顺序。需要注意的是目测评估育肥猪的体重需要一定的经验积累，尤其要注意季节的影响，通常在夏季育肥猪的实际体重会比外观体型轻一些。

　　②过磅称重：以两个猪栏为一组将育肥猪按照个体大小分为小、中、大三类，从每种体重大小分类的育肥猪各挑选2~4头进行过磅称重，根据实际称重情况来确定上市育肥猪的头数。

过磅称重

走进课堂
图文释惑

合理标记分类

　　记录育肥猪称量的体重数据，并根据实际体重大小在背部进行颜色标记，如果称重育肥猪的体重达到上市体重要求，可以不用做标记。如果体重差异在一周内的育肥猪，则使用蓝色进行标记为一周后可以上市出售。如果体重差异在一周以外的育肥猪，在其背部标记为红色，表明推迟出栏。同时标记那些需要继续治疗、低价销售和直接处死的残次猪。

对肥猪进行标记分群

轻重过轻和残次猪的处理方法

①合栏饲喂：将体重较轻的残次猪转移到专门的栏舍中继续育肥。

②提前分群：在保育后期将体重最小的5%~10%的猪转到单独的育肥舍中集中进行护理，提高转入育肥舍猪群的整齐度。

③正确治疗：对于发病的猪群及时进行治疗，避免耽误治疗时机。如果待上市的育肥猪在休药期范围之内，则不能进行销售。

④及时处理：在育肥过程中或在清空猪栏时将能被屠宰商接受的残次猪进行折价销售。对于发病严重没有任何治疗意义和经济价值的育肥猪直接淘汰。

转移重较轻的残次猪到专门的栏舍中

制定销售计划

①上市体重：育肥猪销售的体重大小与饲养的肉质品种有很大关系。瘦肉型育肥猪在生长后期脂肪的沉积要大于瘦肉的沉积，饲料转化率会降低，生长速度减慢，胴体瘦肉率占比降低，上市体重要比脂肪型猪要轻一些，通常在110~125千克为宜，过重会降低育肥猪的胴体瘦肉率，影响猪肉品质和售价。

②栏位限制：育肥猪上市体重大小需要考虑育肥舍实际的栏舍面积是否满足育肥猪后期生长发育的需要，避免育肥后期密度过大，影响生长性能和猪群健康。如果栏舍面积不足，那么就要提前将育肥猪进行销售或者分群。

③市场行情：猪价行情有时候比较难预测，应该根据猪只体重、育肥舍栏位数量和目前猪价综合衡量出售猪只，以追求最大的经济利润，在行情不好的情况下避免压栏影响猪场正常生产节律和秩序，保证生产有序进行。

如何正确校正磅秤？

①磅秤在使用之前保证干净卫生，不能存在残留的粪便和其他污垢。

②保证磅秤的稳定和水平放置。

③使用4个25千克的砝码分别放置与磅秤的四个角落进行称重，如果磅秤称量的重量相差在0.5千克范围内，说明称量准确。如果磅秤的读数无法调整至标准重量则需要检修或更换。

体重过轻育肥猪（残次猪）产生的原因？

（1）转入时体重过轻

如果转入育肥舍的保育猪体重过轻会导致僵猪头数较多，会降低采食量和日增重，导致育肥后期体重过轻的残次猪数量增多。

（2）健康问题

良好的健康状况可以降低猪群的体重差异，如果猪群感染了严重的疾病又未能得到及时正确治疗，如猪群出现咬尾、阴囊疝、跛腿、打架等情况，严重危害猪群健康，会导致生长速度降低，从而会增加残次猪的数量。

（3）饲养密度

饲养密度增加15%，育肥猪的后期的体重差异会超过20%。

（4）饲喂管理

保证给猪群提供新鲜充足的饲料和饮水，如果喂料不及时，饮水供应不足都会增加猪群体重差异。

（5）环境问题

环境温度过高或过低，通风不良有害气体含量超标会造成猪群采食量严重下降导致生长速度过慢，增加残次猪的数量。

小结

　　育肥猪的销售直接影响猪场的经济效益，需要综合考虑猪只的体重范围、栏舍数量、市场行情来制定合适的计划，以追求最大经济效益。育肥猪出售时的体重差异越小，个体整齐度越高就越受到屠宰商的欢迎，售价也会更高，可以获得更高的经济回报，因此要尽量使所有育肥猪销售时的体重都达到销售目标体重的要求范围之内，对于那些体重不达标的猪只以及残次猪，需要进行分类处理。

惊喜在这里

扫一扫加入
猪海拾贝互动社区

打开哼哼会APP扫描

第七章

准确的生产记录

正确填写生产记录

○ 本节疑惑

填写保育育肥舍生产记录有什么要求？

保育育肥舍生产记录需要填写哪些内容？

保育育肥舍常用的生产记录报表有哪些？

哼哼课堂

正确填写保育育肥舍生产记录的要求

（1）及时性

生产数据产生后当时记录，不能回忆性记录，避免数据累加，造成遗忘和疏漏，导致生产信息容易出现错误。

（2）准确性

生产数据必须按实际情况如实填写，不得随意估计数据，数据位数、单位要明确，以免造成偏差，不能体现真实情况。

（3）清晰性

字迹清晰，生产数据填写时要求字迹工整，书写清晰；记录完全，不能用简写、缩写、空白、随意擦拭，修改，以免造成影响识别和误读。

生产数据填写要求

走进课堂
图文释惑

记录猪群的头数变动数据

保育猪群的数量变动包括：转入头数、死亡头数、销售头数、淘汰头数、转出头数，任何一项记录不准确都会导致猪群的存栏头数与报表记录头数不相符。保育猪群从产房转入到转出保育舍时都进行清点，最好是每周对保育猪群进行一次总头数清点，用来核对报表与实际存栏头数是否存在差异。

猪群头数变动情况组成

记录猪群免疫和治疗信息

　　保育猪的健康直接影响猪群的生产性能，在保育舍通常都要进行疫苗免疫和疾病治疗，也需要将疫苗免疫和疾病治疗的信息进行详细记录。保育猪在疫苗免疫时根据猪群的免疫计划，要记录每次免疫的疫苗种类、生产批次、剂量、日期、头数及猪群应激情况。在疾病治疗时可以使用"猪只治疗记录卡"，用来记录用药的原因，药品种类、剂量、疗程、原因、起始和结束的时间。

　　为了更好的记录保育猪的生产信息，猪场可以使用批次猪群生产记录表，并悬挂在保育舍进口处。

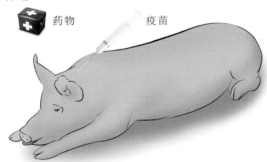

药物　　　　　　　疫苗

猪群免疫和治疗信息要及时记录

走进课堂
图文释惑

保育育肥舍生产记录流程图

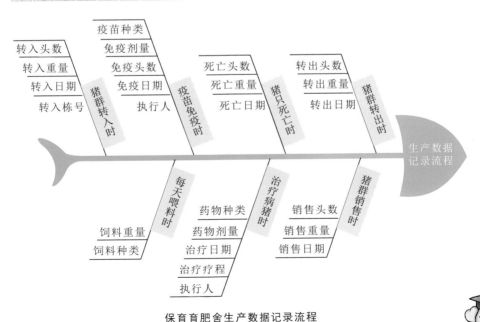

保育育肥舍生产数据记录流程

哼哼课堂趣味多

生产数据分析

　　批次饲养结束时，将该批次保育猪的所有生产记录数据进行汇总整理，计算该批保猪群的总共的饲料消耗量、疫苗药品使用量、转出/销售头数、饲养天数，计算该批次保育猪的料肉比、日增重、每千克单位饲料成本、疫苗和药物成本、成活率等生产数据，并与猪场制定的生产指标进行比对分析。也可以输入计算机信息软件进行数据报表生成，指导生产。

准确的生产记录　　获得生产数据　　科学评估生产成绩　　找出差距改善成绩

生产数据分析流程

走进课堂
图文释惑

保育育肥舍常用生产记录表格

商品猪治疗信息记录表

日期	栋号	栏号	病猪		症状	使用药物	剂量	治疗天数					小计	治疗结果			康复日期	休药期	执行人
			头数	日龄				1	2	3	4	5		良好	一般	死/淘			

猪群批次免疫保健记录表

栋舍：						出生日期：			栋舍：

批次基本情况	转入日期	转出栋号	转入种猪头数	转入合格猪	转入残次猪	转入总头数	转入均重	转入时保健方案	转入当天温度天气	备注		

保健程序	加药日龄	加药原因	加药方式	加药种类与剂量					计划日期	执行日期	执行人	备注

免疫程序	免疫日龄	疫苗种类	免疫剂量	计划日期	免疫日期	执行人	备注	换料日期	料型	计划日期	执行日期	是否过渡	备注
其他													

商品猪批次生产记录表

栋舍：_____ 转入日期：_____ 转入总头数：_____ 种猪：_____ 肥猪：_____

残次：_____ 日龄：_____ 均重：_____

转入天数	存栏情况								耗料情况（kg）		室温情况		猪群健康状况				备注
	期初头数	转入头数	转入重量	转出头数	转出重量	死亡头数	死亡原因	死亡重量	品种	重量	最低温度	最高温度	咳嗽	拉稀	脚痛	消瘦	
合计																	

商品猪批次管理总结报表

猪群批次	期初头数	期初重量	转入头数	转入重量	转出头数	转出重量	销售头数	销售重量	淘汰头数	淘汰重量	死亡头数	现存栏数	累计增重	累计耗料	成活率	料肉比
小计																

商品猪批次周报表

栋号	存栏变动											饲料消耗情况					
	期初存栏	转入头数	转入重量	转出头数	转出重量	销售头数	销售重量	淘汰头数	淘汰重量	死亡头数	期末存栏	教槽料	保育前期	保育后期	小猪料	中猪料	大猪料

小结

　　保育育肥舍舍猪群每天都会发生许多生产事件：死亡、发病、免疫、治疗、耗水、耗料、称重、转群、销售等，准确的记录这些信息可以用来评估和分析保育猪群的生产信息，发现生产中存在问题，便于做好生产计划和日常工作的管理。尤其是执行全进全出和批次生产管理模式的猪场中，通过正确的记录猪群猪的各种生产信息，可以计算和分析每批猪群的成活率、日增重、料肉比、饲料成本、用水量、药费成本等生产指标，对于提高保育猪的生产成绩有很大指导意义，也是猪场管理一项不可缺少的管理手段。

惊喜在这里

扫一扫加入
猪海拾贝互动社区

打开哼哼会APP扫描

参 考 文 献

邓丽萍，谈松林.清单式管理 ——猪场现代化管理的有效工具[M].北京：中国农业出版社.

芦惟本. 2013. 跟芦老师学养猪系统控制[M].北京：中国农业出版社.

吴　德. 2013. 猪标准化规模养殖图册[M].北京：中国农业出版社.

中华人民共和国国家质量监督检验检疫总局，中国国家标准化管理委员会. 2008. 规模猪场环境参数及环境管理：GB/T17824.3—2008[S].北京：中国标准出版社.

中华人民共和国农业部. 2004. 农业行业标准—猪饲养标准：NY/T65—2004[S].

中华人民共和国农业部. 2008. 无公害食品畜禽饮水水质：NY 5027—2008[S].

Edwards S A，Armsby A W. 1988. Effects of floor area allowance on performance of growing pigs kept on fully slatted floors[J]. Animal production，46：453-459.

Ferguson P W，Harvey W R，Irvin K M. 1985. Genetic，phenotypic and environmental relationships between sow body weight and sow productivity traits[J]. Animal Reproduction Scienc，122（1）：82-89.

Hedemann M S，Hojsgaard S，Jensen B B. 2003. Small intestinal morphology and activity of intestinal peptidases in piglets around weaning[J]. Anim Physiol Anim Nutr （Berl），87（1-2）：32-41.

Hedemann M S，Jensen B B. Variations in enzyme activity in stomach and pancreatic tissue and digesta in piglets around weaning[J]. Arch Anim Nutr，58（1）：47-59.

Hojberg O，Canibe N，Poulsen H D，*et al*. 2005. Influence of dietary zinc oxide and copper sulfate on the gastrointestinal ecosystem in newly weaned piglets[J]. Appl Environ Microbiol，71（5）：2267-2277.

Jensen M S，Jensen S K，Jakobsen K. 1997. Development of digestive enzymes in pigs with emphasis on lipolytic activity in the stomach and pancreas[J]. Animal Science，75（2）：437-445.

John Gadd. 2015. 现代养猪生产技术：告诉你猪场盈利的秘诀[M].北京：中国农业出版社.

Mark Roozen，Kees Scheepens. 2016. 育肥猪的信号[M].马永喜，译.北京：中国农业科学技术出版社.

NRC. 1998. NuTrient Requirements of Swine：tenth Revised Edition[M]. Washington DC：Academies Press.

NRC. 2012. NuTrient Requirements of Swine：Eleventh Revised Edition[M]. Washington DC：Academies Press.

Palmer J. Holden，M. E. Ensminger. 2007. 养猪学[M].第7版.王爱国，主译.北京：中国农业大学出版社.

Petherick J C，S H Baxter. 1981. Modeling the atatic spacial requirements of livestock[M]. J.

A. D. MacCormack（Ed.）. 75-82.

Varley M A, Wiseman J. 2001. The Weaner pig：Nutrition and Management[M]. Trowbridgs: Cromwell Press.

猪场标准生产
流程管理体系教程

Treasures in the Sea of Pigs

猪海拾贝

分娩舍系统管理

喻正军 温志斌 李伦勇 编著

中国农业科学技术出版社

图书在版编目（CIP）数据

猪海拾贝. 2，分娩舍系统管理/喻正军，温志斌，
李伦勇编著. —北京：中国农业科学技术出版社，2017.5
ISBN 978-7-5116-3086-5

Ⅰ. ①猪… Ⅱ. ①喻… ②温… ③李… Ⅲ. ①养猪学
Ⅳ. ①S828

中国版本图书馆 CIP 数据核字（2017）第 106329 号

责任编辑　　徐定娜
责任校对　　贾海霞

出 版 者　　中国农业科学技术出版社
　　　　　　北京市中关村南大街12号　邮编:100081
电　　话　　（010）82109707　　82105169（编辑室）
　　　　　　（010）82109702（发行部）　（010）82109709（读者服务部）
传　　真　　（010）82109707
网　　址　　http://www.castp.cn
经 销 者　　各地新华书店
印 刷 者　　北京富泰印刷有限责任公司
开　　本　　787mm×1 092mm　　1/16
印　　张　　42.25（共三册）
字　　数　　761千字（共三册）
版　　次　　2017年5月第1版　2017年5月第1次印刷
总 定 价　　998.00元（共三册）

《猪海拾贝》
编著委员会

主 编 著：喻正军　温志斌　李伦勇

副主编著：陈　杰　张强胜

参与编著：（按拼音顺序排名）

陈顺友	高振雷	胡巧云	黄少彬
李增强	刘　丹	刘清钢	刘世超
刘祝英	马　沛	谭成辉	唐万勇
王　军	王贵平	谢红涛	叶培根
余江涛	喻传洲	袁国伟	张　政
张李庆	周小双		

封面设计：孙宝林　田　静　柯小力　秦　勤

配　　图：陈　杰　龚　路　秦　勤

版式设计：陈　杰　秦　勤

序

一心只为养猪人
——写在历练中前行的2017

早在六七千年以前，猪就跟人们的生活结下了不解之缘。虽说在浩如烟海的知识宝库里，养猪只是不起眼的一个小众行业，但我始终认为养猪无小事。随着时代的变迁，今天的我们再也不是一头一头的家庭养殖，现代化、规模化养殖的蓬勃发展更是赋予了养猪新时代的意义。在这养猪知识的海洋中，单是养猪本身的学问，我们一辈子也学不完，我愿做一个海滩拾贝的孩童，一边游泳，一边看看风景，把收获的贝壳分享，其实很好的。

从时间上看，中国的养猪历史悠久，但养猪水平，特别是近年来的发展普遍落后于一些发达国家。要养好猪，其中涉及到的知识非常多，有种、料、养、管、防、人、财、物、产、供、销、机械、环保、设备、建设等。盘根错节的影响因素，却无法衡量孰轻孰重，我们能做的非常有限，只有先从养猪流程中关键环节的关键控制点开始，一步步总结一些东西，这些经验希望能够带给广大从业者一点思考。

做事总是困难的，因为怕高手诟病，怕知识不全，怕图片不优美，怕各种怕，但新南方还是选择用勇于尝试的态度编写这套教程，希望在历练中前行，有问题发现问题，有错误改正错误，如果不做，一辈子很短，也很快就会过去了。

好在老喻的朋友圈足够强大，初稿出来后，得到了广大朋友和专家的支持，这里特别鸣谢喻传洲、叶培根、陈顺友等老师的大力支持；同时也感谢唐万勇、王军、黄少彬、谢红涛、袁国伟、张李庆先生的热情奉献和帮助；感谢张强胜先生提出的宝贵建议并为这套教程带来质的飞跃；感谢李伦勇、温志斌、陈杰的辛勤付出，以及为这套教程付出心血与汗水的小伙伴们。全国高手众多，以后一定慢慢请教！千里之行始于足下，新南方在各位的支持和帮助下，一定勉励前行，努力做好每一项工作，真正做到只为养猪人！

喻正军

2017年4月

前言

　　刚毕业的时候，第一次进入规模化猪场，感觉养猪实践生产并不是一个简单的事情，因此跟着传帮带的师傅在猪场学习，师傅说我们眼高手低，我们不服，但又确实不懂，这是一个漫长的历练阶段。在猪场做久了，发现有时候在猪场管理工作中力不从心，好像问题都解决了，但生产成绩还是没有起色，究其原因发现猪场生产成绩的提高并不是解决一两个问题那么简单，需要一个系统的流程作为指导和规范。后来开始接触养猪生产流程管理的培训工作，在众多的培训猪场中，发现很多猪场在生产操作上做得不规范，猪场没有统一的操作流程，养猪人员的养猪知识急需查漏补缺。因此，从加入养猪行业以来，我一直在思考如何将我的这些想法付诸行动，终于有一天我们有一群志同道合的养猪朋友能够聚在一起，为这个梦想而努力，就这样我们开始了《猪海拾贝》猪场标准生产流程管理体系教程的撰写。

　　分娩舍的生产管理是整个猪场生产管理的关键环节之一，具有工作琐碎、技术操作性强、注重细节等特点。分娩舍管理的好坏，直接影响猪场的生产成绩和经济效益。因此，在写这本书之前，我们也思考了很久，关于分娩舍的生产流程管理我们按照什么思路去写才好，到底是按批次时间顺利来写呢，还是按生产目标的思路来写？不管哪一种思路，我们生产流程管理的最终目的还是要放到提高分娩舍生产成绩的层面上来。因此，我们从分娩舍的六个目标出发，为了达到每个目标我们需要把握的生产操作环节，以及每个生产操作环节我们应该如何标准化地操作，这些是本书重点介绍的内容。分娩舍生产流程管理根据目标共分为七个章节，包括分娩舍生产管理的目标、顺利分娩减少死胎、提高仔猪成活率、提高仔猪生长速度、保证母仔猪健康、减少母猪体况损失、准确的生产记录，共二十九项生产操作环节。

在本书编写的过程得到了同事以及家人的大力支持，在审稿过程当中也听取了一线养猪权威专家的当面指导，得到了广大养猪同仁的大力支持，借此机会为他们对本书的贡献一并表示感谢。鉴于编者知识水平有限，加之养猪业新知识和新技术不断更新，尽管在编写过程中尽了自己最大努力，但难免还会存在纰漏，请广大读者批评指出，以便再版时进行修正及完善。

温志斌

2017年4月

【目录】
Contents

【目录】
Contents

第一章

分娩舍生产管理的目标

主要目标

　　分娩舍是整个生产过程中很重要的阶段之一，特别是产仔和仔猪生命中的最初几天。成功的果实取决于良好的饲养技术和正确的操作程序以及日常规则。因此在本部门工作的员工首先要正确理解分娩舍的主要目标以及各猪场设定的生产指标，在此基础上要让员工学会正确的生产操作程序，并知道如何才能达到这些目标。

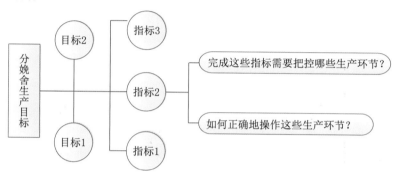

主要内容

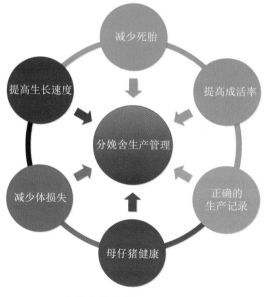

分娩舍生产管理的主要内容

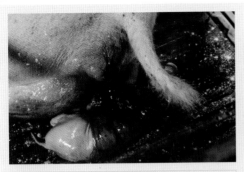

生产指标	参考标准
窝均活仔数	纯种：≥11头/窝 杂交品种：≥12头/窝
窝平死胎	≤0.3头/窝
母猪难产	无死亡
仔猪接产死亡	无死亡
仔猪接产伤残	无伤残

（1）顺利分娩，减少死胎

分娩过程管理就是要保证母猪顺利分娩并减少死胎的产生。分娩前的准备工作可以为母猪的顺利分娩创造一个良好环境。通过产仔监控和接产加强了对产仔过程的护理，有效地提高了新生仔猪的存活率。产仔过程中应重点关注母猪难产和仔猪窒息问题，通过按摩、胎位调整、输液、催产素的使用以及母猪助产等方法，可以有效地减少死胎的产生。同时，母猪难产和死胎的产生还受诸多环境因素、健康因素以及产房和妊娠舍饲喂水平的影响。

（2）提高仔猪成活率

刚出生的新生仔猪非常脆弱，对外界环境的适应性不强，对疾病的抵抗力较弱。只有及时吃到足够的初乳，才能获得足够的能量和抗体，保证新生仔猪的成活率。对于一些出生后活力低的仔猪、弱仔以及部分问题仔猪，必须给予及时地援助和护理，以提高这部分仔猪的成活率。此外，影响新生仔猪成活率的因素还有环境温度、湿度、空气质量、贼风、卫生环境等。

生产指标	参考标准
哺乳仔猪成活率	≥96%
PSY（断奶）	≥25头

（3）提高仔猪生长速度

仔猪生长速度的关键在于母猪的泌乳能力和奶水质量，而母猪泌乳则受饲喂、健康和环境的影响。母乳里面铁元素缺乏，需要在仔猪出生后及时补铁，以满足仔猪快速生长的需要。哺乳后期母猪泌乳能力不能满足仔猪快速生长的需求，通过教槽可以弥补后期母乳的不足。现代高产母猪的产仔数不断提高，而养育能力有限，因此需要通过不同的寄养方式，提高哺乳母猪的奶水利用率，保证仔猪快速生长的营养需求。

生产指标	参考标准
断奶重（21日龄）	≥6.5kg（经产母猪） ≥6.2kg（初产母猪）
次品率	≤3%

生产指标	参考标准
母猪死亡率	≤0.5%
母猪淘汰率	≤3%

(4)保证母仔猪健康

分娩舍母猪常见的健康问题有乳房炎（乳房感染）、子宫炎（子宫内膜感染）和泌乳缺乏。这些健康问题的产生与环境病原和饲养管理有很大的关系，通过良好的生产流程管理，能够将这些问题发生的比例降到较低的水平。仔猪的健康问题很大程度上受母猪健康问题与其养育能力的影响。新生仔猪对外界环境和病原的抵抗能力较弱，出生后的剪牙、断尾等生产操作都会给仔猪留下伤口，增加病原菌感染的机会，因此识别病猪、伤残仔猪并快速采取有效的治疗是产房的一项重要工作。

生产指标	参考标准
体重损失	≤5kg
P2点背膘损失	≤4mm
体况评分	2.5~3.0
断奶后7d内发情率	≥90%
母猪使用年限	≥6胎

(5)减少母猪体况损失

泌乳会消耗母猪大量的能量，母猪体重会有所下降，严重时，母猪会消耗自身重要的脂肪积累。分娩舍饲养管理的目标是尽量减少母猪的体况损失。断奶计划和方式也很大程度上影响母猪体重的损失，而母猪断奶时的体况又会影响之后的繁殖性能，包括断奶至发情的时间、受胎率和下一窝的产仔数。

(6)正确的生产记录

分娩舍阶段有很多信息需要进行记录，最重要的是基础数据的记录，包括原始生产数据、健康问题记录以及常规工作程序的记录等。原始生产数据包括产活仔数、产死胎数、仔猪死亡数、断奶仔猪数等。健康问题记录包括仔猪死亡原因、健康问题及治疗方案等。常规工作程序记录包括日工作安排检查记录、周工作安排检查记录和批次工作检查记录等。这些记录可以为猪场管理提供数据指导，使得管理人员更好地做出现场管理决定。

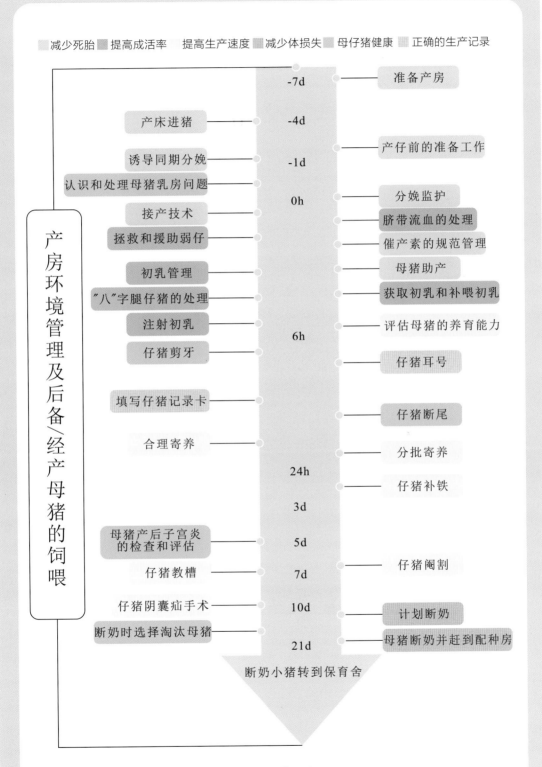

减少死胎 ■提高成活率　提高生产速度 ■减少体损失 ■母仔猪健康　正确的生产记录

	准备产房 −7d
产床进猪 −4d	
诱导同期分娩 −1d	产仔前的准备工作
认识和处理母猪乳房问题	
	分娩监护 0h
接产技术	脐带流血的处理
拯救和援助弱仔	催产素的规范管理
	母猪助产
初乳管理	获取初乳和补喂初乳
"八"字腿仔猪的处理	
注射初乳	评估母猪的养育能力
仔猪剪牙 6h	
	仔猪耳号
填写仔猪记录卡	
	仔猪断尾
合理寄养	分批寄养
24h	仔猪补铁
3d	
母猪产后子宫炎的检查和评估 5d	
仔猪教槽 7d	仔猪阉割
仔猪阴囊疝手术 10d	计划断奶
断奶时选择淘汰母猪 21d	母猪断奶并赶到配种房

产房环境管理及后备/经产母猪的饲喂

断奶小猪转到保育舍

分娩舍操作总论

第二章

顺利分娩减少死胎

1 准备产房

本节疑惑

如何给母仔猪创造一个良好的生活环境？

如何进行产房栏舍清洗消毒？

产房进猪前需要对哪些硬件设备进行必要的检查和维护？

哼哼课堂

栏舍清洗消毒程序简介

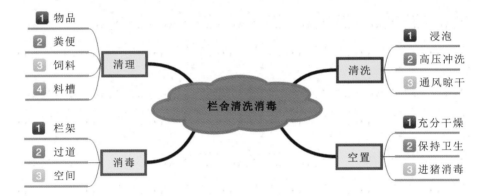

栏舍清洗消毒程序

走进课堂
图文释惑

清理

栏舍清洗之前首先将产房可移动的设备移至舍外，包括保温盖、保温灯、仔猪料槽、其他生产工具及杂物，然后清理产房及产房外围过道的粪便和污物。

清理物品

清洗

先将清洗之处用水淋湿浸泡，最好能在水里加些清洁剂。清洗时对产房屋顶、墙壁、地面走道、产床、产床及底部、外围过道进行彻底的清洗。

清洗产床

喷雾消毒

消毒

产房可根据产房病原菌环境采取多种消毒方式消毒产床、地面、产床底部和整个空间区域，如常用过氧乙酸类喷雾消毒产房栏架，石灰水消毒水泥地面、产床底部、产床外围过道，熏蒸消毒产房内部空间区域。

栏舍空置

空置时间一般为4~7天。干燥其实也是一种比较理想的消毒方式，因此空置时要保持产房的干燥和卫生，在进猪前再进行一次消毒。

熏蒸栏舍

设备设施安全管理

产房安全项目及措施

安全项目	检查项	安全措施
插头	是否松动、烧毁	有故障则更换
电线	是否有切口、裸线、硬化或明显的烧痕	更换有问题的电线
插座	是否松动、烧毁	固定或更换
开关	是否松动、烧毁	更换
保险丝/保护器	保险丝是否合适 保护器三根线是否连接紧密	更换保险丝 维修保护器
栏舍清洗	开关是否保护起来 其他电源开关是否关闭	保护舍内开关 关闭与清洗无关的电源开关
高压机	电线是否漏电	使用前维修 使用时最好将电源线挂起来
高压水枪	是否调整好	使用时勿对着自己或别人
熏蒸	门窗是否紧闭或锁定	紧锁门窗，并张贴熏蒸提示

走进课堂
图文释惑

产房硬件系统检查

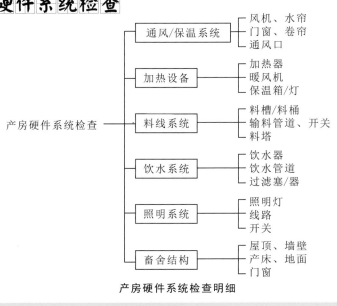

产房硬件系统检查明细

① 【栏舍的清洗消毒】

　　①在栏舍清洗消毒之前，应先将此栋产房的电源总闸关闭，再将用电设备保护起来，特别是插座、开关等外露设备，以免进水发生安全事故。

　　②根据栏舍的"清理-清洗-消毒-空置"程序安排饲养员及时清洗消毒栏舍。产房空置时间至少保证4天，最好7天。

　　③栏舍清洗的每一道程序，产房主管都要仔细检查是否达标，不达标则重新清洗消毒。

② 【检查产房各系统是否能正常运转】

　　进猪前要彻底检查产房的通风/保温系统、加热设备、料线系统、饮水系统、照明系统、畜舍结构是否正常。

③ 【检查产房栏位设备】

　　检查产床设备是否损坏或异常：漏缝板是否破损、栏架是否松动、保温箱/盖是否损坏、料槽是否干净、饮水器水压是否足够、防压架是否齐全、栏门及铁栓是否配套等。

④ 【检查电路安全】

　　检查产房电路及设备的用电安全，包括插座、插头、线路、保险丝/漏电保护器、开关等。

⑤ 【小环境保温设备的准备】

在母猪分娩之前应保证相关仔猪的保温设备能够正常运行，如保温箱/盖完整无损，没有贼风进入；保温灯瓦数和悬挂高度合适；保温垫子干燥、长宽度合适等。

⑥ 【设备维修与上报】

至少进猪前3天要维修好栏舍设备和设施。对于不能自行维修的设备需要上报，由场内专业的维修人员进行修理。

一问一答

栏舍清洗之前使用清洁剂浸泡有什么好处？

使用清洁剂浸泡产床

粪便、饲料和其他污染物是油性的，会吸附在猪舍和设备表面上。为了显著减少致病性污染物的数量，就必须打破这一层油性薄膜。许多洗涤剂都可以穿透这层油性薄膜，可能还包括季铵化合物（QAC）消毒水，可以在清洗和消毒之前减少细菌的附着量。此类产品大大缩短了清洗时间，从而保证这一平常而重要的工作可以高效完成。

猪场如何选择消毒药？

每个猪场由于病原菌环境和耐药性有较大的差别，因此在选择消毒药的时候应该根据猪场的实际情况进行选择，最好能够通过实验室手段来验证。如果在不太确定的情况下尽量选择复合型的消毒剂以及结合多种消毒方式，以达到较好的消毒效果（病原菌减少80%以上）。

规模化猪场常用消毒药物及其用法

类别	名称（商品名）	常用浓度	用法	消毒对象
碱类	NaOH	1%～5%	浇洒	空栏消毒、消毒池
	CaO（生石灰）	10%～20%	刷拭	空栏消毒
酚类	复合酚	1:100	喷洒	发生疫情时栏舍环境强化消毒
		1:300	喷洒	空栏消毒、载畜消毒、消毒池
醛类	福尔马林	40%，15mL/m³	薰蒸24h	空栏消毒后的猪舍
		2%～10%	喷洒	畜舍内外环境消毒
	戊二醛	2%	浸泡	手术器械消毒
季铵盐类	新洁尔灭	0.1%	浸泡	皮肤及创伤消毒
	百毒杀	1:500	喷雾	畜舍内外环境消毒、载畜消毒
		1:(100～300)	喷雾	畜舍内外环境消毒、载畜消毒
酸类	灭毒净	1:500	喷雾	畜舍内外环境消毒载畜消毒
		1%	喷雾	畜舍内外环境消毒、载畜消毒
卤素类	碘酊、络合碘	2%～5%	外用	皮肤及创伤消毒
		50～100mg/L	喷雾	畜舍内外环境消毒、载畜消毒
氧化剂	高锰酸钾	0.1%	浸泡	皮肤及创伤消毒
	过氧乙酸	0.5%	喷雾	畜舍内外环境消毒
		5%	薰蒸	
		0.01%	浸泡	饮水管道消毒

饮水管道如何进行消毒处理？

产房的终末消毒除了栏舍的清洗消毒外，还需要对饮水管道进行彻底消毒，这可以减少很多病毒（PRRS，PMWS）和消化道细菌的残留和再次感染。消毒前确保饮水管道不堵塞和漏水，然后将配制好的过氧乙酸类（0.01%）消毒剂加入水箱。为了配制正确的稀释比例，需要计算流过饮水管道的水量，其计算公式为如下： 流过饮水管道的消毒剂水量（升）$=r^2$（厘米）$\times 3.14 \times L$（厘米）$\div 10$（r：管道半径，L：管道长度）。

待消毒剂在管道保留0.5～1小时（最好4～6小时）后排空管道中的消毒剂，并清洗饮水管道中的消毒剂。如果是碗式饮水器，需要在栏舍清洗消毒时用高压水枪对碗式饮水器进行清理。

一问一答有要点
顺利分娩减少死胎

小结

　　产房的准备工作就是给母仔猪创造一个良好的生活环境，最大程度地满足母仔猪对营养、水分、空气质量、空间、光照、健康和安静环境的需求。栏舍的清洗消毒可减少疾病发生的概率，防止病原微生物从上一批遗留给下一批的母仔猪，为母猪的分娩和新生仔猪的出生创造一个相对健康的环境。栏舍设备检查工作到位能够有效地减少母仔猪受到机械性损伤，为母猪的分娩和哺乳提供较好的硬件设施。干净的料槽和饮水，能够保证母仔猪获得足够的饲料和充足的饮水，保温与通风设备的正常运转能够满足母仔猪对产房温度的不同需求，这些都是良好生产成绩的基础。

打开哼哼会APP扫描

惊喜在这里

扫一扫加入

猪海拾贝互动社区

2 重胎母猪转入产房

本节疑惑

重胎母猪妊娠多少天转入产房？

如何减少重胎母猪转群应激？

在转群过程中如何防止妊娠舍的病原带入分娩舍？

哼哼课堂

让重胎母猪提前适应产床环境

提前一周左右将母猪转入产房目的是让母猪适应产床环境。如果产房条件允许，后备母猪最好能够提前7~14天进入产房。其次，考虑到母猪自然分娩的时间为妊娠111~119天，提前将母猪转入产房，可以防止母猪提前产仔，避免不必要的死胎数和仔猪死亡。

通过刷背部或腹部减少后备母猪的应激

走进课堂
图文释惑

赶猪

猪的视野很宽，只有很窄的盲区，在驱赶单头猪只时，赶猪人员应该站在猪只平衡点之后，并避开盲区。如果赶猪人员站在平衡位置之前，猪只可能会停止并转身，甚至掉头逃跑。如果在盲区，赶猪人员需要发出声响或者拍打猪只，才能引导猪只前进。

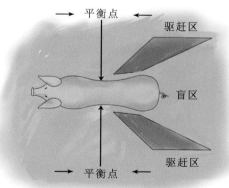

赶猪示意图

赶猪通道

　　猪只稍微受到应激就会试图逃跑，因此在设置通道时要保证通道畅通无缺口，尽量避免转猪途中猪遇到角落、不同类型的地面、排水孔、金属渠盖或其他异常的东西；否则猪会停止不走。猪只在遇到光线变化明显或者黑暗的环境下会停止前进，因此晚上赶猪时一定要确保通道有灯光。在猪场建设时应该预留并设计单独的赶猪通道，对于目前不合格的通道应该进行必要的整改。

猪只转移

　　转移重胎母猪时，一定要避免对猪只造成不必要的应激，以免导致死胎的发生。在转群中使用较轻的塑料赶猪板可以防止猪只掉头和避免棍棒驱使造成的应激，即使找不到合适的赶猪板，也可用簸箕或纤维袋挡住猪只的视野。切记不要用棍棒驱赶猪只，这样猪只会因为人的情绪变化受到不同程度地应激。

转群数量

　　我们在转群过程当中往往一群猪比一头猪更好转移，但一次赶猪数量与猪只类型、通道环境有关，具体可参考以下标准。

转猪数量标准

猪群类别	驱赶数量/批
种公猪	单独驱赶，以免打架
母猪	大多数情况下10头/批，进/出产房时每次3~4头
断奶仔猪	<100头/批
保育/育肥猪	15~30头/批

实践课堂

① 【转群前准备工作】

①人员安排与沟通：转猪前一天安排好相关工作人员，同时与配怀舍主管沟通转群时间，转群数量和产房栏栋号。

②设置栏门和通道：赶猪之前确保赶猪通道顺畅无缺口，移走产房栏位后面的防压架及过道的障碍物，并使产床栏门开向进猪的方向。

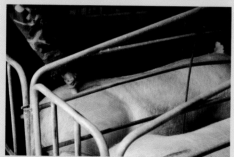

② 【识别和核对临产母猪】

①按照预产期先后顺序标记转群的重胎母猪。

②核对母猪个体号是否与配种卡上的记录一致。

③检查母猪是否临近分娩，避免空怀母猪上产床。

③ 【母猪清洗】

将母猪转到清洗区将母猪体表进行清洗，特别是母猪后驱臀部、背部、蹄部等易脏部位尽量用刷子刷洗干净，防止妊娠舍的病原带入分娩舍。

④ 【妊娠舍放猪】

①根据标记的预产期先后顺序放猪，引导重胎母猪走出定位栏。

②检查妊娠舍饲料开关是否处于关闭状态。

⑤ 【赶猪】
　　①尽量使用赶猪板进行转群。
　　②转移母猪数量为10头/批。
　　③尽可能减少应激，防止死胎，切勿棍棒抽打或踢打母猪腹部。

⑥ 【转入产房】
　　①按预产期先后顺序安排栏位，利于产仔工作的开展。
　　②每次进入产房通道的母猪限制在3~4头左右，防止母猪打架拥挤造成应激。
　　③循诱母猪进入产床栏位后立即关闭栏门。

⑦ 【检查栏舍设备及母猪健康】
　　待所有母猪转入产房后，饲养员检查栏门是否关紧，料槽是否干净，饮水器是否正常，产房温度是否合适，母猪有无健康问题等。

⑧ 【悬挂种母猪记录卡】
　　妊娠舍主管将"种母猪记录卡"取下，整理数据后转交给分娩舍，分娩舍主管核对母猪耳号信息后悬挂于产床栏位前。

⑨ 【消毒与驱虫】
　　转群结束后，饲养员及时清理转猪通道上的粪便，在产房脚踏池中加入消毒药水，并进行带猪喷雾消毒。
　　第二天再对重胎母猪进行驱虫。

实践课堂学操作

一问一答

如何引导重胎母猪走出定位栏？

（1）定位栏后门转出

饲养员B首先打开后门，然后饲养员A用挡板遮住母猪头部及眼睛，慢慢引导母猪退出定位栏，此时饲养员B在母猪后方引导，待母猪即将转向时饲养员B抓住母猪尾巴，使母猪按固定方向退出。当母猪退出定位栏后，立即关上后门，防止母猪返回定位栏。

（2）定位栏前门转出

饲养员A将前门朝出口方向打开，饲养员B引导母猪向前走，然后饲养员A用赶猪板挡住走道，引导母猪朝出口方向走，当母猪走出定位栏后，立即关上前门，防止母猪退回。

引导重胎母猪走出定位栏

重胎母猪选择哪种驱虫方式？

一般母猪上产床前后要进行一次体外驱虫，我们可以选择在转群过程中进行驱虫，也可选择在母猪上产床后的第二天再进行体表驱虫。如果在转群过程中驱虫，则需要等母猪体表清洗干净后再对母猪进行体表驱虫，但这种方法由于母猪体表含有水分，驱虫药的浓度需要提高。

转群过程中驱虫

转入分娩舍后驱虫

小结

　　提前让重胎母猪上产床可以让母猪适应产床环境，特别是后备母猪。转群前认真核对母猪耳号并观察母猪的腹部和乳房发育情况，防止空怀母猪进入产房。在转群过程中尽量减少转群应激，以免造成死胎，同时需要对母猪体表进行清洗消毒，防止妊娠舍的病原菌直接带入产房。

惊喜在这里

扫一扫加入

猪海拾贝互动社区

打开哼哼会APP扫描

3 产房温度环境管理

本节疑惑

母仔猪对温度环境的需求有什么不同？

如何满足母仔猪对温度环境的需求？

夏季防暑降温措施有哪些？

哼哼课堂

母仔猪的环境组成

（1）热环境

温度、湿度、空气流速、光照、空气质量（氨气、二氧化硫、二氧化碳和粉尘等）。

（2）物理环境

栏舍结构、地板类型、料槽、饮水器和其他硬件。

（3）社会环境

指猪群之间的相互关系，包括混群、等级优势、恶习、密度等。

产房热环境控制

产房大环境的温度控制在16~24℃，最适温度21±2℃，湿度控制在65%~75%，氨气浓度控制在15毫克/立方米内，硫化氢控制在10毫克/立方米内，二氧化碳控制在0.2%，光照控制在50~75勒克斯（看清报纸），粉尘控制在1.5毫克/立方米内。

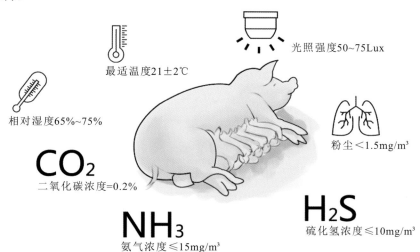

最适温度21±2℃

光照强度50~75Lux

相对湿度65%~75%

粉尘＜1.5mg/m³

CO_2
二氧化碳浓度=0.2%

H_2S
硫化氢浓度≤10mg/m³

NH_3
氨气浓度≤15mg/m³

产房热环境控制参数

哼哼课堂趣味多
顺利分娩减少死胎

母仔猪温度需求

母猪分娩时要求的温度约为22~24℃，产后10天内逐渐降低到18~20℃。仔猪出生时要求的温度是32~34℃，但随着仔猪快速生长，其所需的温度会迅速下降，断奶前仔猪需要的温度为24℃。由于母仔猪对温度的需求存在差异，因此如何确保产房母仔猪都有一个的合适温度环境是猪场管理中的一个重要环节。

母仔猪不同阶段的温度需求

猪只类别	日龄	适宜温度（℃）
仔猪	分娩时	32~34
	产后1~3d	30~32
	产后4~7d	28~30
	产后2w	26~28
	产后3~4w	24~26
母猪	分娩时	22~24
	产后1~3d	22~24
	产后4~10d	20~22
	产后10d以后	18~20

温湿度对猪只行为的影响

温湿度对猪只行为与健康的影响

项目	高	低	合适
温度	采食量下降 呼吸急促 肢体伸展	采食量增加 生长速度变慢 扎堆、发抖 靠近热源	成群但不成堆 侧卧
湿度	拉稀 霉菌毒素中毒 环境性病原增多 皮肤病增加	粉尘颗粒增多 呼吸道疾病增加	65%~75%

影响猪只温度需求的因素

　　影响猪只温度需求的因素包括猪只体重、采食量、空气流速、地板类型。一般情况下，随着猪只体重和日龄的增加，其对温度的需求会相应下降。采食量与温度的相互关系在饲养管理中尤为重要，如要想提高产房母猪采食量，就必须提供一个较低的温度环境。猪只的感受温度与空气流速和地板类型有很大的关系，虽然有些猪场夏天产房环境温度只能控制26~28℃，但在空气流速比较大的情况下，猪只的感受温度会有所下降，此时猪只会感觉很舒适。

猪只体重、采食量、空气流速、地板类型对猪只温度需求的影响

猪类别	周龄（w）	体重（kg）	地板类型	风速（m/s）	摄入能量（MJ/d）	表皮湿度（%）	环境温度（℃）ECT	环境温度（℃）UCT
哺乳仔猪	1	2	漏缝	无风	自由采食	15	35	41
	4	5					33	39
断奶仔猪	5	7	漏缝	0.1	自由采食	15	35	41
	6	10					33	39
	8	16					30	37
	5	7	水泥	0.1	自由采食	15	36	42
	6	10					34	40
	8	16					31	38
泌乳母猪		150	漏缝	无风	自由采食	15	22	32
				无风+滴水降温		30	26	33
			水泥	无风	自由采食	15	23	33
				无风+滴水降温		30	25	34

注：ECT，蒸发临界温度，当猪的体温达到ECT值时，猪只会出现呼吸加快和喘气现象；UCT，上限临界温度，当猪的体温超过UCT值时，预示着猪只可能出现死亡的危险。表皮湿度：15%是正常湿度，源于饮水器的作用；30%是滴水降温期间猪体表的特定湿度。

哼哼课堂趣味多
顺利分娩减少死胎

实践课堂

①【进入产房，感受舍内环境】

　　该项工作需要具备一定的猪场工作经验，技术员或饲养员在每次进入产房后首先感受产房内的温度是否过热/冷，湿度是否潮湿/干燥，有害气体是否刺鼻/适宜。

②【查看环境检测设备】

　　进一步查看产房的环境管理设备。如果是全自动环境控制设备，应检查各种参数是否在设置范围内。

③【检查环境温度管理设备】

　　如果舍内温度过高，应检查降温设备是否正常工作，如风机、水帘、卷帘、门窗等；如果舍内温度过低，应检查保温设备是否正常工作，如锅炉加热设备、暖风机或其他加热设备；如果空气质量差，应检查通风设备是否正常工作，如风机、通风口是否正常。

④【观察猪群】

　　设备检测到的数值只是一个参考，母仔猪是否舒适还要通过观察母仔猪的行为来确认。如猪只的躺卧方式、呼吸频率、采食量、应激等。温度过热，将严重影响母猪采食量，并出现喘气、呼吸频率加快等热应激反应，需要采取防暑降温的紧急措施。

⑤ 【检查小环境温度】

　　除了检查大环境温度外，还需要关注小环境温度，即保温箱或保温区的温度环境。

　　①保温箱温度：新生仔猪最适温度为32~34℃，断奶时下降到24℃。因此保温箱的温度应根据仔猪的日龄和季节来调整保温灯的瓦数和高度。

　　②仔猪睡姿：温度过高，仔猪喜欢睡在保温箱门口或外面；温度过低，仔猪扎堆在保温箱中间区域；如果保温箱温度正常，但个别仔猪表现为怕冷，可能保温箱有贼风进入。

　　③保温箱空气质量：通过俯身或蹲下感受保温箱的空气质量，并确保保温箱的环境卫生，给仔猪营造一个舒适的小环境。

⑥ 【测试警报系统】

　　全自动环境控制设备的警报和故障安全系统每周都要进行测试，主要检查环境温度超出了预设范围，或者供电出现了故障，是否会触发声音警报和反馈到中心监控站。

实践课堂学操作

一问一答

产房环境管理还需要了解哪些参数？

产房环境管理参数

环境参数		哺乳母猪	仔猪
湿度(%)		65~75	
氨气（mg/m³）		≤15	
硫化氢（mg/m³）		≤10	
二氧化碳(%)		0.2	
粉尘（mg/m³）		≤1.5	
自然光照(Lux)		50~75	
通风量（m³/h·kg）	夏季	580	—
	冬季	34	—
	春秋季	136	—
饮水器	高度（mm）	600	120
	流速（mL/min）	2 000~2 500	300~800
栏舍/保温箱	高度（mm）	1 200	600
	宽度（mm）	1 800	600
	长度（mm）	2 200	1 000
密度（m²/头）		3.5~4.2	—

常见的防暑降温设备及措施有哪些？

　　猪只主要通过以下4种散热方式散热：对流40%，辐射30%，气化17%，传导13%，因此我们在炎热的夏季给猪只防暑降温时可以从这四个方面考虑采取降温措施。

对流40%　辐射30%　气化17%　传导13%

猪只散热方式的示意图

（1）降低热辐射

将猪舍外墙涂成白色也能减少30%的太阳辐射，遮阳设施能够遮挡40%的太阳辐射。

如果在猪场建设时可以考虑在屋顶、外墙设计隔热层，再加上猪舍外层白色图层就能够将舍内温度降低3℃。

（2）利用通风散热

通风量与猪只的体重和季节有很大的相关性，一般所需的最大通风量=猪释放的热能（与体重相关）/猪舍内外目标温度差值（与气候相关）×0.35。其次通风的方向需要直接吹向猪体方向，最好从猪背部上方经过。如果配合水帘或冷风机等降温设备，可以起到更好的降温效果。

（3）蒸发降温

给猪只蒸发降热的方法有两种。对于体重30千克以上的生长猪、育肥猪和怀孕母猪可使用喷淋或喷雾降温对整个猪舍降温，对于哺乳母猪和仔猪、保育猪使用滴水降温比较好。

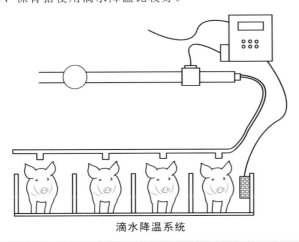

滴水降温系统

小结

　　产房的温度管理包括母猪的生活环境（大环境）和仔猪的生活环境（小环境）。产房温度偏低，容易满足母猪的温度需求，但仔猪容易出现受寒腹泻、生长速度降低等现象。如果产房温度偏高，容易保证仔猪的温度需求，但也会降低母猪采食量，使泌乳量减少，使仔猪营养供应不足。因此，通过产房环境温度的管理，既满足母猪的温度需求，也满足仔猪的温度需求，是产房环境管理的重要内容。

惊喜在这里

扫一扫加入

猪海拾贝互动社区

打开哼哼会APP扫描

4 产仔前的准备

本节疑惑

母猪的临产征兆有哪些？

如何判断母猪的分娩时间？

母猪分娩前需要准备哪些工作？

妊娠期

    妊娠期是指胎生动物胚胎在子宫内完成生长发育的时期。通常是从第一次有效配种之日算起，直到分娩为止的一段时间。母猪自然分娩的时间为妊娠111~119天，平均妊娠时间为114天，妊娠期的长短与母猪品种、胎次、产仔数等因素有关。因此，要确定本场母猪妊娠期的长短，可以通过统计一段时间内本场母猪在自然分娩的情况下的真实妊娠时间，从而得出本场母猪群的平均妊娠时间。

不同品种母猪的妊娠期长短

品种	窝数	不同妊娠期的占比（%）							合计
		≤110	111~112	113~114	115~116	117~118	119~120	≥121	
杜洛克	6608	6.43	22.79	40.35	23.97	5.57	0.73	0.17	100
大约克	2353	3.02	12.24	43.05	33.53	6.71	0.76	0.68	100
长白	759	1.45	2.11	9.35	35.70	37.16	10.80	3.43	100

母猪分娩征兆

    分娩前母猪临床分娩征兆的判断是一项经验性很强的工作，需要结合预产期以及母猪阴户、乳房、母猪行为和采食量的变化来综合判断，对于少数母猪，更要结合猪场的实际情况来进行预测。

母猪分娩征兆

项目	产前7~14d	产前12~24h	产前2~12h	临近分娩1~2h	分娩开始
阴户	增大	肿胀	阴户会排出黏液和少量血液	阴户有羊水破出	—
乳房	变大	乳房饱满，有少量乳汁流出（中部）	乳汁更容易挤出（前中部）	全部乳头都能挤出乳汁	—
母猪行为	—	站立不安有做窝行为	母猪不愿站立频繁排尿	母猪发抖呼吸急促子宫收缩	尽可能抬高后腿尾巴往后翘起
采食	—	食欲下降或不吃料	不愿采食	母猪躺卧不愿采食	—

产前12~24h母猪做窝

产前2~12h后排乳头挤出奶水

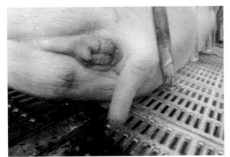

产前2h内，羊水破出

即将分娩

走进课堂
图文释惑

母猪分娩前后驱及产床卫生

　　母猪分娩前一天清洗母猪后驱、腹部以及产床。因为在分娩前后母猪的产道是张开的，附着在母猪后驱以及产床上面的病原微生物很容易感染母猪子宫，导致母猪产后子宫炎的发生。另外，初生仔猪对外界环境和病原的抵抗能力较弱，如果没有一个干净、卫生的出生环境，仔猪感染疾病的风险会增大。同时，较脏的母猪腹部（乳房）和产床也容易导致母猪乳房炎、泌乳不足（减少）的发生。

清洗前

清洗后

哼哼课堂趣味多
顺利分娩减少死胎

(1) **【查看和记录母猪的预产期】**
　　重胎母猪一旦进入产房，就需要通过预产期了解大部分母猪的分娩时间，并粘贴"接产记录表"便于分娩前准备工作的顺利开展。

(2) **【检查母猪的临产征兆】**
　　母猪即使离预产期还有一段时间，仍然需要每天上下午去检查母猪的临产征兆，防止有些母猪在预产期之前产仔而无人关注，导致死胎或出生仔猪死亡。

(3) **【预测母猪的分娩时间】**
　　根据母猪的阴户、乳房、行为和采食变化情况，综合判断母猪的大致分娩时间。每次检查时最好挤下母猪前中排乳房的泌乳情况。

(4) **【产前准备工作】**
　　①母猪后躯及产床是否已经清洗干净，如果当天分娩母猪过多，最好能在分娩前一天完成该项工作。
　　②悬挂保温灯和调节好高度，并检查是否正常工作。

③是否准备好干燥、干净的垫板和垫子。

④保温箱是否保温，注意防贼风。

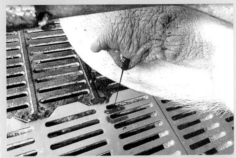

⑤【监控分娩，准备接产】

　　当母猪羊水破裂后，接产人员应将接产工具准备好，如毛巾、手术剪、消毒棉线、碘酊、垫子、干燥粉、酒精棉球等，并提前预热好保温灯，做好接产准备工作。

一问一答

如何推测母猪预产期？

母猪预产期一般以114天计算，即从第一次有记录的有效配种开始计算，到第114天就是母猪的预产期。这114天可分为3个月3个星期再加3天，刚好是114天，称之为333计算法。如果8月5日配种，预产期就是11月29日（11月：8＋3月，29日：5+21+3日）。

分娩前母猪乳房有哪些变化？

母猪的前部乳房动脉来自腹部动脉，比较发达；后部乳房的动脉来自阴外动脉，不甚发达；中部乳房则受腹部动脉和阴外动脉的共同供应，初乳出现较早。因此母猪前后乳头的乳汁出现时间有一定的差别。产前3天左右母猪乳头向外伸张，中部乳头可以挤出清亮的液体；产前24小时左右中部乳头可以挤出1~2滴白色初乳；产前12小时左右，前部乳头能挤出1~2滴白色初乳；临近分娩母猪后部乳头也能挤出乳汁。这些经验可以适应于大部分正常母猪，对于有乳房问题的母猪以及少数母猪可能存在差异。

如何正确区分母猪羊水与黏液？

一般情况下，母猪破羊水后2小时内会产仔。如果超过2小时未产仔，会被确认为难产，接产工作人员可能会采取相应的措施。但在实际生产过程当中，经验不足的接产人员由于不能很好地区分母猪羊水与黏液，把产前12小时内产生的黏液误认为产前2小时内破的羊水，从而导致采取不必要甚至错误的操作。

分娩前母猪黏液与羊水的区别

区别	颜色	数量	分娩阶段
羊水	清亮或含有少许胎粪	较多	分娩前2h
黏液	颜色偏黄或少量血液	量少	分娩前12h

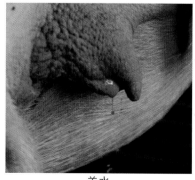

羊水

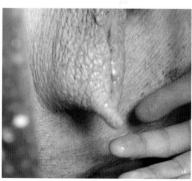

黏液

小结

　　分娩之前仔细观察母猪的临产征兆并预测母猪分娩的大致时间是确定分娩是否开始的重要工作。母猪分娩时间的预测需要从母猪阴户、乳房、行为和采食量的变化来综合判断。这些前期观察工作可以指导产房接产工作人员做好接下来的产仔监控工作，最大程度地减少死胎和难产现象的发生。分娩前一天做好产床和母猪后驱的卫生工作，临近分娩时做好一些必要的准备工作，如保温箱、接产工具等，可以为仔猪的出生提供一个良好的开始。

惊喜在这里

打开哼哼会APP扫描

扫一扫加入

猪海拾贝互动社区

5 诱导同期分娩

○ 本节疑惑

诱导产仔有什么样的好处和弊端？

如何安排母猪诱导产仔的具体时间？

诱导产仔的技术操作要点有哪些？

诱导分娩

经产母猪和后备母猪诱导产仔的时间有所差异，经产母猪一般选在预产期前一天（妊娠113天）进行诱产，后备母猪一般选择仔预产期当天进行诱产（妊娠114天）。注射前列腺素后母猪一般会在18~32小时内产仔，因此在选择注射前列腺素的具体时间点时，应该尽量将母猪分娩的时间调整到员工工作时间段，尽量避开夏季高温产仔，冬季夜间产仔。该项工作也需要根据每个猪场的实际情况，统计诱导时间和分娩时间来确定注射时间点。

诱导分娩时间统计

注射时间（d）		112	113	114	115	116	117	118
数量（头）		0	168	192	0	0	0	0
注射至分娩时间（h）	0~12	0	1	6	0	0	0	0
	12~24	0	105	85	0	0	0	0
	24~36	0	50	113	0	0	0	0
	36~48	0	0	0	0	0	0	0

诱导分娩的利与弊

猪场通过给临产前母猪注射前列腺素可以诱导母猪在同一时间段内产仔。这样产房工作人员可以集中精力开展分娩监护工作，减少死胎，提高初生仔猪的成活率，同时也降低了产房工作人员的劳动强度。由于自然分娩情况下，母猪产仔不集中，不利于寄养工作的开展，因此选择诱导同期分娩还可以均衡母猪的带仔能力。诱导分娩与自然分娩相比也存在一些潜在的危害，如降低仔猪初生重和仔猪活力，容易引起仔猪脐带流血等现象。

前列腺素的生理作用和临床应用

前列腺激素(prostaglandins，PGs)是一类具有生物活性的长链不饱和羟基脂肪酸，广泛存在于家畜的各种组织和体液中。其中动物精囊腺是产生前列腺素最活跃的场所，其次为肾髓质、肺和胃肠道，但公猪精液中的前列腺素含量较少。前列腺素的生理功能和临床应用较多，列表如下。

前列腺素的作用

生理功能	前列腺素类型	作用效果	临床应用
溶解黄体	PGF	溶解黄体	调节发情周期
			处理发情问题
影响排卵	PGE1	抑制排卵	—
	PGE2	促进排卵	处理发情问题
影响输卵管收缩	PGE1	输卵管上段3/4松弛	影响受精卵的附植
	PGE2	输卵管下段1/4收缩	
	PGF1α	输卵管各段肌肉收缩	
	PGF2α		
刺激子宫平滑肌收缩	PGE	刺激子宫平滑肌收缩和子宫颈的松弛	诱导同期分娩
	PGF		
影响其他激素的合成和释放	PGs	促进LH和FSH的合成和释放	处理发情问题
影响睾酮的生成	PGs	适量不影响生殖能力大剂量降低睾酮的含量	—
影响精子的生成	PGF2α	增加睾丸重量和精子数目	增加精子的排出量
影响精子运输和射精量	PGs	小剂量有利于精子运输和增加射精量	
影响精子活力	PGE	增强精子活力	提高受胎率
	PGF2α	抑制精子活力	—

① 【制定临产母猪引产计划】

分娩舍主管应该在母猪进产房后（妊娠107~110天），根据每头母猪的预产期和乳房发育情况确定引产时间，同时将"接产记录表"粘贴在对应的母猪栏位前。

①引产时间：一般经产母猪选择在预产期的前一天（妊娠113天）注射，后备母猪选择在预产期当天（妊娠114天）注射。

②检查乳房发育情况：选择乳房饱满但挤不出乳汁的母猪注射。若母猪乳房发育不好，则不注射；若能挤出乳汁也不进行注射。

② 【准备材料和药品】

根据引产母猪头数准备氯前列烯醇，一般注射1毫升/头。最好选择10毫升一次性注射器及头皮针，这样可以减少母猪后躯和尾巴摆动而导致的漏液或流血。

③ 【选择注射部位】

①阴户注射：阴户一侧的最凹点，选择这一部位注射，诱产的反应时间快，应激小，效果好，虽然需要一定的操作经验，但从注射效果和成本控制方面来讲，建议阴户注射。

②肌肉注射：臀部或颈部，选择这一部位注射操作相对容易，但反应慢，同等效果需要的剂量要大。

④ 【固定阴户和尾根】
　　阴户注射时防止母猪摆动造成注射失败或流血。

⑤ 【注射引产药物】
　　①进针方向：垂直阴户一侧的最凹点或者进针方向稍向内侧倾斜15度，可以减少流血现象的出现。
　　②注射速度：缓慢推注，不宜过快，防止对母猪刺激过大。

⑥ 【检查是否漏液或流血】
　　若出现漏液或流血的现象，最好选择在阴户另一侧重新注射。

⑦ 【记录引产时间】
　　记录诱导分娩的具体时间，剂量和药名，方便接产员判断和统计母猪的分娩时间。

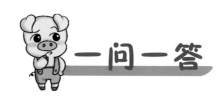

一问一答

引产之前为什么要检查母猪的乳房发育情况？

在注射前列腺素之前，需要根据预产期对母猪的临床症状进行检查，特别是乳房的发育情况。一般选择预产期前一天，母猪乳房饱满但挤不出乳汁时进行注射。如果乳房发育不好，则不进行诱产，避免过早诱产降低仔猪的活力。如果母猪乳房能挤出乳汁，也不需要诱产，因为根据母猪临产症状，将会在未来的12~24小时内启动分娩，即使注射前列腺素也需要18~32小时才会有反应。

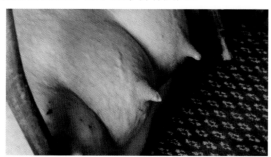

母猪奶水溢出，不需要进行引产操作

猪场在什么情况下需要诱导分娩？

规模化猪场为提高产房工作效率，可以选择诱导同期分娩。对于小规模猪场则选择自然分娩更合适，但对于个别延迟产仔（妊娠118天以上）的母猪仍然可以进行诱导分娩。

诱导分娩需要注意哪些安全事项？

诱导同期分娩的氯前列烯醇很容易被皮肤吸收，引起孕妇流产和哮喘病人的呼吸问题，因此注射时应避免与皮肤接触。如果意外接触和注射该类物质，应该及时携带该药品的说明书寻求医疗帮助。

小结

　　诱导分娩是规模化猪场批次化管理的一项重要内容，通过诱导母猪同期分娩可以让母猪在一段时间内整批分娩，然后通过调整断奶时间来确保整批母猪断奶和配种，以达到批次化管理的目的。因此在实际生产工作中，首先需要做好引产计划，安排好引产时间，不能随意引产。其次要规范引产操作流程，确保每次引产的有效性，避免因漏液或流血等因素造成的引产失败或重复引产。

惊喜在这里

扫一扫加入

猪海拾贝互动社区

打开哼哼会APP扫描

 **接产技术**

○ 本节疑惑

母猪分娩是如何启动的？

分娩过程包括哪几个阶段？

接产的技术操作要点有哪些？

哼哼课堂

分娩的启动

胎儿的"下丘脑-垂体-肾上腺轴"对启动分娩有决定性的作用，在前列腺素和催产素的共同作用下，子宫肌和腹肌发生强烈且有节律的阵缩，分娩开始启动。在宫缩阵痛的刺激下，引起母猪腹肌和膈肌收缩，出现努责。胎儿随着母猪不断阵缩和努责向产道移动，当胎儿进入盆腔及出口时，努责十分强烈，进而将胎儿排出。

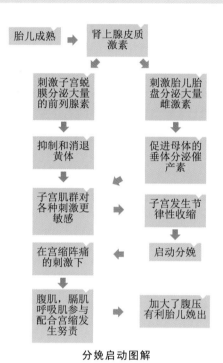

分娩启动图解

走进课堂
图文释惑

分娩的过程

母猪的分娩过程是指从母猪开始阵缩到胎衣全部排完的整个阶段，包括子宫颈张开期、胎儿产出期和胎衣排出期，每个阶段持续的时间和临床症状各有差异。

母猪分娩过程

分娩过程	持续时间	阶段		临产症状
		起	始	
子宫颈张开期	2~12h	开始阵缩	子宫颈完全张开	只有阵缩，没有努责
胎儿产出期	2~4h	子宫颈完全张开	胎儿全部排完	阵缩和努责共同作用
胎衣排出期		胎儿排出开始	胎衣全部排完	阵缩为主，偶尔努责

脐带护理

　　胎儿脐带与母体分离后，脐血管在前列腺素的作用下会迅速闭锁，然后脐带会在产后6~24小时内干燥。因此国外甚至国内某些猪场会选择不进行脐带结扎和消毒操作，让仔猪脐带自然干燥。但国内大多数猪场为了防止分娩后仔猪脐带拉扯、踩踏等导致脐带流血和感染，一般在胎儿分娩后马上对仔猪进行结扎、消毒和断脐操作，以提高仔猪的成活率。

断脐操作

不断脐操作

断脐技术

　　理论上断脐的长度应该根据仔猪的大小，选择合适的长度，以避免脐带过长，容易被踩踏和拉扯，脐带过短，则容易导致脐根部断裂，引起脐带流血和感染。一般情况下，可在距根部3~4厘米处结扎，5~6厘米处断脐。如果仔猪出生后由于活力低，如假死猪、弱仔等，应该延迟断脐，以免进一步降低仔猪的活力。

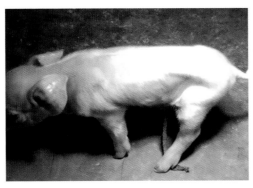
仔猪脐带过长容易被踩踏和拉扯

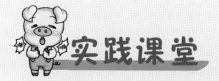

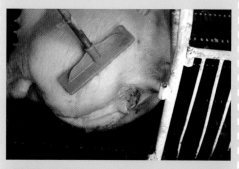

①【接产的准备工作】

①卫生：产前用0.1%高锰酸钾溶液清洗母猪臀部、外阴部和乳房，包括被粪尿污染的产床。

②药品和器械准备：产中常用药物，消毒且干燥的毛巾，手术剪，消毒棉线，碘酊，干燥粉等。

③保温设备：保温箱预热，保温灯正常工作，垫布保持干燥。

②【胎儿产出，拉出脐带】

①正确手势：一手护着仔猪，一手从母猪端缓慢拉出残留脐带，最好能让脐带自然娩出。

②常见错误：抓住仔猪，直接拉出脐带，这样容易导致脐带在脐根部断裂。

③脐根部断裂的脐带需要采取外科手术对脐根部进行缝合。

③【擦干新生仔猪体表黏液】

首先擦干口鼻黏液，然后按从头到尾，从背到腹，最后四肢的顺序进行擦拭。如发现仔猪活力低或处于假死状态应立即对假死猪进行拯救。

④【挤回脐带血】

脐带血对仔猪来说很重要，在结扎之前将脐带血挤回腹部，对于提高仔猪活力很有好处。同时也可防止残留的脐带血滞留在结扎处，不易干燥。

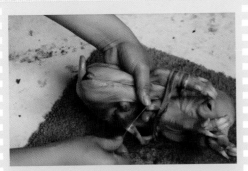

⑤ 【脐带结扎】

倒提仔猪两后腿或将仔猪按压在垫子上，用拇指和食指在距脐根部3~4厘米处用消毒的棉线结扎脐带。

⑥ 【断脐和消毒】

在距脐根部5~6厘米处用消毒过的剪刀断脐，然后用碘酊消毒脐带的断端、整个脐带以及脐根部。弱仔建议不断脐，直接将脐带打结后缠绕在背上，待仔猪恢复活力或干燥后再进行断脐。

⑦ 【仔猪干燥与保温】

将仔猪放入保温箱，待仔猪皮肤干燥，能站立行走后（约10分钟）再将仔猪放出吃初乳，以减少仔猪能量的损失。在仔猪身上撒满干粉消毒剂，能够加快仔猪皮肤的干燥，同时也能预防脐带流血、红肿和发炎。

⑧ 【记录产仔信息】

及时在产仔记录表上记录产仔信息，如产仔时间、接产方式（顺产或助产）、死胎、木乃伊（长度）、用药方式和次数。

实践课堂学操作

⑨ **【检查仔猪脐带是否流血】**

　　接产员应时刻留意产床漏缝板、保温箱周围、垫布是否有血迹，若发现，应及时检查仔猪脐带是否出现流血，并再次结扎或缝合脐根部。在实际生产当中，出现脐带流血往往是因为脐带没扎紧或脐带血没有挤回腹腔而导致脐带破裂所造成的。

⑩ **【仔猪吃初乳】**

　　及时将干燥并能站立的仔猪放出吃初乳。需要注意的是第一头仔猪吃初乳前应用消毒的湿毛巾拭擦母猪腹部和乳房，并挤掉母猪乳头最初的2~3把初乳。

⑪ **【胎衣清点和检查】**

　　根据产仔记录表上记录的信息及时核对仔猪和排出胎衣的数目。若胎衣全部排完表明产仔结束，若产后3小时胎衣还未排完，应使用缩宫素促进胎衣的排出。

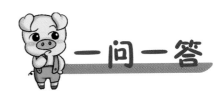

一问一答

为什么要及时记录产仔信息？

　　在分娩过程中，每接产完一头仔猪需要及时记录仔猪的出生时间、出生数量、接产方式（顺产、助产）、死胎、木乃伊（大小）、胎衣排出数量、药物使用情况（输液、缩宫素）等信息。仔猪出生时间可以帮助我们分析母猪的产仔间隔和产程，指导母猪难产的判断。接产过程中如果需要助产，则需要记录助产的原因及操作者，以便对助产进行严格管理以及产后保健工作的正确开展。对于产出死胎和木乃伊胎的母猪，需要留意其健康问题，木乃伊最好能够记录大概的长度，这有助于我们分析造成木乃伊的原因。胎衣排出数量的记录可以正确地显示母猪是否分娩结束，同时核对胎衣数量可以避免产后胎衣未下的情况发生，减少子宫炎发生的比例。药物情况的使用记录可以帮助我们更好地对前列腺素、催产素等药物的使用进行规范管理。

如何避免初生仔猪脐带感染？

　　断脐后需要对脐带断端，整个脐带以及脐根部进行消毒，切忌只消毒脐带断端。断脐用的工具，如剪刀、结扎棉线等都需要经过消毒处理。对于脐带流血的仔猪要及时进行止血、结扎和消毒处理。产床环境要保持干燥、卫生。

　　仔猪脐带感染是造成脐疝的一个重要原因。接产员断脐时未消毒或消毒不彻底，会造成脐部感染或脐静脉炎，使天然脐孔闭合不全，疝轮扩大，从而导致腹腔内容物从疝轮处突出形成脐疝。

脐带感染导致肠管漏出

如何判断母猪产仔已经结束？

(1)产仔数和胎盘数

如果"接产记录表"上记录的产仔数和胎衣数相同，则表明母猪产仔结束。但也有个例出现最后一个胎衣和胎儿长时间留在母猪子宫内，引起子宫问题和母猪繁殖问题。

后期胎衣较厚表明母猪可能产完

(2)胎衣的颜色和厚度

当你看到产出的胎衣比较厚，颜色偏白的时候，说明母猪已经产完了。分娩前期产出的胎衣由于受到仔猪的拉扯、踩躏，流血比较多，因此这些胎衣比较薄而且颜色比较深；最后面的胎衣，也就是子宫角末端的胎衣，由于一部分血液通过前面的脐带流失，再加上这部分胎衣未曾受到拉扯、踩躏，所以它的颜色较白，比前面的厚。

(3)胎衣的完整度

当你看到产出的胎衣上面出现相对完整的胎膜，甚至见到气泡时，说明母猪已经产完了。因为前面的胎膜都被后面的仔猪弄碎后扯拉成条了，不会出现相对完整的胎衣，而最后一个仔猪的胎膜不会再受到后面仔猪的扯拉踩躏，所以相对的完整，混上气体，就会出现气泡。

完整胎衣内混入气体

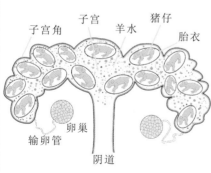

母猪子宫示意图

(4)胎衣的生理结构

当你看到两个只有一个开口的胎衣，那就说明母猪分娩完毕了。大多数仔猪的胎衣有两个开口，用来与前面和后面的仔猪相连，靠近产道的先产出，远离产道的后产出，但是最后一只仔猪只有一端有开口，用来与前面的仔猪胎衣相联系。母猪属于双子宫角动物，因此胎衣全部排完后会有两个只有一个开口的胎衣。

小结

　　分娩是母畜的一个正常生理过程，在自然条件下，动物会选择在安静的环境下将胎儿产出，但随着动物驯养后运动减少，生产性能增强，环境干扰增多，这些都会影响母畜的正常分娩。接产的目的是对分娩过程加强监视，并对产出的胎儿予以必要的帮助，提高胎儿的生存能力，减少分娩过程中胎儿的死亡。在接产过程中，可以时时关注母猪的产仔情况，对于难产母猪可以及时采取有效的措施，减少母猪的痛苦和胎儿的死亡。新生仔猪由于对疾病的抵抗能力较低，对环境适应能力比较差，因此正确的脐带护理方式，充足的初乳和及时的保温措施对于仔猪活力的提高有很大的帮助。

打开哼哼会APP扫描

惊喜在这里

扫一扫加入

猪海拾贝互动社区

7 催产素的规范管理

本节疑惑

催产素有什么作用？

催产素在母猪难产方面如何应用？

如何规范催产素在猪场的合理使用？

催产素的产生

内源催产素主要来源于下丘脑，但也广泛分布于子宫、卵巢、睾丸、肾上腺、胸腺和胰腺等器官。母猪分娩过程中可通过按摩母猪乳房和仔猪吮吸来刺激催产素的产生，加速分娩。目前规模化猪场使用的缩宫素是催产素的一种类似物，母猪子宫收缩无力时可通过静脉滴注缩宫素以增加母猪的产力。

催产素的功能

(1)促进子宫发生强烈的收缩

子宫肌层具有高亲和力的催产素受体，在妊娠后期增多，分娩时进一步增加，导致子宫对催产素的敏感度增加。催产素还可通过促进子宫内膜PGF2α的合成，导致子宫强烈的收缩。

(2)刺激输卵管平滑肌收缩

催产素能刺激输卵管平滑肌收缩，从而对于精子及卵子在输卵管里的运行起重要作用。

(3)促进排乳

催产素能刺激乳腺腺泡上皮细胞收缩，促进泌乳。因此在使用催产素后母猪的乳汁分泌会增加，这时可以及时将仔猪放出吃初乳。

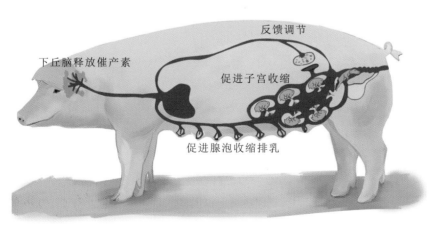

催产素作用示意图

催产素的应用

(1)用于难产问题的处理

催产素在母猪分娩过程中可用于产程长、难产、子宫收缩无力等情况的处理，但如果母猪产道堵塞则不能使用催产素。产后使用催产素可促进胎衣碎片和恶露的排出。

(2)提高配种受胎率

人工授精之前向输精瓶中加入10国际单位(IU)缩宫素，一次输精受胎率可以提高受胎率6%~22%。

(3)治疗无乳症

利用催产素促进排乳的功能，对于乳导管堵塞或奶水分泌较少的母猪可以起到一定的治疗作用。

催产素的功能与应用

生理功能	临床应用
促进子宫收缩	难产问题的处理，胎衣、死胎、恶露的排出
促进排乳	治疗部分无乳症
促进输卵管平滑肌收缩	提高配种分娩率

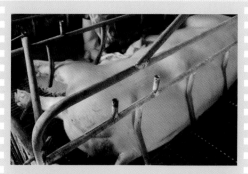

①【产道检查】

在注射催产素之前，应判断母猪产道是否有胎儿。若有胎儿堵塞不要注射催产素，否则会导致仔猪窒息死亡。

②【准备适当剂量的缩宫素】

后备母猪的催产素使用剂量尽量控制在5国际单位（IU），使用0.9%氯化钠溶液50~100毫升进行配置。经产母猪则根据猪场的实际情况，控制好使用剂量。

③【注射/静脉滴注缩宫素】

肌注缩时由于吸收比较慢，需要提高剂量，静脉滴注的速度不宜过快，以60滴/分钟为宜。

④【记录和观察】

注射结束后，及时记录使用缩宫素的时间、用量及原因，并在安静条件下观察母猪是否出现努责、产仔和排胎衣的情况。

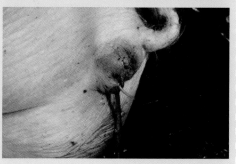

实践课堂学操作

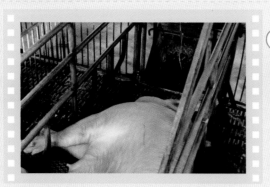

⑤ 【无仔产出则再次使用缩宫素】

若间隔时间20分钟仍未产仔，则再次判断产道情况。若无胎儿上产道，可继续使用缩宫素。注意：缩宫素的注射次数不宜超过3次。

一问一答

缩宫素的生物活性与作用效果如何？

催产素在体内的生物半衰期仅为3~10分钟，在高浓度时半衰期更短，主要由肝脏清除，从肾脏以非活性形式排出。由于缩宫素在母猪体内作用时间比较短，因此分娩过程中使用缩宫素后要及时观察母猪的分娩情况，检查是否有仔猪、胎衣排出，并及时采取有效措施。多次使用缩宫缩的隔间时间要控制在20~30分钟左右。

催产素使用不当有什么危害？

（1）不恰当的注射时间

催产素具有促进子宫强烈收缩的作用。如果在母猪子宫颈未张开的情况下注射催产素会导致仔猪闭锁在子宫内，不利于分娩。如果在产道堵塞的情况下注射催产素，子宫强烈收缩会引起产道压迫仔猪，造成仔猪窒息。

（2）注射剂量过高

高剂量注射催产素，子宫肌可能会过度疲劳而引起痉挛，从而使母猪产仔变得更加糟糕。另外，由于催产素具有药物浓度依赖性，长期使用高剂量催产素只会使催产素使用的浓度越来越高，最后导致催产素在产房的使用效果不佳或失效。

小结

　　随着国内外育种水平的提升，窝产仔数不断提高，同时很多猪场也面临着一个很现实的问题，那就是母猪分娩时产程延长以及难产母猪比例增加。缩宫素作为催产素的一种类似物，是解决目前规模化猪场出现母猪难产，分娩速度变慢，母猪宫缩乏力时常用的一种外源激素。但在实际生产过程中由于猪场工作人员对该类激素的认识程度不高，对催产素的生理功能、作用效果和浓度依赖性等特点不了解，导致目前很多猪场出现乱用或滥用缩宫素的现象，对缩宫素的使用时间、使用条件、使用剂量、规范操作等问题没有一个严格的管理和规定。这样不仅导致缩宫素在解决母猪难产问题的作用效果大大较低，甚至由于过量使用出现一些负面的效果，如难产问题、发情问题等。

打开哼哼会APP扫描

惊喜在这里

扫一扫加入
猪海拾贝互动社区

8 母猪助产

本节疑惑

母猪在什么情况下需要助产?

如何判定和矫正胎儿异常的胎位、胎势、胎向?

母猪助产技术操作要点有哪些?

哼哼课堂

母猪骨盆及产道的生理结构

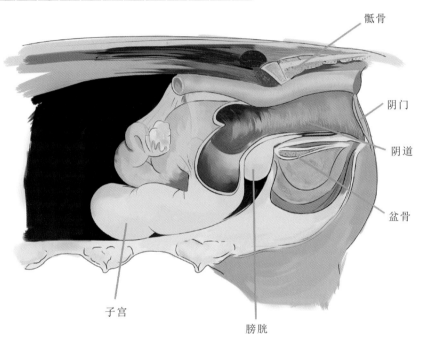

骶骨

阴门

阴道

盆骨

子宫

膀胱

母猪生殖系统

阴门：产道与外界连接的开口。

阴道：连接阴门和子宫颈的通道。

子宫：猪的子宫是双角子宫，每个长长的子宫角中挤满了待产的仔猪。母猪子宫拉长之后可以达到1.5~1.8米。

骶骨：脊柱的最末端，连接骨盆。

盆骨：盆骨组成包围产道区域的外部骨骼环境。

盆腔：容纳直肠、阴道、以及部分膀胱。

膀胱：从盆腔延伸到腹腔，位于阴道下方。

需要助产的情况

①分娩的第一阶段（子宫颈开口期）超过12小时，分娩的第二阶段（胎儿排出期）超过4小时，应及时检查母猪是否出现难产，必要时人工助产。正常的平均产仔间隔为20分钟，如果产仔间隔超过60分钟则可考虑助产。

②子宫颈已经张开，母猪努责次数明显减少或微弱，使用缩宫素后效果不佳，则考虑助产。

③胎儿的胎势、胎向、胎位不正，或2头及以上胎儿堵塞在子宫颈口，需要进行助产。

④母猪骨盆狭窄或胎儿过大，母猪阵缩及努责正常，但产不出胎儿，需要考虑助产。

⑤胎儿宫内死亡时间过长并开始出现肿胀，或是母猪出现明显的哀嚎或不适，需要通过助产尽快将胎儿拉出。

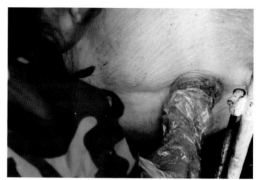

母猪出现难产要及时助产

胎儿的胎势、胎位和胎向的判断

母猪的难产与胎儿的胎势、胎位和胎向有很大的关系，如果母猪助产时不能准确判断很容易导致助产失败。胎势异常是指母猪在分娩时胎儿的姿势发生异常，其包括头颈姿势异常、前腿姿势异常以及后腿姿势异常。胎位异常是由于分娩时胎儿可能因为未翻正，而使胎位异常，主要有正生时的侧位及下位和倒生时的侧位及下位两种。胎向的异常主要包括横向和竖向，胎向异常时，胎儿身体纵轴与母体纵轴呈水平面垂直，胎儿的横卧或竖立于子宫内，都容易引起难产。

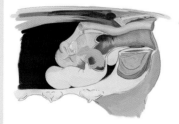

胎向异常

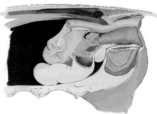

胎势异常

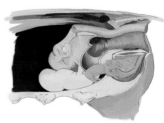

胎位异常

常用的矫正方法

（1）推拉

用手臂将胎儿或其一部分从产道中向前推动；拉是将姿势异常的胎儿头或四肢矫正成正常状态后通过术者手臂或其他助产器械将仔猪拉出。推和拉是胎儿胎向、胎位及胎势异常最常用的方法。

（2）旋转

是指以胎儿纵轴为轴心将胎儿从下位或侧位旋转为上位的操作，主要用于异常胎位的矫正。

（3）翻转

是以胎儿横轴为轴心进行的翻转操作，可将横向或竖向异常胎向矫正为纵轴，主要用于矫正胎儿胎向的异常。

胎儿异常与处理方法

胎儿异常	异常位置	异常表现	矫正方法及难产处理方式
胎势异常	头颈姿势异常	头颈侧弯	通过推拉矫正为正常胎势。若胎儿存活，且难以矫正，可实施剖腹产；若胎儿死亡且难以矫正，可实行截胎术
		头向后仰	
		头向下弯	
		头颈捻转	
	前腿姿势异常	腕关节屈伸	
		肩关节屈伸	
		肘关节屈伸	
		前腿置于颈上	
	后腿姿势异常	跗关节屈伸	
		髋关节屈伸	
胎位异常	胎儿正生	侧位（侧卧在子宫内）	通过旋转、推拉矫正为正位。正生/倒生侧位直接矫正为正位，下位时先矫正为侧位，然后矫正为上位
		下位（仰卧在子宫内）	
	胎儿倒生	侧位（侧卧在子宫内）	
		下位（仰卧在子宫内）	
胎向异常	横向（横卧于子宫内）	腹横向	通过翻转、推拉将横向和竖向矫正为纵向。若胎儿存活，且难以矫正，可实施剖腹产；若胎儿死亡且难以矫正，可实行截胎术
		背横向	
	竖向（竖立于子宫内）	腹竖向	
		背竖向	

实践课堂

① 【清洗并消毒阴户和周围区域】

　　清洗阴户及周围区域后，再用0.1%的高锰酸钾溶液或规定浓度的其他消毒液进行消毒。

② 【检查手臂卫生并摘除配饰】

　　最好让手臂细长且力量大的操作人员进行助产。操作人员先洗手消毒，若指甲过长，需要修剪指甲，并摘掉戒指、手环等可能导致母猪产道受伤的配饰。

③ 【佩戴一次性长臂塑胶手套并消毒】

　　选择与母猪躺卧方向相适应的手臂佩戴手套，母猪左侧卧则用右手，右侧卧则用左手。因为母猪产道较长，操作者尽可能地将衣袖卷起。佩戴长臂手套需要用卫可或高锰酸钾等进行消毒，以减少子宫炎的发生概率。

④ 【涂抹润滑剂】

　　长臂手套用润滑剂（石蜡油或植物油）润滑后更容易进入母猪产道，避免干燥生硬的手套进入产道引起母猪产道的出血。

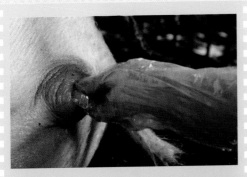

⑤ 【手掌呈锥形进入】

手掌呈锥形进入，尽量减少对产道的损伤，并在宫缩的间隔前进，当母猪努责时停止前进，母猪放松时继续深入，随着子宫的收缩节律慢慢深入产道内。

⑥ 【感受并判断引起难产的原因】

当手臂进入产道后，应准确判断引起母猪难产的原因，并根据母猪难产的处理方式采取正确的助产方式。

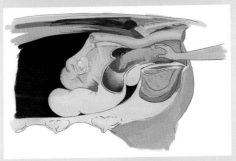

⑦ 【固定仔猪并拉出】

①固定头部：用食指和无名指固定仔猪耳后根，中指按住仔猪头部，拇指和小指固定仔猪的下颌部进行牵拉，也可掐住两眼窝将仔猪拉出。

②固定后肢：可将中指放在胎儿两胫之间握住两后腿拉出。

③助产器械：若仔猪过大，无法拉出，则需要借助助产套、助产钩甚至尸解仔猪。

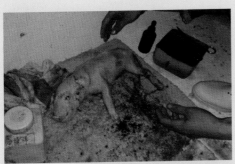

⑧ 【假死猪拯救和弱仔护理】

助产的仔猪由于在子宫或产道停留过久，可能会出现脐带破裂或窒息的现象，需要立即进行假死猪的拯救以及弱仔的援助工作。

⑨ 【重复体内检查，直至产道无胎儿】

继续检查母猪产道，若还有胎儿进入产道，则继续助产；若产道无胎儿则转为正常分娩。

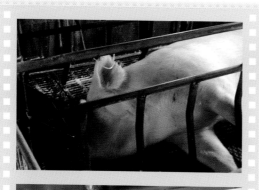

10 【母猪保健】

助产后需要清洗母猪后躯及外阴，保证卫生，并及时输液，帮助母猪提供体力和预防细菌感染。产后对于助产的母猪最好使用前列腺素促进母猪恶露的排出和子宫的恢复。

11 【记录助产时间和药物使用情况】

助产后要记录助产的时间、原因、助产结果和操作者，以便对母猪助产进行规范管理，同时对药物的使用情况做好记录。

一问一答

如何使用常用助产器械？

当徒手进行母猪助产出现困难时，我们可以借助一些常用的助产牵拉器械。目前猪场常用的助产器械有助产套、助产绳、助产钩和助产钳等。牵拉胎儿的四肢时可用助产绳或助产套系住胎儿膝关节以上部分并用手护着进行牵拉。牵拉胎儿头颈部时可将助产绳或助产套固定在耳后，绳结移到胎儿口中并用手护着，避免绳/套脱落或紧压胎儿的脊髓和血管引起仔猪死亡。牵拉死亡胎儿时可用助产钩钩住胎儿下颌骨、眼窝、鼻后孔、硬腭等部位进行牵拉，但使用助产钩时需要特别注意力道，尽量缓慢牵拉，防止助产钩滑落刮伤母猪子宫或产道。

一问一答有要点
顺利分娩减少死胎

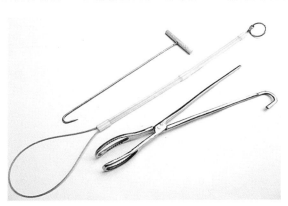

助产器械

母猪助产时如何降低病原菌感染的风险？

　　母猪助产是一项非常规操作，可能会给母猪的产道、子宫带来损伤和病原菌感染的风险，因此在实际生产过程中要严格管理不能随意操作，操作时特别要注意卫生。

　　①助产前确保操作者手臂不能过粗，指甲不能过长，以免对母猪产道造成伤害。

　　②助产前要清洗母猪的外阴及后躯。

　　③操作者要佩戴一次性长臂手套，不能徒手进入。

　　④要用润滑剂润滑手套及母猪产道，防止创伤产道。

　　⑤助产结束后要再次对母猪进行清洗、消毒，并对母猪注射氯前列腺素，促进子宫恶露的排出和恢复，使用抗生素以预防子宫内膜炎的发生。

　　⑥助产手套尽量一次性使用。

不能徒手进行助产

一问一答有要点

小结

　　母猪出现难产要根据母猪的分娩症状从母猪的产力、产道以及胎儿的情况去分析难产的原因，切不可盲目助产。需要根据母猪目前的状态采取合适的处理方法，包括母猪按摩、踩压辅助用力、调整母猪姿势、输液补充能量、使用缩宫素、人工助产、剖腹产等方法。目前国内很多猪场包括部分规模化猪场对于生产流程操作缺少统一的培训和指导，很多技术员或是饲养员对于母猪难产的判断不是很准确，一旦发现产程稍长就马上人工助产，导致母猪产后感染，轻者采食量下降，哺乳性能差，重者影响以后的繁殖性能。

惊喜在这里

打开哼哼会APP扫描

扫一扫加入
猪海拾贝互动社区

 分娩监护

本节疑惑

如何分析母猪的产程和产仔间隔？

如何判断母猪难产？

母猪难产的处理的方法有哪些？

哼哼课堂

分娩监护给猪场带来的经济效益

分娩监护是分娩过程中很重要的一项工作，通过分娩监护可以减少死胎，提高窝均产活仔数，同时能提高群体的活力和存活率。下表对照试验表明分娩监护能使猪场PSY提高7%。在国内，中等管理水平的规模化猪场其死胎率能控制在3%以下，窝均产活仔数可以达到12头。如果猪场死胎率≥5%，甚至超过10%（每窝死胎约为1头），这就需要引起重视了，因为这部分操作能够给你挽回不少经济损失。

胎儿异常与处理方法

项目	监护	不监护	监护	不监护	监护	不监护
窝产活仔数（头）	10.66	10.00	10.81	10.67	10.01	10.12
窝断奶仔猪数（头）	9.91	9.12	10.10	9.64	9.83	9.01
死亡率（%）	7.00	8.88	6.60	9.70	4.30	11.00
每100头母猪每年额外提供仔猪数（头）	185	—	108	—	190	—

注：执行分娩监护所带来的额外收入是每窝平均814.8元，而成本（含人工成本）是242.5元/窝，额外支出回报率3.36∶1。

走进课堂 图文释惑

产 程

母猪从分娩产出第一头仔猪产出到胎衣全部排出的整个产仔过程，简称为产程。一般正常情况下，母猪产程为2~4小时，但产程长的母猪也可能持续8小时。产程越长，造成死胎的概率越大。

母猪产程长短对死胎的影响

组别	产程（h）	窝数	死仔数比例	死仔数
1	0~2	704	3.41%	0.33±0.21
2	2~4	1 083	3.68%	0.41±0.22
3	4~6	375	4.28%	0.49±0.20
4	6~8	93	6.60%	0.74±0.52
5	>8	154	7.07%	0.77±0.48

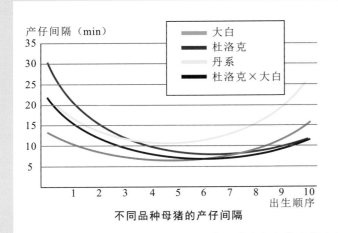

不同品种母猪的产仔间隔

产仔间隔

　　产仔间隔是指分娩过程中两头仔猪相继产出的时间间隔。仔猪的产仔间隔一般为15~20分钟内,但在产第1头和第2头之间有30~45分钟的间隔也属正常。产仔间隔是判断母猪难产的主要依据,因此需要详细记录每头仔猪的出生时间。

走进课堂
图文释惑

引起母猪难产的因素及处理措施

母猪难产的判断与处理

难产类型		难产的判断	难产的处理
产力异常	产程长/产仔间隔长	产程超过4h或产仔间隔超过20min,产仔后期努责次数少,长时间不能产出仔猪。	①促进内源催产素的产生:按摩母猪腹部和仔猪吮吸初乳。 ②补充能量:母猪产中输液可以增加母猪产力。 ③静脉注射缩宫素。 ④助产:针对产仔间隔≥60min的分娩母猪,可以进行助产。
产道异常	子宫颈张开失败	羊水破出超过2h,有努责和阵缩现象,但长久未见第一个胎儿产出,指检时发现子宫颈张开程度小。	①胎儿未进入子宫颈时,按摩腹部及子宫部位,帮助母猪子宫颈开张。 ②胎儿头部或四肢部分通过子宫颈时(拳头大小),通过助产可以将仔猪拉出。 ③胎儿仅肢蹄能够通过子宫颈(3指宽),需要进行剖腹产。 ④子宫颈仅张开一小口(1指宽),需要进行剖腹产。
	骨盆狭窄	母猪努责正常,但产不出胎儿,检查时发现胎儿大小正常,但骨盆狭窄,胎儿进入不了产道。	轻度狭窄,则可通过助产将仔猪拉出;严重狭窄,则需考虑剖腹产。
	产道狭窄	母猪努责正常,但产不出胎儿,检查时发现产道狭窄,阻滞胎儿排出。	轻度狭窄,则可通过助产将仔猪拉出;严重狭窄,则需考虑剖腹产。
胎儿异常		详见母猪助产	

哼哼课堂趣味多

实践课堂

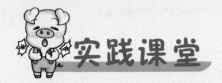

① 【检查母猪的历史生产记录，识别临产高危母猪】

  ①后备母猪和高胎龄的经产母猪（7胎以上）。

  ②上胎有过产死胎记录的母猪。

  ③产仔数高的母猪（窝均产仔数≥15头）。

  ④有其他记录的问题母猪，如发烧，喘气等。

② 【观察母猪的临产症状】

  接产工作人员可以从母猪阴户、乳房、母猪行为及采食量4个方面变化来综合判断母猪的临产时间。规模化猪场会选择在产前1天清洗母猪后驱和产床环境，并准备好保温箱设备。临产前1~2小时需要准备好接产工作，随时准备接产。

③ 【关注母猪的产仔过程】

  产仔过程中特别需要注意接产记录表上的产仔间隔，产仔间隔超过20分钟，可以通过按摩、仔猪吮吸、调整胎位和输液的方法缩短产仔间隔；产仔间隔达到45~60分钟时，可考虑使用缩宫素来增加产力；当产仔间隔超过60分钟，一般需要考虑人工助产。

④ 【难产母猪的识别和处理】

　　分娩过程中接产工作人员根据母猪的产力、产道以及胎儿与母猪产道的关系准确判断母猪难产的原因。

⑤ 【关注缺氧仔猪】

　　缺氧仔猪主要是由于在子宫或产道内滞留过久，引起胎儿缺氧窒息，因此接产员在接产工作中要重点关注产程长、上一头产死胎、活力低、皮肤上有黄色或褐色黏液以及需要助产的仔猪。

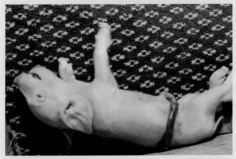

⑥ 【初生仔猪护理】

　　①规模化猪场仔猪出生后一般选择立即断脐，对于一些弱仔可以选择延迟断脐，并将脐带缠绕在仔猪身上，待仔猪恢复活力后再进行断脐。

　　②仔猪出生后需要让仔猪在产后6小时内吃到足够的初乳，对于弱仔需要辅助吃初乳，没有吮吸能力的仔猪需要及时地收集初乳和补喂初乳，产仔数特别多的母猪窝需要进行分批哺乳。

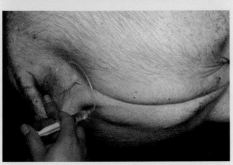

⑦ 【母猪产后保健】

　　母猪分娩结束后要预防母猪的产后炎症和感染，对于分娩过程中人工助产，产过死胎、木乃伊的母猪或其他异常母猪需要注射长效抗生素，最好能够在分娩过程中就进行抗生素输液。针对胎衣未下的母猪可以使用缩宫素促进胎衣的及时排出，产后恶露异常的母猪可以阴户注射1毫升氯前列腺素，促进恶露的排出和子宫的恢复。

一问一答

分娩前如何识别高危临产母猪？

（1）后备母猪和高胎龄的经产母猪

后备母猪由于首次产仔，产床环境，分娩应激，产道异常等情况会增加难产的机率，因此需要特别留意。高胎龄的母猪（≥7胎）则由于产仔体力透支的原因会导致产程过长使产仔后期死胎增多。

（2）有过产死胎记录的母猪

这样的母猪在健康问题、管理因素以及分娩过程中存在潜在产死胎的可能，因此在母猪记录卡上备注母猪产死胎的因素，有利于接产人员做好下胎的产仔监控工作。

（3）产仔数高的母猪

产仔数达到15~18头的母猪，由于产程过长，需要更多的关注最后几头仔猪的产仔情况。一般有经验的接产员会重点关注母猪产仔的后阶段，这样既可以减少死胎的产生，又可以提高工作效率，达到事半功倍的效果。

（4）有其他记录的问题母猪

产前如果发现有发烧，喘气等记录的母猪，需要及时处理并尽早产仔，以免造成整窝死胎。

哪些情形表明胎儿可能缺氧？

（1）产程长

一般产程超过4小时，有经验的接产员需要重点关注产程的后半阶段，特别是最后几头仔猪的出生。

（2）上一头产死胎

如果在接产过程中发现上一头产的是死胎，接产员要留意接下来母猪的产仔间隔，如果超过20分钟，需要及时采取干预措施。

（3）胎儿活力低

如果胎儿出生时表现为活力低：眼睛紧闭、四肢蜷缩不挣扎、不发出叫声，则仔猪需要及时进行假死猪的急救。

（4）人工助产的仔猪

需要人工助产的仔猪可能在子宫或产道内停留过久，导致缺氧窒息，因此需要及时进行拯救。

（5）胎儿皮肤上有黄色或褐色黏液

胎儿皮肤上的黄色或褐色黏液其实是仔猪的胎粪，一般为分娩后期的仔猪。

母猪努责有哪些行为表现？

当母猪身体颤抖，并尽力抬起后腿，尾巴抽搐时表明母猪产仔在即，需要立刻做好接产准备。

为什么要保持安静的分娩环境？

在整个产仔过程当中，应该尽可能地给母猪提供一个安静的产仔环境，这可以在很大程度上缩短母猪的产程。因为应激情况下，母猪机体会产生肾上腺素，而该激素会抑制催产素的分泌，从而影响母猪的宫缩，使产程延长。

一问一答有要点

小结

　　目前规模化猪场出现难产的母猪比例明显升高，猪场死胎的比例也随之增加。因此在分娩过程中需要通过分娩监护，采取合理的措施及时解决母猪难产以及仔猪缺氧窒息的问题，以提高产房窝均产活仔数和仔猪的生存能力。母猪难产的发生与母猪的产力、产道以及胎儿有密切的关系，因此需要根据母猪的临床表现准确判断母猪难产发生的原因，才能采取有效的方法和措施。在分娩过程中，需要让仔猪尽快产出，防止仔猪缺氧窒息，一旦发现缺氧窒息的仔猪，需要及时采取有效措施进行拯救和援助。

打开嘻嘻会APP扫描

惊喜在这里

扫一扫加入

猪海拾贝互动社区

第三章

提高仔猪成活率

1 初乳管理

本节疑惑

为什么初乳需要在产后6小时内被吸收？

哪些仔猪需要人为帮助获取初乳？

如何进行初乳管理？

新生仔猪死亡原因

在现代规模化养猪生产中，新生仔猪断奶前死亡率一般在5%~10%，并且多数集中在产后第1周内死亡。仔猪临床死亡原因多为弱小、压死、饥饿、腹泻和消瘦等。其很大程度上与仔猪无法及时摄入足够的初乳有关。

仔猪不同死亡原因及其比例

死亡原因	死亡数（头）	死亡比例（%）
弱仔	67	6.69
畸形	11	1.1
压死	415	41.46
饿死	69	6.89
咬死	2	0.2
腹泻	174	17.38
关节炎	74	7.39
消瘦	46	4.6
肺炎	35	3.5
低血糖	27	2.7
皮炎	21	2.1
贫血	19	1.9
溶血病	16	1.45
免疫接种	7	0.7
其他	18	1.8
合计	1 001	100

初乳

母猪在分娩中和分娩后24~36小时内产生的乳汁为初乳，之后分泌的乳汁为常乳。初乳中富含能量和特异性抗体蛋白，既能维持新生仔猪的正常体温需求，又能为仔猪提供免疫力。理想的初乳应该在分娩后6小时内被吸收，之后初乳中的抗体蛋白急剧下降。

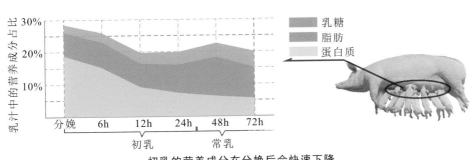

初乳的营养成分在分娩后会快速下降

走进课堂
图文释惑

母乳的产生与调节

分娩时母猪垂体分泌的催乳素与催产素一起共同促进乳腺组织分泌和排出乳汁。垂体前叶释放的催乳素（与皮质类固醇协同作用）激发和维持乳腺泌乳，而垂体后叶释放的催产素则刺激乳腺平滑肌收缩，促进乳汁排出。在泌乳过程中，仔猪吮吸母猪乳头又可以刺激垂体，使垂体前叶和后叶进一步释放催乳素和催产素，其浓度与仔猪的吮吸强度和频率呈正相关。

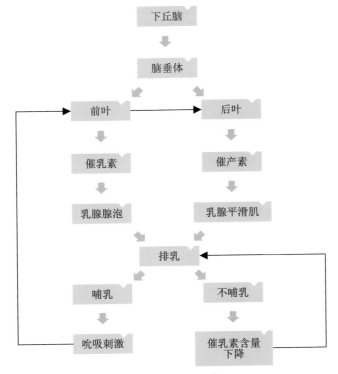

母乳的产生与调节

哼哼课堂趣味多

初乳与常乳的区别

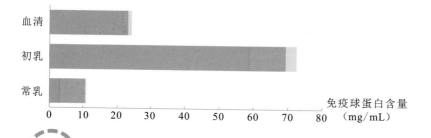

　IgG：在血液中，具有防御全身感染的作用，杀死任何病原微生物

　IgA：在黏膜上，如肠道黏膜，防御病原于体外

IgM：在血液中，没有IgG高效，但在感染时可迅速产生

初乳中含有相当多的免疫球蛋白

新生仔猪肠道发育

　　仔猪出生前，通过胎盘从母体获取所需的营养物质，仔猪出生后需要吮吸初乳并通过肠道来吸收营养物质，特别是一些大分子物质，如特异性免疫蛋白，能通过肠道直接被仔猪吸收，但出生后18~24小时后，新生仔猪肠黏膜细胞吸收免疫球蛋白的能力急剧下降。

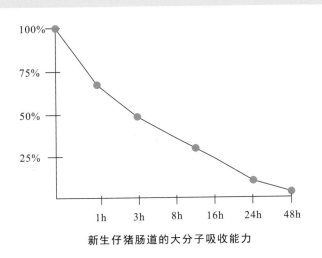

新生仔猪肠道的大分子吸收能力

需要人为帮助获取初乳的仔猪

①到处游走又叫唤的仔猪。
②部分弱小争抢不到乳头的仔猪。
③窝产仔数过多，而母猪有效乳头较少。
④部分虚弱、没有吮吸能力的弱小仔猪。
⑤其他问题仔猪："八"字腿仔猪、脐带流血过多的仔猪、拯救的假死猪等健康状况不佳的仔猪。

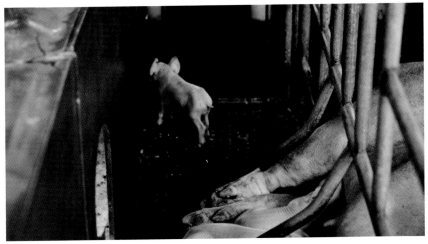

需要辅助吃初乳的弱小仔猪

哼哼课堂趣味多
提高仔猪成活率

实践课堂

① **【观察仔猪出生后6小时内吃初乳的情况】**
　　初生仔猪保温后（约10分钟）要及时将仔猪放出保温箱吃初乳，并观察仔猪吮吸初乳的情况。

② **【辅助仔猪吃初乳】**
　　对于到处游走又叫唤的仔猪、弱小争抢不到乳头的仔猪需要人为辅助吃初乳。

③ **【分批哺乳】**
　　母猪窝产仔数过多或产程过长会出现一部分仔猪吃饱初乳却占据乳头，而另外一部分弱小或晚出生的仔猪争抢不到乳头的情况，这时需要作好分批哺乳。其具体步骤如下。
　　①将吃饱初乳或早出生的仔猪做好标记先放回保温箱。
　　②然后将没有吃足初乳或晚出生的仔猪继续留下来吃初乳。
　　③1小时后将这些标记的仔猪同保温箱的仔猪置换出来吃初乳，如此往复安排仔猪分批吃奶，以达到同窝仔猪都能吃到足够初乳的目的。

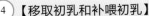

④【移取初乳和补喂初乳】

对于无吮吸能力或吮吸能力弱的仔猪，需要收集母猪初乳并补喂初乳。同时对于那些问题仔猪，如"八"字腿仔猪、脐带流血过多仔猪、拯救的假死猪等健康状况不佳的仔猪需要及时补喂初乳，否则会使仔猪愈加虚弱，甚至死亡。

⑤【早期寄养】

针对那些产仔数多，而母猪确实没有奶水或者奶水质量差，无法进行分批哺乳的母猪窝，需要将仔猪及时寄养到能够提供足够初乳的母猪窝中。

一问一答

如何降低产房仔猪的压死比例？

产房仔猪的压死原因与防压措施

项目	压死原因	防压措施
母猪行为	母猪烦躁不安	保持产房安静，减少应激
	频繁上下起卧	饲养员及时看护，合理安排饲喂与饮水
	奶水不足，仔猪饥饿	有效防止母猪产后MMA
	母性不好，护仔能力不强	合理寄养或淘汰
仔猪护理	弱仔活力不够	及时给予弱仔援助
	缺乏初乳管理	及时进行初乳管理
	晚上无人看管	产房安排值晚班的工作人员
栏舍设备	缺少必要的防压设备	产床增加防压架
	产床限位栏太窄	保证足够的宽度（≥1.2m）
	保温箱温度过高或过低	合理调整保温箱温度

实践课堂学操作

初乳对新生仔猪的生长发育有哪些作用？

新生仔猪的生理特点与初乳的作用

新生仔猪的生理特点	初乳的功能与作用	初乳中发挥作用的主要成分
缺乏先天免疫	全身性抗病及局部抗病并促进免疫系统的发育	母源抗体，黏膜免疫抗体免疫调节因子
消化机能发育不完善	促进新生仔猪的胃肠道上皮黏膜发育成熟	大量生长因子（IGF-I，TGF-β）与激素
体温调节能力差	提高仔猪适应能力	乳糖、脂肪等能量物质
生长速度快		

引起产房仔猪腹泻的因素有哪些？

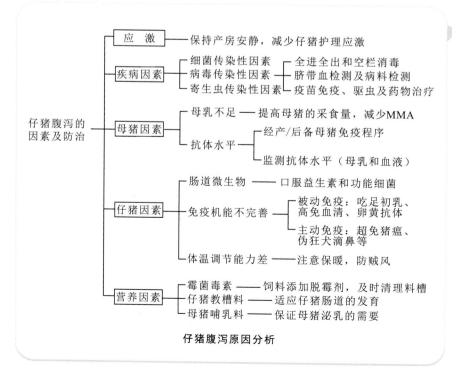

仔猪腹泻原因分析

小结

初生仔猪生存能力低，机体抵抗力不强、体温调节能力差，需要及时从母乳里面获得能量物质和抗体蛋白，维持正常的新陈代谢。虽然母猪最初分泌的乳汁富含能量物质和抗体蛋白，但之后抗体蛋白急剧下降，同时随着仔猪肠道的发育，其吸收抗体蛋白的能力也随之下降，因此产房饲养员需要在产后6小时内做好初乳管理，通过辅助仔猪吃初乳、分批哺乳、补喂初乳等方式让每头仔猪都能够吃到足够的初乳。

打开哔哔会APP扫描

惊喜在这里

扫一扫加入

猪海拾贝互动社区

2 获取初乳和补喂初乳

本节疑惑

补喂初乳可以给猪场带来的哪些经济效益？

如何获取到足够的初乳？

补喂初乳的操作要点有哪些？

哼哼课堂

补喂初乳所产生的经济效益

　　一方面母猪分娩期间会分泌出大量的初乳，溢出体外会造成初乳的浪费，另一方面弱小仔猪往往出现抢不到或根本吮吸不到初乳而大量死亡的现象。如果能将母猪分娩期间的乳汁收集起来饲喂那些弱小仔猪，将会提高弱小仔猪的成活率和断奶重。有研究表明补喂初乳能够使弱仔断奶均重显著提高14.38％，弱仔病死率及腹泻率分别降低89.37％和74.4％。

补喂初乳对初生弱小仔猪生产性能的影响

组别	数量	平均初生重	弱仔初生均重	弱仔断奶均重	弱仔腹泻率	弱仔病死率
对照组	21	1.21±0.17	0.89±0.04	3.20±1.78	40.71±8.34	42.81±5.54
试验中	22	1.21±0.10	0.87±0.06	3.66±0.44	10.42±3.56	4.55±0.89
比例				↑14.38%	↓74.4%	↓89.37%

弱仔补喂初乳经济效益分析（单位/元）

组别	弱仔头数	弱仔存活头数	弱仔存活增加效益	弱仔补喂初乳人工费	弱仔疾病防治药费	弱仔存活增加效益	相对增加效益
对照组	21	12	1 200	0	82	1 118	—
试验组	22	21	2 100	210	21	1 869	751

走进课堂
图文释惑

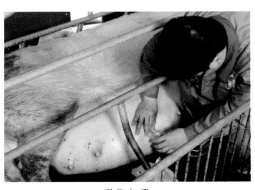

移取初乳

移取初乳

　　(1)时间

　　移取初乳时需要选择正在分娩的母猪，这样很容易收集到足够的乳汁。一般分娩6小时后很难人工挤出乳汁，除非母猪放奶。

　　(2)奶水质量

　　移取初乳时最好选择3~5胎的分娩母猪，不要选择初产母猪。因为初产母猪奶水较少且抗体水平参差不齐，同时初产母猪对各种应激反应比较敏感，移取初乳时容易导致初产母猪烦躁不安。

需要补喂初乳的仔猪

①出生活力低的仔猪。
②弱仔或打冷战的仔猪。
③吮吸能力弱的仔猪。
④体重小于1千克的仔猪。
⑤其他需要补喂初乳的问题仔猪，如脐带流血过多仔猪、"八"字腿仔猪、胎粪停滞的新生仔猪、低糖血症的新生仔猪等。

因为瘦弱需要补喂初乳的仔猪

移取初乳

① **【选择合适的母猪】**
移取初乳时需要选择健康、安静、泌乳性能好，3~5胎正在分娩的母猪。

② **【检查乳房和乳头卫生】**
如果母猪乳房不干净，需要用消毒毛巾将母猪腹部和乳头擦拭干净，以免给仔猪带来疾病感染的风险。

③ **【移取初乳】**
移取初乳时最好选用广口瓶，并用拇指和食指从乳头基部开始挤压乳头，每个乳头移取10~15毫升乳汁，一头经产母猪可移取80~100毫升乳汁。注意不要将乳头的乳汁全部挤干。

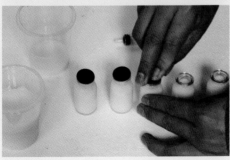

④ **【初乳保存】**
如果移取的初乳立即使用，则可以直接用于补喂仔猪，室温下放置的时间不要超过2小时。如果初乳不立即使用，需要将初乳分装成20毫升/瓶保存起来，一般情况下在-20℃下冷冻可以保存4个星期，冷藏可以保存48小时。

实践课堂学操作

补喂初乳

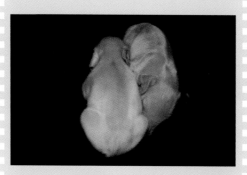

① 【查找需要补喂初乳的仔猪】

　　一定要及时发现并及时处理那些需要补喂初乳的仔猪，仔猪一旦变得极度虚弱，补喂初乳的难度会增加，效果会变差。

② 【解冻初乳】

　　初乳最好现取现用，如果用储存的初乳，需要先对初乳进行解冻和预热。将分装好的初乳放到40℃的温水里进行解冻。

③ 【检查仔猪的吮吸能力】

　　左手抱起仔猪，右手食指放到仔猪舌面上，感受仔猪是否存在吮吸反射。若仔猪吮吸能力强，则采取人工辅助吃初乳即可，无需补喂初乳；若仔猪吮吸能力弱或无法吞咽，则需要补喂初乳。

④ 【固定仔猪】

　　左手托起仔猪，让仔猪头朝上，并用拇指和食指将仔猪口腔打开，让仔猪头部抬起自然吮吸。若仔猪不吞咽，需要强制补喂。

⑤ 【补喂初乳】

将初乳装入5毫升的注射器或输精瓶等适合补喂初乳的容器里面,根据仔猪的吮吸能力大小和吞咽反射情况,缓慢地将初乳注射或挤进仔猪的口腔舌后根。

⑥ 【异常情况处理】

①如果初乳从仔猪嘴边流出,则需要等仔猪吃完口中的初乳后才能再次补喂。

②如果补喂初乳时,初乳进入仔猪气管则需要将仔猪倒提并轻拍背部,让仔猪气管中的初乳流出后才能再次补喂初乳。

③如果仔猪不吞咽,可以用左手食指和中指轻敲仔猪咽喉,刺激仔猪的吞咽反射。

⑦ 【标记仔猪】

补喂过初乳的仔猪需要作好标记,方便下次补喂初乳。

⑧ 【后期补喂初乳】

如果注射过初乳的仔猪仍然很虚弱,则需要在24小时内每间隔2小时再次给仔猪补喂1份初乳。

实践课堂学操作

如何使用胃导管补喂初乳？

　　用左手牢牢握住仔猪身体前部，用食指和中指将仔猪的头部稍微抬起。将软管连接到注射器管上，软管末端放入装有初乳的瓶中润滑，然后将软管末端插入仔猪嘴中，直插至喉咙处。仔猪的吞咽反射和轻轻的压力会保证软管进入食管。不要将软管推入，否则软管可能会进入气管。如果仔猪开始窒息，立即将软管取出。插管结束后将注射器管垂直放置，倒入初乳并将注射器活塞放在注射器管顶部，慢慢向下推（2~3秒），将初乳压入仔猪胃中。

补喂初乳时初乳温度过高或过低对仔猪会有什么影响？

　　补喂初乳时需要操作者注意初乳的温度是否合适，最好控制在37~40℃。温度过低会消耗掉新生仔猪额外的能量，使仔猪变得更加虚弱；温度过高则会破坏初乳里面的免疫球蛋白，降低初乳的抗体保护能力。一般刚移取的初乳可以现场使用，如果冬季初乳温度下降的比较快，可以将收集的初乳盖好后放在无仔猪的保温箱下面升温。如果使用的是冷冻的初乳，需要将冷冻的初乳在40℃的水浴锅或热水盆里面预热到合适温度。

小结

　　产房中90%的仔猪死亡发生在产后3天，其中绝大部分是由于没有获取到足够的初乳而导致的直接或间接死亡。在仔猪出生后的6小时内让新生仔猪获得足够的初乳是仔猪顺利渡过出生关的重要方法和措施。因此，执行有效的初乳管理操作程序，能够减少猪场不必要的经济损失。

惊喜在这里

扫一扫加入

猪海拾贝互动社区

打开哼哼会APP扫描

3 假死猪急救及弱仔护理

本节疑惑

假死猪如何进行急救？

哪些仔猪需要给予特殊的援助？

弱小仔猪援助的方法有哪些？

需要及时拯救的仔猪

①轻度窒息仔猪，表现为活力低，软弱无力，口腔和鼻腔中充满黏液。

②严重窒息仔猪，表现为眼睛紧闭，四肢蜷缩，不挣扎也不发出叫声，脐带只出现轻微跳动的假死状态。

③出生时出现脐带断裂或在子宫内脐带缠绕打结的仔猪。

④出生时被胎衣包裹，需要及时剥开胎衣，检查仔猪的活力。

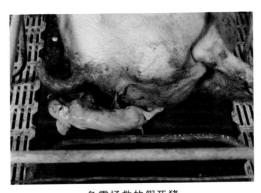

急需拯救的假死猪

需要及时援助和护理的仔猪

①晚出生的仔猪由于在母体内停留过久，可能出现不同程度地缺氧，活力低。出生后由于生存竞争压力大，因此需要及时辅助吃初乳和分批哺乳。

②体重小于1.0千克的仔猪由于身体比较脆弱，活动能力下降，需要及时辅助吃初乳。

③仔猪吮吸母猪乳头虽然是一种本能，但有些仔猪出生后没有吮吸能力或没有吞咽反射，因此需要及时地补喂初乳。

④产仔数过多的仔猪窝，在母猪有效乳头有限，仔猪竞争压力大的条件下，吃足初乳后需要及时寄养。

哼哼课堂趣味多

拯救和援助弱仔的意义

新生仔猪窒息又称假死，其主要特征是刚产出的仔猪由于呼吸障碍或无呼吸而仅有较弱的心跳。产仔监控中如果能够及时地发现那些假死猪并采取行之有效的拯救措施，对于提高母猪窝均健仔数有极大的帮助。

弱仔其实在很多猪场都没有一个明确的规定，一般活力低的仔猪、体重小于1.0千克的仔猪、吮吸能力弱的仔猪、晚出生的仔猪都有可能发展为弱仔。如果能够及时发现这些弱仔并采取特殊的援助，如脐带护理、增加保温、分批哺乳、补喂初乳、集中寄养等，可以有效降低断奶前仔猪的死亡比例并增加断奶均重。

假死猪急救

① 【清除胎衣和口鼻黏液】

　　①仔猪出生时如果被胎衣包裹，应迅速从头部撕破胎衣，避免窒息。

　　②清除胎衣后，用食指清除仔猪口鼻中的黏液，防止仔猪呼吸受阻。

② 【倒提仔猪，甩出气管中的黏液】

　　一手抓紧仔猪两后腿，另一只手托住仔猪头部，剧烈地向下甩动仔猪使气管中的黏液排出。注意甩的幅度要大，甩的同时要抓紧仔猪两后腿，以免将仔猪甩出。

③ 【胸肺复苏】

　　一手握住仔猪的髋关节，一手抓住仔猪的肩关节，来回挤压仔猪的胸部和腹部，使仔猪恢复呼吸。注意不要抓住仔猪的头部和腿部来回挤压，由于仔猪身体柔软，这样挤压不能达到挤压胸腹腔的目的。

④ 【刺激鼻腔】

　　①可以将少量酒精或碘酊涂在仔猪鼻镜外侧，刺激仔猪打喷嚏而将气管黏液排出。

　　②也可以从身边取一根稻草伸入仔猪鼻孔，刺激仔猪打喷嚏。

⑤ 【人工呼吸】

打开仔猪嘴巴，向仔猪口腔吹气，使空气进入仔猪肺部。注意该项急救措施只有在仔猪黏液全部清除后方可进行，避免将黏液进一步吹进仔猪气管和肺部。

⑥ 【检查仔猪活力】

仔猪拯救的同时，一边检查仔猪的活力是否恢复：眼睛是否睁开，是否发出叫声，四肢是否挣扎，脐带是否跳动。若没有恢复活力，则继续拯救；若脐带停止跳动，则仔猪已经没有拯救的价值了。

⑦ 【仔猪护理】

仔猪恢复呼吸后，进一步将仔猪全身擦干或撒干燥粉，不进行断脐操作，将仔猪脐带绕在仔猪身上，然后放入保温箱中进行保温，待仔猪全身干燥，能够站立行走后再进行断脐，然后将仔猪及时放出吃初乳。

弱仔护理

① 【清除仔猪体表黏液】

仔猪出生后应及时清除仔猪体表的黏液或用干燥粉撒在仔猪身上，这样有利于仔猪恢复体力，减少因为体表蒸发而消耗的能量。

② 【仔猪保温】

　　弱仔一般建议不断脐，直接将脐带绕在仔猪身上，然后放进保温箱中保温（约10分钟），待仔猪全身干燥、恢复行动后再进行断脐。

③ 【辅助吃初乳】

　　有些仔猪由于身体瘦弱，行动能力差，找不到乳头等原因需要饲养员及时辅助仔猪吃初乳。

④ 【分批哺乳】

　　如果母猪产程过长，达到6~8小时，这个时候需要标记仔猪的出生顺序，将前面出生的和后面出生的仔猪分批吃初乳，以减少弱仔吃初乳时的竞争压力。

⑤ 【补喂初乳】

　　有些仔猪辅助吃初乳时，始终没有吮吸反射，这时可以将食指放到仔猪舌面上，如果感觉不到仔猪有吮吸反应，表明仔猪吮吸能力弱，这时需要收集母猪初乳，用奶瓶或注射器给仔猪补喂初乳。

⑥ 【寄养】

　　如果窝产仔数较多，仔猪个体差异大，执行一段时间的分批哺乳后弱仔仍然吃不到初乳，这时需要考虑将仔猪寄养到同期分娩的母猪窝中，但需要作好标记，以免混淆仔猪品种。

实践课堂学操作

一问一答

如何正确识别假死猪？

假死猪主要表现为出生时眼睛紧闭，四肢蜷缩，不挣扎也不发出叫声或是被胎衣紧裹着，但触摸脐带发现仍有跳动的迹象。这类仔猪往往是由于在母猪子宫或产道内停留过久或出现脐带断裂的现象，导致仔猪缺氧窒息。因此，需要及时地进行急救，否则在很短的时间内（30~60秒）就可能会导致仔猪活力严重下降和死亡。如果出生后发现仔猪脐带没有跳动的迹象，则表明仔猪已经死亡，没有拯救的必要了。

如何检查仔猪的活力？

（1）活力恢复

在急救过程中随时观察仔猪的活力，如果仔猪发出叫声，眼睛能够睁开，四肢伸展或挣扎，胸部出现呼吸跳动，表明仔猪已经恢复活力。

（2）仍需急救

如果仔猪在急救过程中，没有活力恢复的表现，可以用手触摸仔猪脐根部，如果发现仔猪脐带仍然在跳动，说明仔猪仍然有救活的可能，可以继续施以援助。

（3）急救失败

急救过程中如果仔猪没有出现活力恢复的迹象，同时触摸脐带发现仔猪脐带不再跳动，说明仔猪已经死亡，不需要继续进行拯救。这可能与仔猪窒息时间过长或急救不及时有关。

小结

假死猪的急救和弱仔的援助在很大程度上能够提高断奶PSY。假死猪一定要采取的正确的方法及时进行拯救，错过了最佳的拯救时间或是方法错误，都会导致仔猪的死亡。弱仔出生后由于对外界环境的抵抗能力不强，通过脐带护理、保温、辅助吃初乳、分批哺乳、补喂初乳、寄养等特殊护理后能够提高仔猪的活力和生存能力，减少不必要的死亡。

惊喜在这里

扫一扫加入

猪海拾贝互动社区

打开哼哼会APP扫描

4 脐带流血的处理

本节疑惑

哪些因素会引起新生仔猪脐带流血？

如何及时发现那些脐带流血的仔猪？

处理仔猪脐带流血的关键操作要点有哪些？

哼哼课堂

新生仔猪出现脐带流血的原因

　　正常情况下，新生仔猪脐带会在脐带断离后迅速闭锁，不会出现流血现象。但在有问题的新生仔猪中，脐带由于没有闭锁或闭锁后重新打开，会导致仔猪脐带持续流血。目前造成仔猪脐带流血的原因尚不清楚，但从猪场实践来看，在接产过程中脐带结扎不紧或结扎绳脱落时有发生。除此之外，脐带被拉扯或破裂，饲料发霉或缺乏维生素K_3，各种化学剂影响，母猪早产或诱产，以及其他仔猪或母猪的踩踏和伤害都会导致仔猪脐带继续流血，并给仔猪造成不同程度的伤害。

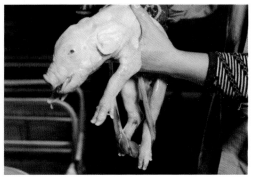

脐带流血的仔猪

产床上的血迹表明仔猪出现脐带流血

发现脐带流血的仔猪

　　一般情况下留意仔猪身上是否有血迹，产床地板、栏舍周围、保温箱垫布及周围是否有血迹，仔猪脐带是否经常湿润，有助于及时发现那些脐带流血的仔猪。

哼哼课堂趣味多

实践课堂

① 【检查仔猪脐带流血现象】

在仔猪脐带护理过程及产仔监控中要及时观察出生仔猪是否出现脐带流血并及时进行处理。以下情况表明仔猪脐带有流血迹象。

①仔猪身上、保温箱垫布、产床地板及周围有较多的血迹。

②新生仔猪脐带一直湿润。

③仔猪体表苍白。

② 【助手固定仔猪】

一旦发现脐带流血的仔猪，最好两人操作，一人抓住仔猪臀部和肩部并托起仔猪，使仔猪腹部向上并面向操作者。

③ 【脐根部按压止血】

如果仔猪脐带流血过多过快，呈喷射状，结扎前操作者应用拇指和食指按住脐根部，进行按压止血，否则即使再次结扎也会继续导致脐带出血破裂。

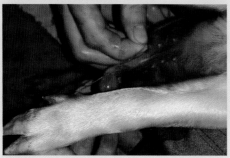

④ 【再次结扎脐带】

待仔猪流血现象缓解后，可以用消毒棉线或脐带夹在距离脐根部 1~2厘米处进行结扎。注意结扎位置不能太靠近脐根部，以免引起脐带破裂。结扎不能太松，以免结扎绳脱落造成进一步的伤害。

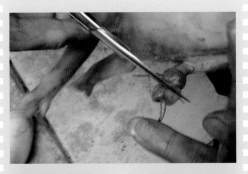

⑤ 【剪掉多余的脐带】

　　减掉多余的脐带,防止累赘的脐带拉扯脐根部。剪刀使用前需要进行消毒处理,否则容易造成感染。

⑥ 【消毒脐带】

　　用碘酊消毒整个脐带,包括脐根部、脐带以及断端。

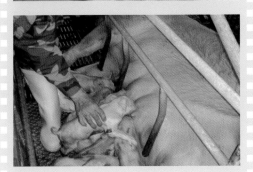

⑦ 【辅助仔猪吃乳】

　　由于仔猪脐带流血,仔猪可能已经变得很虚弱,这时需要饲养员及时辅助仔猪吃乳。对于特别虚弱的仔猪,可能不能吮吸初乳,这时需要补喂初乳3次,每次20毫升。

实践课堂学操作

一问一答

脐带持续流血对仔猪有哪些危害？

　　新生仔猪脐带流血往往会导致仔猪活力下降，体表苍白。如果持续滴血超过6小时，则会导致仔猪的直接死亡。对于脐带流血过多或过快（呈喷射状）的仔猪要及时发现和处理，否则仔猪会在很短的时间内死亡。同时脐带的不断流血还会导致脐根部感染发炎，甚至出现脐疝。

如何减少脐带流血现象的发生？

　　正确的接产方法和脐带护理方式可以有效地减少脐带流血现象的出现，如接产时不随意拉扯脐带，脐带护理时对脐带进行正确的结扎，断脐时确保仔猪脐带长度合适等。
　　早产的仔猪容易出现脐带流血的现象，因此在实际生产过程中要防止母猪早产。另外诱导产仔也会有造成仔猪脐带流血的潜在危害。

一问一答有要点
提高仔猪成活率

小结

　　新生仔猪脐带流血容易导致仔猪活力降低，流血过多甚至会引起仔猪死亡，因此在接产过程中要做好脐带的护理工作，避免由于操作不当或不规范引起仔猪脐带流血。同时在产仔监控中及时检查和发现那些脐带流血的仔猪并采取有效的措施进行脐带的重新护理。除此之外，还要对脐带流血过多的仔猪及时补喂初乳，以增加仔猪的活力和生存能力。

惊喜在这里

扫一扫加入

猪海拾贝互动社区

打开哼哼会APP扫描

5 "八"字腿仔猪的处理

本节疑惑

引起仔猪"八"字腿的因素有哪些？

"八"字腿仔猪拯救成功的关键要点有哪些？

"八"字腿仔猪处理过后的的成活率有多高？

哼哼课堂

"八"字腿仔猪及时处理后死亡率降低

　　规模化猪场"八"字腿仔猪发生的比例可达1.5%，尤其是在长白猪和瘦肉型公猪的后代更普遍。如果仔猪"八"字腿的比例高于3%，则需要查找原因。大多数情况下"八"字腿发生在后腿，但有时候也发生在前腿，影响仔猪的行动能力。

　　若处理不及时，"八"字腿仔猪绝大部分会饿死或被母猪压死。如果能及时发现这些"八"字腿仔猪，通过绑定、吃初乳、辅助行走等方法处理后，一般会在3~4天内恢复，其死亡的比例可以降低90%。有猪场的实验数据表明，在16 500头出生仔猪中，有322头仔猪患有"八"字腿，通过采取这些措施后只损失了17头"八"字腿仔猪。

处理前

处理后

走进课堂

图文释惑

先天遗传导致整窝"八字腿"

引起"八"字腿仔猪的因素

　　"八"字腿仔猪的形成与先天遗传和后天发育以及环境有关。遗传缺陷方面主要由于仔猪骨盆肌肌原纤维发育不良所致。除此之外，怀孕期间饲料中玉米赤霉烯酮中毒，新生仔猪肌肉后天发育不成熟也会引起仔猪"八"字腿，各种金属或潮湿地面会加剧仔猪"八"字腿的形成。

哼哼课堂趣味多

"八"字腿仔猪的绑定方式

（1）单一捆绑法

单一捆绑法是指用弹性编织带或弹性绷带包裹仔猪两条后腿膝关节上方使两腿并拢。两腿之间留下75毫米空隙以允许仔猪活动。通常只是将仔猪的两腿分别绑住，这样做是为了防止仔猪两腿向外张开，从而改善仔猪行走的能力。

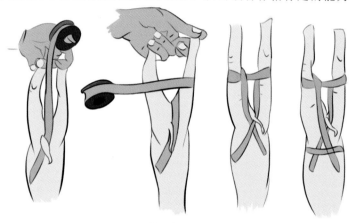

单一捆绑法

（2）双层捆绑法

双层捆绑是在单一捆绑的基础上轻轻地将后腿折向腹部一侧，并用另一布带穿过骨盆缠在仔猪身上，将弯曲的腿绑在仔猪身体上。当后腿固定在这个部位上时，可以激活仔猪后肢肌肉，帮助仔猪快速恢复行动能力。

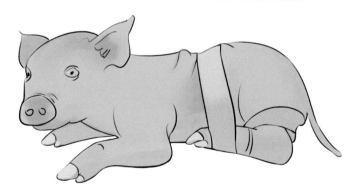

双层捆绑法

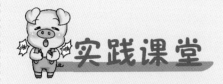

① 【及时查找出"八"字腿仔猪】

　　"八"字腿仔猪主要表现为后肢向外张开呈"八"字形，盘腿坐在地面不能移动或拖动两条后腿向前蠕动。及时发现并进行处理，可以增加"八"字腿仔猪的恢复机会。

② 【固定猪只】

　　"八"字腿仔猪的处理需要两个人进行操作，一人抓住仔猪臀部髋关节倒提仔猪，使仔猪两后腿保持合适的间距，一般为75毫米左右。另外一人负责绑定工作。

③ 【捆绑仔猪后肢】

　　在"八"字腿不是很严重的情况下，可以用简单的单一捆绑法帮助仔猪恢复行动能力。绑定过程中不可绑太紧以免妨碍血液流通，其次仔猪两腿之间的距离要合适，过窄对仔猪的行走不利，过宽则很难起到恢复效果。如果仔猪"八"字腿很严重，则需要采取双层捆绑法进行恢复。

④ 【辅助仔猪吃初乳】

　　首次捆绑后应该给仔猪及时补喂初乳20毫升。吃完初乳后要及时将仔猪放回保温箱，以免仔猪行动不便被母猪压死。

⑤ 【帮助仔猪行走】

　　绑定仔猪后，可能仔猪还不习惯行走，可以提着仔猪尾巴鼓励仔猪行走或是按摩仔猪后腿和骨盆肌肉处，这对"八"字腿仔猪的恢复有很好的促进作用。

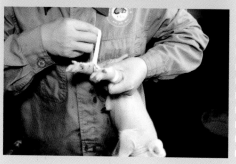

⑥ 【松绑】

　　待仔猪恢复正常行走姿势后，需要给仔猪松绑。一般情况下，单一捆绑法的仔猪可在3天后松绑，双层捆绑法由于对仔猪的限制程度比较大，因此在3~4小时后松绑。松绑之前一定要补喂好初乳。

"八"字腿仔猪拯救成功的概率有多大？

　　"八"字腿仔猪如果不做任何处理，很有可能会饿死或压死。如果及时进行绑定，50%的"八"字腿仔猪可能会恢复健康，若能及时补喂初乳，则"八"字腿仔猪的成活率可达90%。

小结

　　"八"字腿仔猪在猪场发生的比例一般不会超过1.5%，如果"八"字腿仔猪的比例超出正常水平，应该查找和分析"八"字腿仔猪发生的原因。针对已经出现的"八"字腿仔猪可以根据"八"字腿仔猪处理的操作程序及时进行处理，这样大部分的"八"字腿仔猪可以存活下来。

惊喜在这里

扫一扫加入

猪海拾贝互动社区

打开哼哼会APP扫描

第四章

提高仔猪生长速度

评估母猪的养育能力

本节疑惑

为什么要评估母猪的养育能力？

影响母猪养育能力的因素有哪些？

如何评估母猪的养育能力？

母猪乳腺的特殊性

　　母猪乳腺由腺泡、泡管腺和乳导管组成。一个乳腺由两个完整的，相互独立的，又相互交织的腺系统组成，每个腺系统又连接各自的乳导管，开口于乳头，因此一个乳头有两个乳导管。

　　母猪乳腺缺少乳池，因此母猪的哺乳行为与牛羊等其他哺乳动物不一样。母猪放奶有特定时间，一般隔1小时放一次奶，仔猪并不是何时都有奶吃，这就意味着仔猪哺乳管理的特殊性。

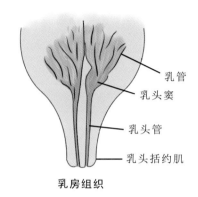

乳管
乳头窦
乳头管
乳头括约肌

乳房组织

走进课堂
图文释惑

母猪的泌乳能力

　　母猪的泌乳能力与自身的体况、身体储备、营养、胎龄以及仔猪的吮吸刺激强度有关。妊娠中期母猪过肥，会导致乳腺发育不好，泌乳量会低20%左右。瘦母猪由于身体储备较少，而泌乳需要消耗母猪大量的营养物质，因此泌乳能力也差。初产母猪和高胎龄母猪的泌乳能力相比3~6胎的经产母猪也表现较差。另外，产仔数、仔猪体重和活力也会影响母猪的泌乳。

哺乳仔猪数与泌乳量的关系

哺乳仔猪数	母猪产奶量（kg/d）	每头仔猪摄取量（kg/头·d）
6	8.5	1.4
8	10.4	1.3
10	12	1.2
12	13.2	1.1

不同胎次母猪的产奶量

哺乳期（胎次）	1	2	4	6	8
日均产奶量（kg）	8	10	11	12	10

识别无效乳头

（1）附加乳头

乳头小，位于乳线外，处于乳腺的异常位置，常见于母猪两后腿之间的臀部位置。

（2）内翻乳头

乳腺凹陷，看不见乳导管，随着后期仔猪的吮吸，可能会恢复泌乳能力。

（3）瞎乳头

没有乳导管。

（4）无奶乳头

在仔猪阶段乳头就被损害或在哺乳阶段乳头出现炎症或受伤。

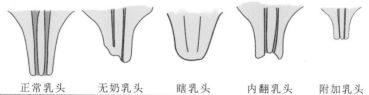

| 正常乳头 | 无奶乳头 | 瞎乳头 | 内翻乳头 | 附加乳头 |

正常乳头与无效乳头

影响母猪养育能力的因素

母猪养育能力评估表

影响因素	评估参考标准
有效乳头数与带仔数	有效乳头≥带仔数
仔猪大小[①]（大、中、小）	保证每窝仔猪体重、大小一致或相近
窝平均断奶数	带仔数≥窝平均断奶数
奶水质量[②]（好、一般、差）	奶水质量差的母猪减少带仔数，不集中带弱仔
胎次	胎次过高或后备母猪减少带仔数，不集中带弱仔
母猪体况[③]（好、一般、差）	体况差的母猪减少带仔数
乳头大小[④]（大、适中、小）	弱小仔猪选择小乳头的母猪，不选择乳头过大的母猪
乳头上下间距[⑤]（高、适中、低）	弱小仔猪选择乳间距低的母猪，不选择乳头上下间距过大的母猪
母性	母性不好，如出现咬仔，压死比例大护仔能力差的母猪不适合进行寄养
乳房及相关疾病[⑥]	有乳房及相关疾病的母猪治疗无效后不带仔，提前断奶

注：①仔猪大小：大，1.5kg及以上；中，1.0~1.5kg；小，1.0kg及以下。

②奶水质量：好，无挤压时两条乳线流出奶水；一般，挤压时有奶水射出；差，挤压时无奶水或少量奶水流出。

③母猪体况：好，体况评分3~3.5分；一般，2.5~3分；差，2.5分以下。

④乳头大小：大，大仔猪能咬住乳头；适中，中等仔猪能咬住乳头；小，弱小仔猪能咬住乳头。

⑤乳头上下间距：高，大仔猪才能吃到上排乳汁；适中，中等仔猪能吃到上排乳汁；低，弱小仔猪能吃到上排乳汁。

⑥乳房及相关疾病：乳房炎、无乳症、肢蹄病等。

实践课堂

① 【鉴别无效乳头，清点母猪的带仔数】

　　在寄养之前，需要鉴别附加乳头、内翻乳头、瞎乳头和无乳乳头。同时记录每窝仔猪的带仔数。

② 【检查母猪乳头是否被压/挡】

　　①乳头被压在地面/漏缝板下面，即使仔猪拱或人为按摩也不能让仔猪吮吸到。

　　②由于母猪身体过大或是栏位过小，无论母猪如何躺卧总有1~2对乳头被防压的铁柱挡着，仔猪无法吮吸乳头。

③ 【查看母猪之前的养育能力】

　　①查看母猪记录卡，检查母猪断奶时提供的仔猪头数，即断奶头数，这可以很好地反映母猪的养育能力。

　　②查看与母猪养育能力相关的任何记录，如乳房疾病、无乳症、肢蹄病、寄养情况等。

④ 【评估母猪的养育能力】

　　按照母猪养育能力评估表所示的方法评估母猪的养育能力，在分娩卡上或记录本上记录母猪的养育能力。

5 【分批哺乳】

　　在寄养之前，如果仔猪数超过母猪的有效乳头数，则可执行分批哺乳，保证仔猪在出生6小时内吃到足够的初乳。

6 【寄养】

　　吃足初乳后（6~24小时内），按照寄养标准操作流程对仔猪进行寄养。

一问一答

弱小仔猪适合选择什么样的母猪？

　　弱小仔猪最好选择1~2头母猪进行集中哺乳，挑选母猪时应该选择3~5胎母性良好，泌乳性能好，乳头大小和乳排间距适中的母猪进行寄养。

产仔数过多，寄养之前仔猪吃不到足够初乳怎么办？

　　寄养之前需要让仔猪吃到足够的初乳。如果仔猪数过多，可以先进行分批哺乳；如果母猪泌乳性能差，可以人工收集母猪初乳并给未吃足初乳的仔猪补喂初乳。

小结

　　随着现代育种水平的不断提高，母猪的产仔数也不断提高，大部分猪场其平均产仔数可以达到12头左右，个别高产母猪甚至达到20多头，但母猪的乳头数有限，一般为12~16个乳头，加上一些无效乳头、创伤乳头以及被压/挡的乳头，母猪实际的带仔头数一般不要超过12头。因此要想保证产房出生仔猪都有一个有效的乳头，就需要饲养员对每头母猪的乳腺发育、有效乳头数以及带仔能力做好评估，这样才能做好仔猪的寄养工作，进一步提高仔猪的成活率和增加断奶重。

惊喜在这里

扫一扫加入
猪海拾贝互动社区

打开哼哼会APP扫描

2 合理寄养

本节疑惑

产房常用的寄养方式有哪些？

寄养需要遵循什么样的原则？

如何做好产房的寄养工作？

交叉寄养

是指仔猪吃足初乳后（产后6~24小时内）将同期分娩的仔猪进行调整，使每窝仔猪头数和该窝母猪的养育能力相一致，并保持仔猪体重大小和强弱基本一致。交叉寄养是产房最常见的寄养方式，本节重点介绍交叉寄养的操作流程。

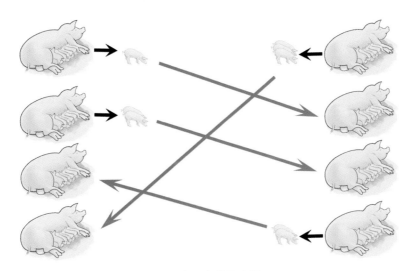

交叉寄养示意图

交叉寄养原则

(1)尽量减少仔猪转移数量

仔猪寄养的最终目的是保证每个仔猪都有一个有效乳头，而不需要特意追求仔猪间的均匀度。

(2)弱小仔猪集中哺乳

弱小仔猪集中由同一头合适的母猪哺乳，可以减少弱小仔猪的竞争压力，同时也方便饲养员对这些弱小仔猪进行特殊的护理。

(3)转移较大的仔猪

寄养过程中优先转移较大的仔猪，可以减少吃奶竞争压力。

交叉寄养的时间选择

　　仔猪交叉寄养最好选择在母猪产后6~24小时内完成。在产后6小时之后寄养，既可以确保仔猪吃到足够的初乳，又能保证仔猪已经剪完耳号，不至于将仔猪品种混淆。在产后24小时之内寄养，主要考虑到仔猪"乳头顺序"的建立会增加寄养的难度。

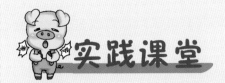

① 【计划转移仔猪】
　　①找出同期分娩母猪中最适合寄养弱仔的母猪。
　　②每头母猪的养育能力和目前带仔数是否相符。
　　③明确寄养时需要寄入或寄出的仔猪数及窝号。

② 【执行寄养】
　　在执行寄养时，需要遵循以下基本原则：
　　①遵循仔猪寄养原则。
　　②保证每窝仔猪数不超过母猪的养育能力，即有效乳头数≥仔猪数。
　　③同窝仔猪体重、大小尽量一致，以减少竞争压力。

③ 【寄养后检查】
　　寄养后需要检查母猪的带仔数与母猪的有效乳头数是否一致，避免繁琐的寄养过程而导致不合理的寄养。一般情况下，经产母猪带12头左右的仔猪，后备母猪带10头左右的仔猪是比较合适的。

④ 【仔猪过多的处理】
　　①往回寄养：寄养过程中暂时让剩余的仔猪在原窝中哺乳，进行分批哺乳，待有母猪分娩时再执行往回寄养。
　　②分批寄养：寄养工作完成后，发现同期分娩的母猪有效乳头数有限而仔猪数过多，这时需要将超出母猪养育能力的过多仔猪进行分批寄养。

实践课堂学操作

⑤ 【观察仔猪的吃奶情况】

　　寄养完成后，要观察仔猪的吃奶情况，对于那些寄养过后不吃寄母猪奶水的仔猪需要重新放回原来母猪窝中。注意：在执行寄养工作时要在仔猪背上标记仔猪的窝号。

⑥ 【防止咬仔】

　　对于寄养后那些存在仔猪打架或母猪咬仔的现象，需要对该窝仔猪进行异味消除处理，即保证所有仔猪带上同种气味，最常用的方法是将所有仔猪放到保温箱里放置30分钟。

⑦ 【记录与跟踪】

　　在母猪分娩记录卡上记录该窝仔猪的寄入/寄出信息，包括日期、寄入数/寄出数、寄出和寄入母猪个体号。分娩后的最初几天，需要跟踪仔猪的吃奶情况，将体况落后于同伴的仔猪执行往回寄养。

一问一答

产房还有哪些其他寄养方式？

（1）早期寄养

是指在仔猪在吃初乳期间（产后6小时内），由于窝产仔数过多或母猪奶水不足，为保证仔猪及时吃到足够的初乳，将做好标记的仔猪寄养到同期分娩的其它母猪窝中吃初乳。

（2）往回寄养

是指将出生2~3天内的弱小仔猪寄养到更迟分娩的母猪窝中，这样可以将一窝中比较弱小的仔猪转移到另一窝更小的仔猪当中，使其具有较强的竞争力。

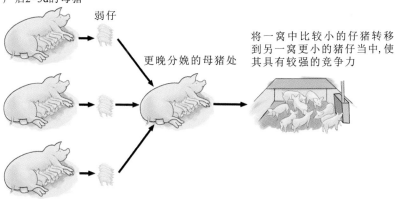

往回寄养

（3）后期寄养

是指仔猪出生3天以后，将一头母猪的仔猪寄养到另一头母猪，即我们常说的掉队仔猪的调整。

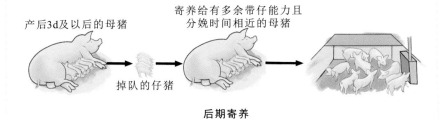

后期寄养

（4）分批寄养

产仔数高时增强母猪群哺乳能力的一项技术，将15~17日龄的仔猪寄养给刚断奶的母猪，让原来哺乳15~17日龄仔猪的母猪哺乳8~10天的仔猪，而原本哺乳8~10日龄仔猪的母猪则哺乳3~5日龄的仔猪，原本哺乳3~5日龄仔猪的母猪则哺乳新生仔猪。这一过程比较复杂而且经常转移仔猪，增加生物安全地风险，所以一般在紧急情况下使用。

以仔猪22~24d断奶为例

母猪泌乳不足或产仔数过多引起的过剩仔猪（2~3日龄）

母猪C ── 3~5日龄的仔猪

母猪B ── 8~10日龄的仔猪

母猪A ── 15~17日龄的仔猪

提早一周断奶

分批寄养

寄养过程中产仔数过多的处理方式？

寄养时产仔数过多可以进行分批寄养。如果生物安全不允许，也可让仔猪留在原窝里面做好分批哺乳，待有其他母猪分娩时再将多余的仔猪进行往回寄养，但要确保寄养的仔猪在2~3日龄内。

母猪咬仔的处理方法有哪些？

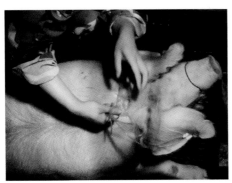

母猪咬仔可以将所有仔猪关进保温箱30分钟，也可使用气味剂处理所有的仔猪。一种比较实用的方法是用嘴套将母猪的嘴巴套起来，待母猪适应后再取下。

将母猪嘴巴套起防止咬仔

为什么寄养的仔猪数需要最小化？

考虑到寄养易导致疾病交叉感染，或者不适应寄母而出现的寄养失败，以及寄养工作的劳动量，寄养的仔猪数越少越好。但随着窝产仔数的不断提高，寄养无疑是今后产房的一项重点工作，需要在理解寄养的目的、原则和方法的基础上才能做好寄养工作，否则容易出现随意寄养。

小结

  随着国内外育种水平的提高，母猪的窝产仔数越来越高。同时不同的母猪窝，其产仔数也存在很大的差异（窝产仔数离散度）。猪属于多胎动物，即使同一窝仔猪，其出生时无可避免地存在体重大小、生存活力的差异。因此，从窝产仔数、窝产仔数离散度和仔猪大小差异来考虑，寄养工作在产房哺乳阶段具有举足轻重的作用。寄养的好坏直接影响断奶仔猪的成活率、断奶重和母猪的体况。

惊喜在这里

扫一扫加入

猪海拾贝互动社区

打开哼哼会APP扫描

3 仔猪补铁

○ 本节疑惑

新生仔猪为什么需要补铁？

仔猪补铁的技术要点有哪些？

新生仔猪需要补充多少铁剂？

新生仔猪缺铁的原因

　　铁元素主要存在于动物血红蛋白和肌红蛋白中，参与动物机体氧气、二氧化碳的运输以及体内物质代谢。新生仔猪出生时体内含有大约50毫克铁储备，母乳中铁的含量较少，每天仔猪只能从母乳中获得约1毫克铁元素，而新生仔猪新陈代谢旺盛，生长速度快，每天至少需要消耗7毫克铁元素，因此仔猪出生后最好在3天内补充铁剂，否则仔猪在7日龄左右就会表现为贫血等症状，影响仔猪的生长。

母乳中补充
铁1mg/d

补铁200mg

新生仔猪体
内含铁50mg

0日龄　　　　1~3日龄　　　　7日龄

仔猪生长需要铁7mg/d

仔猪体内铁元素消耗与利用示意图

仔猪补铁的方式

　　舍外饲养的猪可以通过土壤补充铁剂，而舍内饲养的仔猪只能从母乳和教槽料中获得部分铁元素，但这远远不能满足仔猪的快速生长，因此前期需要通过口服和注射的方式帮助仔猪补充铁剂。目前规模化猪场一般通过肌肉注射的方式对新生仔猪进行补铁，但也有一些猪场试图通过补饲水剂型铁剂对仔猪进行补铁。有数据表明以肌肉注射形式的补铁比口服形式的补铁，仔猪平均日增重提高13%，因此建议猪场通过肌肉注射的形式进行补铁。

不同的补铁方式对仔猪生长速度的影响

组别	仔猪头数	初始平均重	总增重	平均增重	平均日增重
	头	kg	kg	kg	g
口服铁剂	9	0.98	65.94	7.32	222
肌肉注射铁剂	9	1	69.75	7.75	235
不补充铁剂	9	1.02	55.1	6.12	186

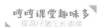

补铁的技术要点

(1)注射部位

肌肉注射，部位在颈部或大腿。颈部注射时针头要呈90°角进针，大腿注射时成45°角进入。

(2)针头尺寸

一般选择7号和9号针头，针头较大对仔猪应激大，也会扩大伤口，易感染；针头过长，会刺伤颈部或大腿骨头。

(3)注射技巧

为防止铁剂泄漏，可用拇指拉紧注射部位，拔出针头后，松开皮肤，使皮肤和肌肉上的注射小孔不在同一直线上，形成封闭状况。

垂直注射颈部肌肉部位

大腿内侧斜45°肌肉注射

实践课堂

① 【准备工作】

　①器材：2毫升连续注射器，灭菌针头，100毫克/毫升右旋糖酐铁剂，记号笔或碘棒，消毒酒精及棉球。

　②补铁仔猪：一般选择1~3日龄的仔猪进行补铁工作。

② 【组装注射器并检查药品】

　①调整刻度，根据猪场注射剂量要求调整连续注射器刻度，一般选择注射150~200毫克铁剂。

　②铁剂使用之前要检查是否分层，若分层需要摇匀。在使用上次剩余铁剂时，要检查铁剂的质量。

③ 【固定仔猪】

　①颈部肌肉注射：左手托起仔猪，并用食指拉紧注射部位的皮肤，这样可以防止注射后漏液。

　②大腿内侧肌肉注射：拎住仔猪后腿跗关节上方，使仔猪腿部和身体在一条线上。让仔猪自然垂下，不要使腿向前方倾斜。用拇指侧面将肌肉表面的皮肤拉平。

④ 【注射铁剂】

　①剂量：根据猪场要求注射1.5~2毫升铁剂。

　②注射方法：颈部肌肉垂直注射或大腿内侧肌肉斜45度进针注射。

⑤ 【检查是否漏液】

　　每头仔猪注射完后需要检查是否存在铁剂漏液的现象，避免漏掉任何一头仔猪。如果铁剂漏液不明显，可以按压注射部位；如果铁剂大部分已经漏出，则需要重新注射铁剂。

⑥ 【标记仔猪并放回栏内】

　　将注射过铁剂的仔猪用记号笔标记好，以免重复注射引起铁剂中毒，并将仔猪放回栏内吃乳。每注射完一窝，需要更换一次针头，并检查每头仔猪是否都已补铁。

⑦ 【清洗消毒器具】

　　补铁结束后需要及时清洗连续注射器和针头，以免铁剂残留在注射器和针头内，造成注射器活塞弹性损坏或针头堵塞。

一问一答

如何选择针头？

猪只大小与针头选择

动物大小/种类	肌肉注射针头		皮下注射针头	
	长度（mm）	号	长度（mm）	号
生产母猪	38~44	16	15~25	12~16
后备（115日龄~配种前）	25	16	15~25	12~16
30~115kg的猪	25	12~16	15~25	12~16
5~30kg的猪	13~20	9~12	13	7~12
5kg以下的猪	13	7~9	13	7

如何有效地防止铁剂的外漏？

仔猪补铁对于新的技术员来说，漏液是个很常见的问题。要想补铁过程中铁剂不外漏，首先你应该准备一把好的注射器，最好选用连续注射器。避免针筒或针嘴出现漏液。其次要选择合适的针头，一般为7号和9号针头。如果针头过大，导致注射的针孔较大，容易漏液。最后就是操作技术要到位，注射时位置要准确，进针速度要快，针头不要被堵住，最好注射前用手绷紧颈部皮肤。

铁剂泄漏

补铁过程中会出现哪些异常情况？

（1）仔猪应激过大

在补铁过程中注射行为和铁剂产品对新生仔猪都会产生应激，严重者会使仔猪出现暂时倒地或昏厥的现象。这时可以拍打仔猪或用少量水打湿仔猪颈部让仔猪恢复意识。

（2）铁剂中毒

一般仔猪出生后3天内补充铁剂150~200毫克，如果铁剂超过200毫克可能会引起仔猪铁剂中毒。其次，由于仔猪个体差异，可能正常量的铁剂也会使仔猪出现铁剂中毒。仔猪若出现铁剂中毒可以给仔猪静脉输入5%的葡萄糖盐水或维生素C，帮助仔猪缓解铁剂中毒的现象。

小结

　　新生仔猪出生后由于自身体内储存的铁元素以及从母乳中获取的铁元素都非常有限，随着仔猪的快速生长需要在仔猪出生后1~3天内补充铁剂。在实际养猪生产过程中，常有铁剂泄漏，导致仔猪出现苍白，生长速度缓慢的现象，也有些猪场操作人员由于过量补铁，导致整窝仔猪应激死亡。因此，仔猪补铁作为一项常规操作，需要技术人员掌握补铁的技术要点和操作流程，减少生产过程中不必要的经济损失。

惊喜在这里

扫一扫加入
猪海拾贝互动社区

打开哼哼会APP扫描

4 仔猪教槽

本节疑惑

仔猪教槽对生产有什么好处？

仔猪教槽成功的关键因素有哪些？

在猪场管理中如何规范仔猪教槽？

仔猪教槽的作用

　　仔猪教槽料时间一般从5~7日龄开始一直到断奶，这样可以弥补哺乳后期母猪泌乳的不足，减少母猪的体重损失。有数据表明，与不使用教槽料相比，采食教槽料会使仔猪28日龄断奶重约增加17%，母猪的使用寿命延长1.7胎。同时良好的教槽能促进胃酸的分泌，提高小肠酶的活性，从而促进仔猪消化道的发育，使仔猪在断奶前具有较好的采食能力，断奶后这些猪能快速适应固体饲料，提高生长速度。

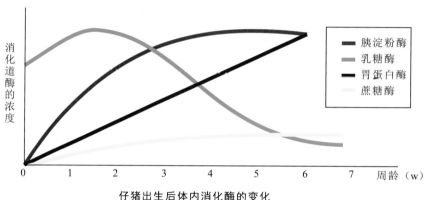

仔猪出生后体内消化酶的变化

保持教槽料的新鲜度和适口性

　　教槽料储存的好坏直接影响教槽料的新鲜度、可口性，同时也影响仔猪的采食情况，猪场管理者需要对教槽料的储存和分装引起足够重视。订购的教槽料运回猪场后需要保存在干燥阴凉的地方，最好不要直接储存在分娩舍和保育舍。补料过程中分装少量教槽料的纤维袋子或补料桶要密封好。因为在产房的环境下（温度28~32℃，湿度70%~90%），教槽料中的一些关键氨基酸（如赖氨酸）会发生褐变反应，影响教槽料中氨基酸的利用率。时间久了，教槽料中的脂肪也会被氧化，影响教槽料的适口性。

仔猪料槽的选择

　　在产房选择一种好的仔猪料槽对于成功教槽有很大的帮助。目前猪场常用的料槽主要有3类，混凝土材质的圆形料槽，铸铁料槽，塑料或不锈钢材质的固定料槽。前两种料槽由于料槽太重，不方便移动和清洗，而且料槽的颜色一般不鲜艳，不能更好地吸引仔猪的好奇心。后一种料槽轻巧，能够固定在产床的漏缝板上，而且材质表面比较光滑和鲜艳，能够吸引仔猪过来采食教槽料。因此在选择料槽时尽量选择可以固定、圆形、颜色鲜亮的轻巧料槽，这样可以让更多的仔猪同时采食教槽料。

水泥料槽

铸铁料槽

不锈钢固定料槽

走进课堂
图文释惑

合理放置料槽的位置

　　①放置于产架中间侧边区域（E和F处）。
　　②避开饮水器（A处）、保温箱（C处）和排粪区（B和D处），特别是角落位置。
　　③料槽安放位置要防止被母猪嘴拱到或腿踢到。
　　④料槽要让仔猪难以移动，最好能固定底座。

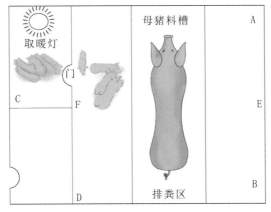
仔猪料槽位置示意图

嘻嘻课堂趣味多

如何提高仔猪的采食量

①合理储存饲料，良好的料槽管理，保证饲料的新鲜度和可口性。
②少量多次，根据仔猪的采食情况每天添加4~6次。
③使用颜色比较鲜亮的圆形料槽，鼓励其采食。
④移动、更换料槽，叫唤引诱仔猪采食。
⑤给仔猪提供充足的饮水，特别是在哺乳后期。

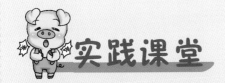

①【检查教槽料的质量】

　　教槽料应置于干燥阴凉处，打开包装饲料时需要检查饲料的新鲜度，保证饲料的新鲜、不潮湿、无霉变，分装完后及时将袋口扎紧。

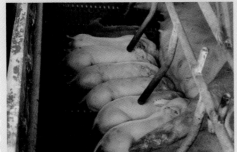

②【查看仔猪补饲日龄】

　　仔猪的最佳补饲日龄为5~7日龄。查看种母猪记录卡，对于达到补饲日龄的仔猪需要及时教槽。

③【安放仔猪料槽】

　　仔猪料槽的安放位置在很大程度上影响教槽料的质量和仔猪的采食情况，饲养员要确保料槽放置的位置合理。

④【料槽中放入教槽料】

　　开始补料时料槽中只需加入少量饲料，然后根据仔猪采食情况，慢慢增加给料量，少量多次，每天4~6次。

⑤ 【引诱仔猪采食】
　　饲养员添加教槽料时不要选择母猪唤奶时进行，开始补料的前几天可以叫唤引诱仔猪吃料，也可适当驱赶仔猪过来吃料或是移动料槽位置。

⑥ 【检查仔猪补料情况】
　　饲养员应该每天检查仔猪教槽情况，针对一些不好的教槽习惯进行及时纠正。
　　①若补料过多，则剩料给母猪吃。
　　②若饲料不够，添加适量饲料。
　　③若饲料湿了或脏了，则清理饲料并清洗料槽。
　　④若料槽脏，则换一个干净的料槽。

⑦ 【每天重复以上操作4~6次/天】
　　每天上下班之前按时检查仔猪的补料情况和添加适当教槽料，有利于提高仔猪的采食量。

⑧ 【清洗消毒料槽】
　　每天更换的脏料槽以及哺乳结束后的所有料槽都要及时清洗、消毒和晾干，以备下次使用。

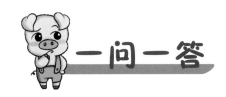

仔猪的最佳补饲日龄是什么时候？

我们应该认识到不同窝仔猪采食教槽料的时间和数量差异较大，原则上越早教槽对仔猪越好，但实际工作经验和数据表明大部分仔猪在5日龄左右开始对教槽料感兴趣，因此将仔猪教槽的时间定在5~7日龄是比较合理的选择。如果教槽时间过晚（10日龄左右），虽然部分仔猪开始大量采食教槽料，但另外一部分猪只可能到了断奶还不能采食教槽料，导致窝断奶仔猪采食教槽料的比率较低。

过早（5日龄左右）教槽会引起仔猪消化不良，容易导致腹泻吗？

"过早教槽引起腹泻"这种观点是在过去由于饲料的营养配方和加工工艺落后引起的陈旧观念，或者是其他原因引起的仔猪腹泻。现代高档教槽料的科学营养配方和加工技术完全可以解决这个问题。

什么是教槽印记技术？

印记技术是指在母猪分娩前及泌乳期间的日粮中添加一种特殊的风味。这些脂溶性调味剂被母猪乳房组织吸收并随乳汁分泌，当仔猪出生后在教槽料中吃到同样的味道，仔猪会更早开食并采食更多的教槽料。印记技术研究表明，印记仔猪在料槽前停留的时间为正常的2倍。虽然印记技术会使饲料成本增加3%~18%，但仔猪的平均断奶重会增加0.5千克，据保守估计额外支出回报率为5.5∶1。

一问一答有要点

小结

　　仔猪教槽是一项回报率非常大的工作，但在实际生产过程中会遇到很多的漏洞和误区：母猪奶水充足，无需补料；大多数仔猪不吃料，补料只是造成不必要的浪费；料槽放置在排泄区，方便添加教槽料；一次性放入大量教槽料，节省劳动力。这些想法和行为直接导致了猪场补料只是停留在表面上，走个形式而已，对于生产成绩的提高并无太多的意义。因此产房饲养员需要摒弃陈旧的观念和想法，做好产房仔猪的教槽工作。大部分猪场会在7日龄左右将料槽放入产床，

惊喜在这里

扫一扫加入
猪海拾贝互动社区

打开哼哼会APP扫描

5 仔猪阉割

本节疑惑

仔猪阉割的技术要点有哪些？

哪些仔猪不适宜进行阉割？

通过哪些措施可以最大程度减少仔猪的痛疼和感染？

哼哼课堂

仔猪睾丸的发育

　　睾丸首先在腹腔发育，妊娠90天后睾丸通过腹股沟环下降到阴囊，在下降过程中，睾丸将体腔内膜从腹股沟环带入阴囊形成白色的包膜。

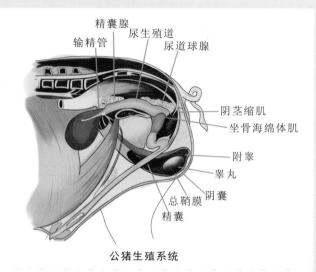

公猪生殖系统

走进课堂
图文释惑

去势日龄

　　产房小猪阉割建议选择在5~7日龄进行。因为该阶段处于母源抗体的保护期，此时操作出血少，应激小，不易感染疾病。如果日龄偏小（3~5日龄），睾丸小易碎，阉割不干净，而且很难发现疝气猪；如果日龄偏大，阉割时容易出血，伤口愈合慢，容易感染环境性病原。

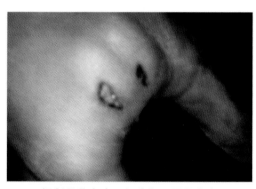

阉割日龄太晚，仔猪伤口不易愈合

走进课堂
图文释惑

阉割时注意手术卫生

①手术前要洗手消毒。
②如果条件允许，手术者尽量不参与抓猪，保持双手干净。
③阴囊切口区域要干净，腹泻仔猪不去势，避免感染。
④不同窝间手术刀片要消毒，手术部位用碘酊消毒。

消毒手术部位

⑤去势手术应选择晴朗的天气，避开阴雨多湿的天气，否则容易感染病原。

⑥去势时切口应靠近阴囊下部，以免血液和腹水滞留造成感染。

需要延迟阉割的仔猪

①瘦弱的仔猪，应该延迟去势日龄，待仔猪恢复后再进行去势。

②疝气猪应该延迟去势日龄，做好记录放回原栏，待10日龄左右再进行去势。

③腹泻仔猪不易去势，待仔猪恢复健康后再进行去势，以免感染病原。

④当天注射过疫苗的仔猪不宜阉割，否则会影响疫苗的免疫效果，同时会给仔猪造成较大的应激。

腹泻仔猪延迟阉割日龄

实践课堂

① 【准备工作】
　　①工具：手术刀片、碘酊、鱼石脂、缝合针/线、托盘。
　　②本操作最好由两人进行：一人负责抓猪，一人负责手术。

② 【确定去势仔猪】
　　去势之前需要对非种用公猪（二元杂公猪、有明显缺陷的种公猪）的日龄和健康进行检查，并将待去势小公猪抓进保温箱。其具体检查项目如下。
　　①时间：5~7日龄。
　　②瘦弱小公猪延迟去势日龄。
　　③腹泻仔公猪延迟去势日龄，待恢复健康后再进行去势。

③ 【阴囊疝仔猪检查】
　　阴囊疝仔猪的识别一般由抓猪人员进行确认。比较快速简单的方法是倒提仔猪检查腹股沟处是否有隆起，对于日龄偏小的仔猪需要按压仔猪腹部，再检查腹股沟是否有隆起。

④ 【手术者洗手消毒，助手固定仔猪】
　　手术者将手清洗干净，以后不再参与抓猪过程。助手倒提仔猪，使仔猪背部面向操作者，固定时尽量将仔猪阴囊皮肤绷紧，使仔猪睾丸暴露给手术者。

⑤ **【消毒手术部位】**

阉割之前需要用碘酊消毒手术部位，如果仔猪阴囊过脏，应先用毛巾将仔猪阴囊拭擦干净，然后再消毒。

⑥ **【固定睾丸】**

用拇指和食指绷紧阴囊皮肤，固定后不要松动，以免睾丸下坠。

⑦ **【切开皮肤层，挤出睾丸】**

①切口方向：尽量每个睾丸都作一纵行切口，有利于术后血水流出。

②切口大小：应该与睾丸大小一致，刚好能挤出睾丸。

③挤出睾丸时，不能过于用力，这样对仔猪产生较大的伤痛，一般先将睾丸头挤出，然后顺势将整个睾丸挤出。

⑧ **【拉断精索和血管】**

对于5~7日龄的仔猪可以将仔猪的精索和血管拉断，这样出血少，伤口愈合快，但不宜用力过快过猛；对于较大日龄的仔猪，特别是保育阶段，则适合采用割的方法去掉精索和血管，以免造成流血过多。

⑨ **【检查是否有残留的精索和血管】**

残留的精索和血管直通腹腔，容易导致细菌感染，引起腹膜炎，应当摘除干净。

实践课堂学操作
提高仔猪生长速度

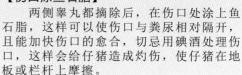

10 【伤口涂鱼石脂】

　　两侧睾丸都摘除后，在伤口处涂上鱼石脂，这样可以使伤口与粪尿相对隔开，且能加快伤口的愈合，切忌用碘酒处理伤口，这样会给仔猪造成灼伤，使仔猪在地板或栏杆上摩擦。

11 【将仔猪放回栏内，并检查仔猪是否出现漏肠】

　　①手术后切勿将仔猪关在保温箱内，应该将仔猪及时放回栏内吃乳。
　　②手术后30分钟应检查仔猪是否出现漏肠，特别留意那些不愿活动，躲在角落的阉割仔猪。

12 【记录和清理】

　　①记录因为疝气、腹泻和瘦弱而未去势的仔公猪。
　　②清理阉割工具和物品。

一问一答

为什么要对商品仔公猪进行阉割？

　　阉割是一项对小公猪实施的常规外科手术，主要提高仔猪在保育育肥阶段的生长速度，减少打斗等现象，成年后不影响肉质，最大程度地提高出售价格，增加猪场经济效益。因此大部分猪场会选择在产房阶段对非种用的仔公猪进行阉割。

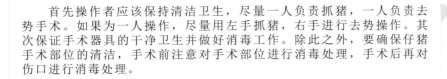

哪些方法可以减少仔猪阉割后感染和脓肿现象的发生？

首先操作者应该保持清洁卫生，尽量一人负责抓猪，一人负责去势手术。如果为一人操作，尽量用左手抓猪，右手进行去势操作。其次保证手术器具的干净卫生并做好消毒工作。除此之外，要确保仔猪手术部位的清洁，手术前注意对手术部位进行消毒处理，手术后再对伤口进行消毒处理。

如何减少保育育肥舍出现隐睾和漏阉割的现象？

保育育肥舍出现隐睾或漏阉割的现象主要是由于在产房进行去势时没有阉割干净或阉割时睾丸下坠导致漏阉。因此在阉割时需要将仔猪精索和附睾摘除干净，尽量将睾丸完整拉出，不要割破睾丸，以免阉割不干净。其次，对于睾丸下坠严重的仔猪，可以先做好标记不进行阉割，待仔猪运动一段时间后再进行阉割。

小结

　　阉割的过程对公猪来说很疼痛，如何最大程度地减少仔猪术后的痛苦和炎症，是阉割技术员应该重点关注的事情。目前，猪场仔猪阉割的方法众多，本节希望通过一个标准化的阉割程序，尽量减少仔猪术后的疼痛，缩短术后伤口的愈合时间，同时减少仔猪术后发生炎症的机率。

惊喜在这里

扫一扫加入

猪海拾贝互动社区

打开嘻嘻会APP扫描

6 仔猪阴囊疝手术

本节疑惑

阴囊疝是如何形成的？

阴囊疝仔猪识别的方法有哪些？

如何快速、高效地处理仔猪阴囊疝？

阴囊疝的形成

正常情况下，腹股沟环肌肉围绕膜颈部紧缩，肠管等内容物即使在腹压的作用下也不能进入阴囊，但某些异常情况，如遗传因素、肌肉发育不良等，腹股沟环肌肉松弛，肠管在腹压的作用下通过腹股沟环孔进入阴囊，形成阴囊疝。

阴囊疝仔猪识别方法

①检查仔猪睾丸大小：大小不对称。
②触摸仔猪睾丸：能摸到柔软的肠道。
③按压仔猪腹部（日龄较小时）：腹股沟有隆起。
④倒提仔猪，轻压仔猪阴囊：腹股沟有隆起。

仔猪睾丸大小不一

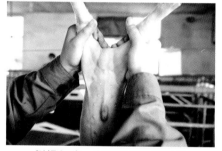

倒提仔猪，左侧腹股沟有隆起

触摸仔猪睾丸，能触摸到柔软的肠管

一种快速、高效地处理仔猪阴囊疝的方法

传统阴囊疝手术采用腹股沟钝性分离法，该方法容易误切鞘膜引起手术失败，切口大难愈合，耗时长（30~45分钟）应激大，需要多层缝合，操作难度大。鉴于此，我们根据阴囊疝形成原理，通过1 000多头阴囊疝仔猪的实践，创造性地对传统阴囊疝手术进行改进，摸索出一种快速、高效的阴囊疝手术方法。该方法直接在阴囊部位分离和切割睾丸，在腹股沟隆起处缝合鞘膜，具有快速（5分钟内完成），切口小、伤口愈合快，无需缝合等优点，而且操作简单不容易切破鞘膜，手术后无掉包现象。

腹股沟钝性分离法

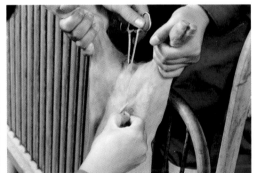
阴囊快速分离法

阴囊快速分离法

① 【准备手术工具】
　　①工具：手术刀片、止血钳、缝合针/线、卫可、碘酊、鱼石脂、注射器、镇静剂、青霉素、记号笔。
　　②准备工作：配置消毒液并消毒工具，配备镇静剂/青霉素待用，缝合针/线最好先穿好待用。

② 【检查阴囊疝仔猪】
　　通过检查仔猪睾丸大小、触摸阴囊、观察腹股沟隆起、按压仔猪腹部等方法准确判断阴囊疝仔猪。

③ 【助手固定仔猪，手术者洗手消毒】
　　助手倒提仔猪，使腹部面向手术者。手术者洗手消毒后，不再参与抓猪，以免造成污染。

④ 【消毒手术部位】
　　手术者先用碘酊消毒阴囊和腹股沟，然后用酒精棉球脱碘。如果条件允许的话最好能肌注镇静剂。

⑤ 【将坠落阴囊的肠管挤回腹腔】
　　顺着腹股沟，用拇指和食指将肠管从阴囊挤回腹腔，以免手术时划破肠管。

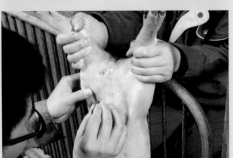

⑥ 【切开阴囊和腹股沟皮肤层】
　　在腹股沟隆起处作一小型切口，切开皮肤层即可，随后提起阴囊皮肤层，用手术刀片尖端挑破皮肤层，防止刀片割破阴囊总鞘膜。

⑦ 【挤出睾丸，用捻转法拧紧总鞘膜】
　　用拇指和食指将睾丸挤出后，首先分离总鞘膜与周围组织，然后用捻转法将总鞘膜拧紧，防止肠管再次坠落阴囊。

⑧ 【用止血钳夹紧总鞘膜，切除剩余睾丸】
　　止血钳尽量往睾丸一侧夹紧，切除睾丸时要保证止血钳能夹紧总鞘膜。

实践课堂学操作

(9)【利用止血钳将总鞘膜从腹股沟开口处穿出】

　　这一步是影响手术成功的关键。总鞘膜从腹股沟隆起处穿出时，止血钳一定要顺着腹股沟皮肤层穿行，最好能用手指顶着止血钳尖端。穿出后再用止血钳夹紧鞘膜。

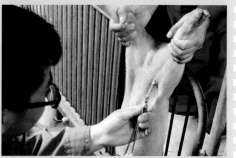

(10)【结扎总鞘膜】

　　①结扎前确保肠管已经挤回腹腔，结扎位置尽量靠近体腔一侧。
　　②缝合针应从鞘膜中间穿过，绕鞘膜半圈后打结，接着绕鞘膜另半圈打结，最后绕鞘膜两圈打结。

(11)【割掉结扎线外多余的鞘膜、血管和精索】

　　割除多余的鞘膜、血管和精索后，用止血钳将总鞘膜送回腹腔。

(12)【去除另一睾丸】

　　①单侧阴囊疝则采用去势的方法去除另一睾丸。
　　②双侧阴囊疝则重复以上所有步骤。

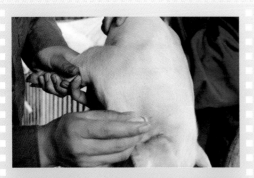

⑬ **【消毒伤口及肌注抗生素】**
　①在切口处涂抹青霉素。
　②用鱼石脂涂抹伤口。
　③仔猪肌注长效抗生素。

⑭ **【检查手术是否成功】**
　　将仔猪放回栏内后，30分钟内应检查仔猪状况。若发现仔猪不能站立或远离群体，则应检查腹股沟处是否有隆起。若有，则可能肠管外漏，手术失败。

⑮ **【清理清洗手术工具】**
　　对使用过的手术工具进行清洗，处理阉割后的物品。

腹股沟钝性分离法

① **【准备手术工具】**
　　①工具：手术刀片、止血钳、缝合针/线、卫可、碘酊、鱼石脂、注射器、镇静剂、青霉素、记号笔。
　　②准备工作：配置消毒液并消毒工具，配备镇静剂/青霉素待用，缝合针/线最好先穿好先待用。

实践课堂学操作

② 【再次检查阴囊疝仔猪】

通过检查仔猪睾丸大小、触摸阴囊、观察腹股沟隆起、按压仔猪腹部等方法可以综合判断阴囊疝仔猪。

③ 【助手固定仔猪，手术者洗手消毒】

助手倒提仔猪，使腹部面向手术者。手术者洗手消毒后，不再参与抓猪，以免造成污染。

④ 【消毒手术部位】

手术者先用碘酊消毒阴囊和腹股沟，然后用酒精棉球脱碘。如果条件允许的话最好能肌注镇静剂。

⑤ 【在腹股沟作纵行切口】

在腹股沟突起部位作纵行切口，注意切口时力度不用过大，能切开皮肤层即可，以免切破白膜。

⑥ 【钝性分离皮肤层、肌肉层和鞘膜】

用刀片钝端小心分离皮肤层、肌肉层，操作时应注意观察分离的各层结构，切勿划破包裹睾丸的鞘膜。

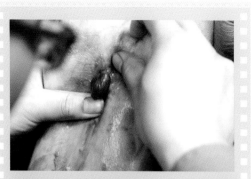

⑦ **【将睾丸及包膜从切口处挤出】**

　　用大拇指和食指放在有疝气的一侧挤压皮肤，将睾丸挤出后应慢慢将韧带分离开。

⑧ **【用捻转法将肠道挤会腹腔】**

　　挤出睾丸后用捻转的方法将肠管挤回体腔，并用止血钳夹紧鞘膜。

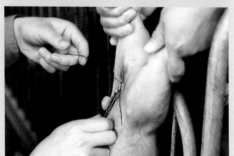

⑨ **【结扎总鞘膜】**

　　①结扎前确保肠管已经挤回腹腔，结扎位置尽量靠近体腔一侧。

　　②缝合针应从鞘膜中间穿过，绕鞘膜半圈后打结，接着绕鞘膜另半圈打结，最后绕鞘膜两圈打结。

⑩ **【割掉多余的总鞘膜】**

　　割掉结扎线外多余的鞘膜、血管和精索后，用止血钳将总鞘膜送回腹腔。

实践课堂学操作

⑪ **【缝合肌肉层】**
　　肌肉层采用连续缝合的方法。

⑫ **【在切口处涂抹抗生素】**
　　一般涂抹青霉素即可，阿莫西林更容易结块。

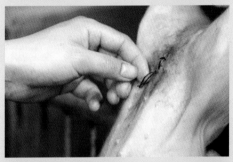

⑬ **【缝合皮肤层】**
　　皮肤层采用结节缝合的方法。

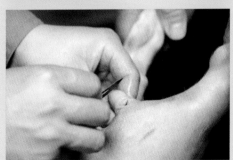

⑭ **【去除另一侧睾丸】**
　　对于单侧阴囊疝采取去势的方法摘除另一睾丸，对于双侧阴囊疝，重复以上步骤。

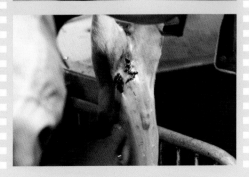

⑮ **【消毒伤口及肌注抗生素】**
　　鱼石脂涂抹伤口能够最大程度地隔绝外界污物（尿液和粪便）与伤口的直接接触，同时也能达到止血和消毒的作用。手术结束后应该给仔猪注射长效抗生素。

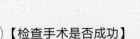

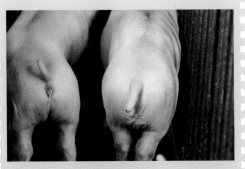

(16)【检查手术是否成功】

　　将仔猪放回栏内后，30分钟内应检查仔猪状况。若发现仔猪不能站立或远离群体，则应检查腹股沟处是否有隆起。若有，则可能肠管外漏，手术失败，应及时采取阴囊疝补救措施。

(17)【清理清洗手术工具】

　　对使用过的手术工具进行清洗，处理阉割后的物品。

实践课堂学操作

一问一答

为什么要对疝气猪去势？

　　疝气猪如果未及时发现，误当正常仔猪去势，则会引起肠管外泄，不及时处理会导致仔猪死亡。如果不去势，在保育育肥阶段会出现掉包，成年后公猪肉质有异味，极大程度上影响猪只肉质和售价。因此大部分猪场会选择在产房阶段对仔猪进行疝气手术。

阴囊疝手术时间需要在什么时候进行？

　　产房阴囊疝手术最好选择在10日龄左右进行，日龄过早，容易导致鞘膜裂开，肠管易漏出，手术失败的可能性较大。如果日龄过晚，特别是有些猪场延迟到保育舍，给猪只造成的应激较大，难以愈合，增加病原感染的机会，影响猪只的生长速度。

阴囊疝手术失败的常见原因有哪些？

　　阴囊疝手术失败的常见原因有以下几点。
①钝性分离时割破鞘膜。
②鞘膜结扎失败。
③手术过程中破坏鞘膜的完整性。
④伤口缝合不到位。

小结

　　阴囊疝手术时需要手术者快速、高效地分离睾丸、结扎鞘膜并缝合，以减少仔猪的痛苦。在实际生产过程中，如果在腹股沟处分离睾丸、结扎脐带和缝合伤口，需要较长的时间，且伤口大需要多层缝合。如果在阴囊处分离睾丸，在腹股沟处结扎鞘膜可以节省时间，而且睾丸易分离，伤口小，无须多层缝合。

惊喜在这里

扫一扫加入

猪海拾贝互动社区

打开哼哼会APP扫描

第五章

保证母仔猪健康

母猪产后子宫炎的检查和评估

本节疑惑

引起子宫炎的主要因素？

如何检查和评估母猪产后子宫炎？

如何预防和治疗母猪产后子宫炎？

胎衣

正常情况下，胎衣会在母猪产后1~3小时内排出。若胎衣在子宫内停留过久，甚至出现腐烂，会导致子宫炎症的发生，因此要及时发现和处理胎衣未下的母猪。

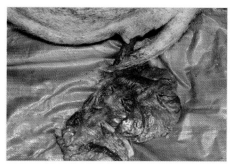

正常排出的胎衣无腐败，无异味

产后1天陆续排出胎衣碎片

恶露

正常情况下，母猪产后3~4天会不断流出乳白色的恶露。如果恶露持续到5天及以上，并出现浓乳白色、黄色或血色恶露，则表明母猪子宫存在炎症的现象，因此兽医要及时采取措施进行防治。

恶露排出的颜色正常

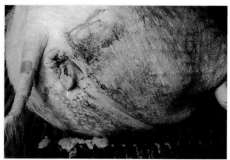

恶露排出的颜色异常，应作为子宫炎处理

引起母猪子宫炎的主要因素

猪场母猪子宫内膜炎的发生可以发生在猪场生产操作的各个环节，包括公猪舍、配种舍、怀孕舍和分娩舍。

引起子宫炎的主要原因

生产操作环节	引起子宫内膜炎的常见操作问题
精液采集	公猪积尿残留
	包皮阴毛过长
	采集过程不戴手套
精液稀释	精液稀释过程存在病原菌污染
	精液稀释用水不卫生
	没有对公猪精液病原菌进行例检
发情检查	发情检查时查看阴户时手法不对，带入病原菌
人工授精	输精管随意拿捏，不卫生
	润滑剂存在病原菌污染
	输精过程中损伤产道及子宫颈
妊娠检查	对于流产的猪只没有及时发现和处理
产前准备工作	临产前母猪后躯不卫生
	临产前产床卫生环境差
产仔监控	输精管随意试探母猪产道的产仔情况
	徒手人工助产，不戴一次性长臂手套
	对于产死胎和木乃伊的母猪没有及时输液预防
	在分娩过程中无视母猪产道或阴户的损伤
	对于难产的母猪处理方法不合理
产后子宫问题的识别与处理	胎衣不下的母猪没有及时发现和处理
	没有观察母猪恶露的异常情况
	没有对产死胎、木乃伊和难产的母猪进行保健
	子宫炎的判断不准确或时间过晚
	没有对子宫炎的母猪进行跟踪治疗
	产后3天产床卫生环境差

① 【分娩后观察胎衣的排出情况】
　　①清点胎衣，若胎衣已经排完，则在接产记录表上记录。
　　②若产后3小时胎衣未下，建议阴户注射前列腺素，同时静脉滴注缩宫素，促进胎衣的排出。

② 【检查排出胎衣的颜色和气味】
　　产后3小时后若有胎衣陆续排出，工作人员应检查胎衣的颜色和气味。正常胎衣应该新鲜、无腐败、无异味；异常胎衣则出现腐败和异味。

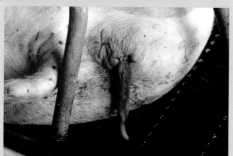

③ 【观察母猪的行为】
　　产后一周兽医应该检查母猪的采食、饮水是否正常；哺乳情况是否正常，仔猪有无消瘦、疾病等情况；母猪的精神状况和眼粘膜的颜色是否正常。一旦发现异常及时测量母猪体温。

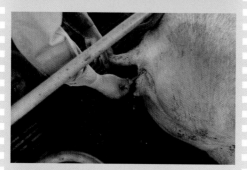

④ 【检查恶露】
　　①正常：持续3~4天，乳白色恶露。
　　②异常：持续5天及以上，浓乳白色、黄色或血色恶露。

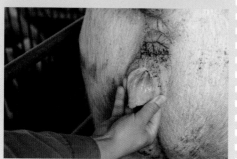

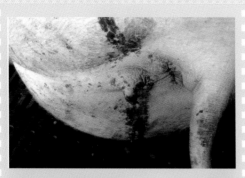

⑤ **【子宫炎的评估】**

①经处理后，胎衣仍未排完或间断地排出胎衣碎片并出现腐败和异味，应作为子宫炎进行处理。

②5天及以上，恶露的颜色出现异常应判定为子宫炎。

③产后母猪的行为表现异常，体温升高，则重点留意母猪子宫炎问题。

⑥ **【子宫炎的防治】**

母猪产后子宫内膜炎的防治主要是应用抗菌消炎药物，防止病原菌感染扩散，同时清除子宫腔内渗出物并促进子宫收缩。各猪场应在猪场病原菌种类和耐药性的指导下制定合理的治疗方案。

⑦ **【记录和跟踪治疗】**

记录子宫炎的用药时间、药名和剂量，以便跟踪治疗，否则会出现慢性子宫炎或断奶后继续流脓的现象。

一问一答

如何判定母猪产后子宫内膜炎？

　　母猪产后子宫炎的判断主要依据母猪的行为状态，母猪胎衣和恶露的持续时间、颜色和气味等综合判断。如果母猪胎衣在产后3小时内未排完且出现腐败的迹象，应按子宫炎的标准进行治疗；如果恶露持续5天及以上或恶露的颜色异常，也应该按照子宫炎的标准进行治疗。

产房母猪子宫内膜炎如何治疗？

　　母猪产后子宫内膜炎的防治主要是应用抗菌消炎药物，防止感染扩散，同时清除子宫腔内渗出物并促进子宫收缩。对于病畜可以直接向子宫内注入或投放抗菌药物，也可用温热的、非刺激性的消毒液冲洗子宫，反复冲洗几次，尽可能将子宫腔内容物冲洗干净。以下是猪场常用的治疗子宫内膜炎的两种方案（仅供参考）。
　　方案一：静注阿莫西林或头孢；冲洗：青霉素+链霉素+鱼腥草+生理盐水；冲完后1小时肌注缩宫素。
　　方案二：肌注左旋氧氟沙星；冲洗：0.1%高锰酸钾冲洗2~3次后用生理盐水清洗；1小时后肌注缩宫素。

如何预防产房母猪子宫内膜炎？

　　①在分娩过程中对于每头母猪进行抗生素输液，可以有效的降低产后子宫炎的发生比例。在猪场管理中有数据表明，执行产程抗生素输液可以将子宫内膜炎的比例由50%下降到10%以内。同时在产前7天和产后7天在母猪饲料中添加抗菌药物，如阿莫西林粉，也可很好的预防子宫内膜炎、乳房炎的发生。
　　②产后对于胎衣不下的母猪，可以阴户注射氯前列醇和使用缩宫素输液，促进子宫收缩和排出子宫腔内容物，直到胎衣下完为止。

小结

　　母猪子宫内膜炎可发生在养猪生产的各个环节。正常情况下，其发生比例一般能控制在10%左右。如果生产流程管理过于疏忽，操作环节不规范、不卫生，会进一步导致猪场子宫内膜炎的发生比例偏高（≥20%）。母猪子宫内膜炎偏高会影响猪场的经济效益，导致母猪的非生产天数增加、发情配种率降低、返情流产比例升高。因此，猪场及时检查和评估母猪产后子宫炎的发生时间和比例，进而提早治疗和采取措施，并从根源上杜绝猪场子宫炎的发生。

惊喜在这里

扫一扫加入

猪海拾贝互动社区

打开哼哼会APP扫描

2 母猪乳房问题的识别和处理

本节疑惑

产房母猪常见乳房疾病的症状有哪些？

哪些环境和管理因素可引起乳房问题？

如何预防和治疗母猪乳房问题？

常见乳房疾病及症状

（1）乳房炎

可能是由一系列病原引起，在发病期间，母猪的乳腺会出现明显的病变，并表现出红、肿、热、痛的症状，在生产中容易识别。乳房炎的发生经常和子宫内膜感染有关。

（2）乳房水肿

是分娩前后母猪普遍存在的一种生理现象，其特征是乳腺间质组织液体过量蓄积，压迫乳腺组织，表现为乳房浆液性水肿，使母猪乳房看上去光亮、肿胀。一般不需要处理，产后会逐渐恢复，但乳房水肿时间过长可能会发展成乳房炎和无乳症。

（3）泌乳缺乏

是母猪产后常见的乳房问题，主要表现为母猪乳汁减少或无乳，拒绝哺乳，仔猪消瘦。可能由母猪的乳腺发育、营养、环境、生产管理和疾病等因素引起。

乳房炎、乳房水肿和泌乳缺乏之间的关系很复杂，相互之间存在一定的影响与转化。乳房炎或乳房水肿可能会引起泌乳缺乏，乳房水肿也可继发乳房炎的发生。

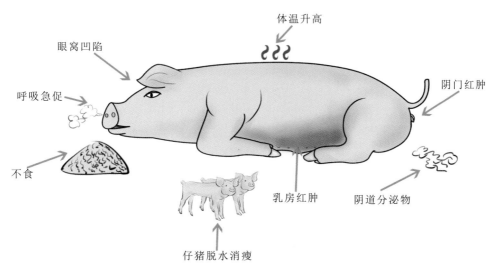

母猪产后乳房炎，无乳症和子宫炎的临床症状

引起乳房问题的环境和管理因素

引起产房母猪乳房问题的常见因素

乳房问题	乳房炎	泌乳不足/减少	乳房水肿
环境因素	产房环境卫生情况差		
	环境性病原（金黄色葡萄球菌、大肠杆菌、酵母菌）		
	分娩前后一周母猪后躯、腹部和乳头卫生差		
	栏舍结构地面等刮伤乳房	温度过高，采食量下降	地面湿度太大，母猪长期侧卧乳房的血液循环出现障碍，渗透压改变
		各种刺激、应激环境导致激素分泌机能紊乱	
管理因素	产前产后乳房问题没有及时检查和处理		
	霉菌毒素引起内分泌失调、免疫能力下降		
	分娩前饲喂量过高	妊娠中期饲喂过多产后采食量降低	分娩前饲喂量过高
	仔猪咬伤乳头	产后一周饮水不足	
	子宫炎、无乳症和乳房水肿继发	乳房炎、无乳症继发	妊娠后期运动量少
		初产母猪配种过早乳房发育不全	

走进课堂
图文释惑

如何预防和治疗母猪乳房问题

　　哺乳阶段常见母猪乳房问题有乳房炎、泌乳减少或不足、乳房水肿。母猪乳房问题的发生与很多生产因素有关，应该以预防为主。针对已经发生的乳房疾病需根据产房"治疗方案"进行治疗。

乳房炎的预防与治疗

乳房问题	预防措施	治疗方案
乳房炎	① 保持分娩前母猪合适的体况（3~3.5分），分娩前3d适当控制采食量。 ② 分娩前后一周保持母猪躯体干净，腹部乳头清洁以及产床卫生。 ③ 分娩前后一周饲料中添加阿莫西林粉或注射盐酸土霉素。 ④ 仔猪出生后剪牙，防止其咬伤母猪乳头。 ⑤ 分娩前后检查母猪的乳房问题。 ⑥ 预防子宫炎引起的乳房炎。	① 全身疗法：抗生素全身治疗是主要的治疗方式，比如，青/链霉素，恩诺沙星，阿莫西林，嘧啶类药物都具有良好的效果。 ② 局部封闭疗法：普鲁卡因、青霉素在乳房基部进行分点注射。 ③ 热敷按摩法：对于慢性乳房炎可以热敷并结合按摩，促进乳腺功能的恢复，但急性乳房炎不能热敷。 ④ 中药治疗：清热解毒，消肿止痛，活血舒筋，镇痉抗菌类中药。 ⑤ 严重情况下，对仔猪进行寄养，人工挤去乳汁，局部涂10%鱼石脂软膏，并采取进一步的治疗措施。

走进课堂
图文释惑

无乳问题的预防与治疗

乳房问题	预防措施	治疗方案
泌乳不足与无乳	①日常饲喂全价易消化饲料，适量添加青绿多汁饲料，保证母猪适量运动。 ②根据淘汰标准及时淘汰无乳或泌乳性能差的母猪。 ③母猪产后提供充足的饮水，同时防止产前便秘和产后不食引起的母猪泌乳不足。 ④按照哺乳母猪饲喂标准进行操作，注意防暑降温，提高母猪的采食量。 ⑤分娩前后一周饲料中添加阿莫西林粉，预防疾病感染引起无乳。 ⑥提前预防因乳房炎和乳房水肿引起的无乳症。 ⑦防止饲料中霉菌毒素污染，导致内分泌紊乱，泌乳减少。 ⑧妊娠中期（70~90d）保持合适的体况，促进乳腺细胞的发育。 ⑨分娩前后一周保持母猪躯体干净，腹部乳头清洁以及产床卫生 ⑩初产母猪不要早配，防止乳腺发育不全。	①激素治疗：催产素进行治疗，每隔4h，肌肉注射30~50IU催产素，连续注射3d。 ②中药治疗：中草药催乳的药方很多，可根据当地具体条件选用，如黄芩，穿山甲，王不留行，益母草，柴胡等催乳中药。 ③抗生素治疗：对于乳房炎、子宫炎等疾病引起的泌乳不足或无乳，需要广谱抗生素进行全身治疗。 ④在母猪的泌乳功能恢复正常之前，需用人工哺乳。情况严重的母猪，需要对仔猪进行寄养。

哼哼课堂趣味多

乳房水肿的预防与治疗

乳房问题	预防措施	治疗方案
乳房水肿	①适当加强母猪运动能促进血液循环。 ②饲喂平衡优质的全价饲料，有效防止母猪营养不良，减少便秘的发生。 ③添加霉菌毒素吸附剂，减少霉菌毒素造成的影响。	大部分乳房水肿产后可逐渐消肿，不需要治疗。如果由于母猪乳房水肿进一步引起无乳症和乳房炎，则需进行抗生素治疗。

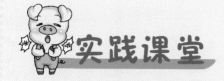

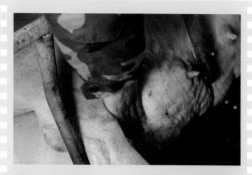

① 【分娩前后检查母猪乳房】

分娩前后每天两次检查母猪乳房。

② 【观察母猪乳房症状及行为表现】

①观察母猪乳房或腹部是否有红、肿、热、痛等现象。如果有则表明母猪乳房可能存在病原菌感染。

②观察母猪的哺乳是否正常，有无拒哺或出现整窝仔猪吃不饱或逐渐消瘦的情形。如果不正常则意味着泌乳缺乏或缺少乳汁。

③观察母猪后腹部或乳房皮下组织是否出现异常肿大和光亮的现象。如果出现异常可能为母猪乳房生理性水肿。

④检查母猪乳房是否有创伤，包括仔猪咬伤、地面磨蹭的机械性损伤等。如果有预示着母猪已经或将要受到疾病的感染。

⑤每天观察母猪眼黏膜、产后采食量是否正常，如果出现异常，预示可能有疾病。

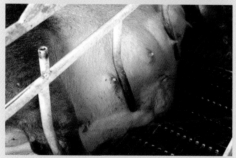

③ 【触摸乳腺组织】

一旦发现母猪乳房症状及行为表现异常，应进一步触摸母猪乳腺组织，确认乳房是否出现问题。正常乳腺组织坚实但不坚硬，如果乳腺组织出现坚硬以及红肿热痛的症状，则表明母猪可能患有乳房炎。

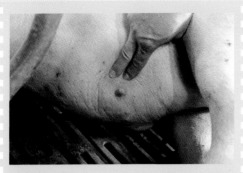

④【按压乳腺组织】

　　除了触摸乳腺组织外，还可以按压母猪乳腺组织来确定乳房问题。如果指压乳腺组织2秒，出现白皮且经久不恢复，则进一步暗示母猪存在乳房炎问题。如果指压后出现压痕且反弹很慢，表明母猪出现了乳房水肿。

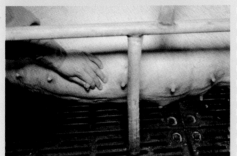

⑤【挤压母猪乳头】

　　用手挤压多数乳头不见乳汁或量很少，抑或稀薄如水，且母猪哺乳异常，则表明母猪存在泌乳缺乏或缺少乳汁。

⑥【测量体温】

　　一旦母猪出现异常，需要及时测量母猪体温。母猪的正常体温为38~39.5℃，但在分娩时会上升到40℃。体温超过40℃可能母猪乳房或子宫受到感染。

⑦【乳房问题的处理】

　　根据部门"治疗方案"对乳房炎、无乳症以及乳房水肿采取治疗和预防措施。

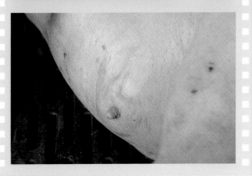

⑧【环境和管理因素分析】

　　乳房问题受到一系列环境和管理因素影响，这些因素与感染性因素以复杂的方式相互作用。当出现持续性问题时，需要调查这些因素，并作出相应改变来降低母猪乳房问题的发生率。

常见的乳房疾病及临床症状？

　　产房母猪常见的乳房疾病有乳房炎、无乳症和乳房水肿。乳房炎主要表现为红、肿、热、痛，触摸坚硬，按压有白皮。无乳症主要表现为母猪泌乳不足或缺乏，仔猪则表现饥饿、消瘦等。乳房水肿在母猪分娩前后比较常见，主要表现为乳房肿大，指压留痕，一般会随着母猪产后身体状况的恢复而逐渐消失。

引起母猪产后泌乳不足的因素有哪些？

引起母猪产后泌乳不足的因素有以下几点。
①母猪产后采食量低。
②母猪出现乳房疾病。
③产房卫生差。
④妊娠中期母猪采食量过高。
⑤乳房发育不全或哺乳阶段没有充分吮吸。
⑥各种应激以及霉菌毒素导致与母猪泌乳相关激素出现紊乱。

小结

　　猪场常见的乳房疾病包括乳房炎、乳房水肿和无乳症。乳房炎主要是由于乳头破损或细菌感染引起的炎症；乳房水肿主要与分娩前后母猪营养水平不均衡、运动量减少等导致母猪乳房血流量减少，引起乳房浆液性水肿；无乳症又称泌乳失败，是产后母猪多发的疾病之一，通常与营养、环境、管理、疾病等因素有关。这三者关系复杂，存在相互转化的可能，因此产房母猪乳房问题要及时发现和处理以免进一步恶化。

惊喜在这里

扫一扫加入

猪海拾贝互动社区

打开哼哼会APP扫描

3 仔猪剪牙

本节疑惑

产房仔猪是否需要剪牙？

仔猪剪牙的技术操作要点有哪些？

如何减少仔猪剪牙后感染的风险？

仔猪剪牙的利与弊

　　仔猪出生时一般都有8颗锋利的犬牙，如果没有及时将出生仔猪的犬牙剪掉，可能会刮伤母猪乳房和乳头，导致母猪乳房发炎，甚至因为疼痛拒哺和压伤仔猪。同时仔猪之间因为吃乳竞争而发生争斗，如果没有及时剪掉犬牙，很容易导致仔猪面部感染病原菌，特别是后期感染环境性病原，如金黄色葡萄球菌，很容易导致仔猪死亡。但对于仔猪来说，剪牙会增加仔猪的应激，同时还会降低仔猪的吮吸能力，甚至由于不规范的剪牙操作会直接破坏仔猪的牙床，导致病原菌感染。

需要剪牙的仔猪

　　考虑到仔猪本身的福利以及产房仔猪饲养管理的诸多因素，建议在剪牙前观察仔猪的吃奶情况，如果该窝仔猪出现母猪乳房和仔猪面部的伤害，最好对该窝仔猪进行剪牙，反之可以不执行剪牙程序。值得注意的是，对于那些吮吸能力弱的仔猪或弱仔，则不能进行剪牙操作。除此之外，饲养员若发现母仔猪在哺乳后期出现不同程度地咬伤，则应考虑剪牙。

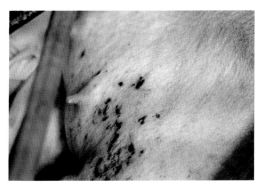

母猪腹部被咬伤

仔猪剪牙的最佳时间

　　产房仔猪剪牙最好控制在仔猪出生后6~24小时内。因为6小时前仔猪没有获得足够的初乳易感染，同时也会降低仔猪吮吸初乳的能力，24小时之后，特别是出生3天后，由于仔猪生长较快，此时剪牙会增加对仔猪的应激，同时会增加母仔猪受感染的机会，弱仔建议不剪牙或延迟剪牙。

剪牙与磨牙的区别

　　利用剪牙钳能够快速地剪掉犬牙2/3的长度，但容易导致牙床出血，易感染病原菌；磨牙只能磨掉犬牙的尖端部分，而且需要耗费较长的时间，但不会导致牙床出血，不易感染病原菌。

剪牙速度快，伤害大

磨牙速度慢，伤害小

实践课堂

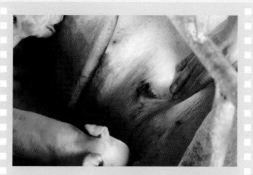

① 【确定剪牙仔猪】

　　根据母猪乳房咬伤以及仔猪面颊打斗受伤的程度确定是否需要剪牙。剪牙最好在产后6~24小时内进行。同时将仔猪提前关进保温箱，一方面有利于抓取仔猪，另一方面有利于区分剪牙和没有剪牙的仔猪。

② 【固定仔猪】

　　①方法一：拇指和食指伸到仔猪嘴角，抵住上下颚，使嘴张开，并压住舌头；余下的手指支撑整个仔猪的头部，使仔猪的头偏向方便操作的一边。

　　②方法二：对于过重的仔猪，用拇指和食指伸到仔猪嘴角，抵住上下颚，使嘴张开，然后操作者呈坐立姿势，让仔猪的身体重量承受在操作者膝盖上。

③ 【剪牙】

　　为了保证剪牙后牙床的平整，并防止剪碎牙齿，需要剪牙操作者掌握如下技巧。

　　①狠：力度要大，同样也是防止产生碎牙。

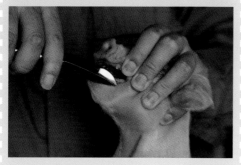

②快：剪牙速度要快，防止剪碎牙齿。

③平：剪牙钳与上下颚平齐，避免剪出锐利的边缘（左图为不规范操作）。

④【检查剪牙效果】

用手指触摸牙齿的剪切部位，检查有无锋利的边缘或残留的碎片，并检查牙龈是否出血。如果牙齿碎裂，应及时剪掉碎牙；若牙龈出血或剪坏牙床，应及时用棉球蘸取少量消毒液进行消毒处理。

⑤【消毒剪牙钳】

在执行下一次剪牙操作前，应将剪牙钳浸泡在消毒液中进行消毒处理，防止病原菌的传播。

⑥【清理剪牙工具】

剪牙操作完全结束后，要及时清理剪牙钳上残留碎牙并作消毒处理。

实践课堂学操作

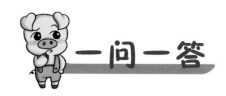

如何减少仔猪剪牙过程中病原菌感染的风险？

①剪牙钳使用前后清洗消毒。
②剪牙钳锋利无缺损。
③操作规范，勿损伤仔猪牙龈和牙床。
④仔猪之间剪牙需要消毒剪牙钳。

剪牙需要注意的安全事项？

①抓猪时防止被母猪咬伤。
②剪牙时犬齿碎片可能会飞溅到操作者眼睛。
③切勿伤到仔猪牙龈和舌头。

剪牙的技术操作要点有哪些？

①剪牙钳要与仔猪的上下颚平齐。
②剪牙速度要快，力度要大。
③剪牙时不能剪坏仔猪的牙床。

小结

　　产房仔猪是否需要剪牙应根据母猪乳头以及仔猪面部咬伤严重程度来确定。如果仔猪需要剪牙最好能够在吃足初乳后才执行剪牙，否则会影响仔猪吃初乳。剪牙时需要掌握好剪牙的技术操作要点，以免剪坏牙床，增加疾病感染的风险。

惊喜在这里

扫一扫加入

猪海拾贝互动社区

打开哼哼会APP扫描

4 仔猪断尾

本节疑惑

仔猪为什么需要断尾？

引起仔猪咬尾的因素有哪些？

仔猪断尾的技术操作要点有哪些？

哼哼课堂

仔猪断尾的必要性

　　仔猪断尾作为猪场的一项常规操作，大约80%的规模化猪场都要进行该项操作流程。这主要考虑到仔猪断尾后能减少保育育肥舍猪只的咬尾现象。英国养猪委员会和皇家防止虐待动物协会（RSPCA）在2009年进行的调查所报告的猪咬尾发病率为4%。同时Cambac（英国一个养猪研究联合体）调查4万多头断尾猪后得出结论，没有断尾猪（9.4%）发生咬尾的概率约是断尾猪（3.3%）的3倍。

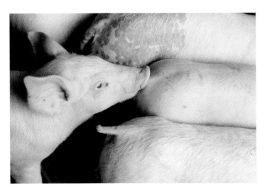

保育猪咬尾

走进课堂
图文释惑

仔猪断尾的经济效益

　　咬尾猪只中3%~5%的猪只可能连续几周生长和健康受到影响，其中1%的猪因伤害太重而死亡，1%的咬尾问题猪在屠宰时被废弃。以这样的发病率，一个300头母猪群因咬尾导致每头母猪的年毛利损失为4.4%（约140头猪），这还不包括因此产生的治疗、护理、隔离和体重下降导致的损失。

哼哼课堂趣味多

引起猪只咬尾的因素及其重要性分级

咬尾因素及其重要性分级

咬尾因素	重要性分级
饲养密度过大	60%
未及时转走病猪	60%
通风不良（通风量太低）	50%
通风口位置设置不合理	50%
猪只无聊	50%
温度波动大或湿度过高	40%
夜晚贼风	40%
饲料中食盐含量不合理	20%
饲料中矿物质和微量元素含量不合理	20%
饮水质量差或水供应不足	20%
遗传因素	20%
栏舍地板类型差异	20%
混群时猪只大小不均匀	18%
料槽设计不合理	15%
有害气体浓度过高	15%
饲料适口性差	15%
猪栏布局设计不当，造成猪好斗	10%

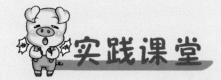

① **【预热电热断尾钳】**

　　①时间：约5~10分钟，经验丰富的饲养员可以用手背距电热断尾钳2厘米处感受其热度有微烫感，即可开始断尾工作。

　　②安全：电热断尾钳需要放在人和猪不易接触的地方，以免烫伤。

② **【将仔猪关进保温箱】**

　　仔猪吃饱初乳后可以进行断尾工作，遇到弱小的仔猪需要延迟断尾。

③ **【固定仔猪】**

　　左手倒提仔猪，使仔猪尾巴偏向断尾钳一侧。

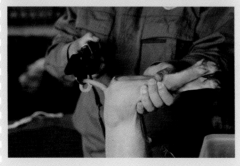

④ **【断尾】**

　　①长度：商品猪统一剪短为2.5厘米，种猪剪短为尾巴长度的2/3。

　　②方法：将适当长度的尾巴放入断尾钳凹槽中，利用断尾钳高温缓慢将尾巴熔断。

实践课堂学操作

5 【检查仔猪尾巴断口是否融合】

　　一般仔猪尾巴断口处会出现被高温烫熟的一轮白圈。如果没有该现象，说明断尾操作过快或断尾钳温度不够，这样会导致仔猪断尾一段时间后出现出血现象，容易引起感染。

6 【完成所有仔猪的断尾工作】

　　注意断尾操作后的仔猪最好放到栏内让其吮吸奶水，这样可以很大程度上降低仔猪断尾引起的疼痛感和应激。

7 【检查仔猪尾巴是否流血】

　　断尾工作结束后，要整体检查下每窝仔猪中是否出现仔猪流血的现象，若有则立即用高温的断尾钳将其断口融合。

8 【清理】

　　断尾工作结束后，需要将断尾钳上残留的皮毛清除掉，并将高温的断尾钳放在安全区域冷却，注意防止烫坏电线。

仔猪断尾的方法有哪些？

　　仔猪断尾的方法有很多，规模化猪场最常用的是电热断尾钳，这样可以减少因为断尾引起的感染。部分猪场可能采取其他简易方式，如用剪刀直接剪断，再用高锰酸钾消毒，也有用橡皮筋等工具阻止仔猪尾部血液循环而导致仔猪尾巴脱落，但这些方法容易导致仔猪尾部出血或感染病原菌，建议不作为猪场的常规断尾方式。

仔猪断尾需要注意哪些安全事项？

　　使用电热断尾钳对仔猪断尾时应注意将电热断尾钳放在安全的位置，防止高温烫伤工作人员或猪只，其次断尾时要注意断尾的长度，防止剪到仔猪的尾椎，引起仔猪脊椎感染。除此之外，需要注意电路安全。

安全放置断尾钳

小结

　　猪群密度、空气质量、饲料营养等异常都会引起猪只咬尾，一旦出现群体咬尾情况就很难控制。因此，仔猪断尾作为产房的一项常规操作可以有效地减少猪只在保育育肥阶段出现咬尾的现象。仔猪断尾时要确保仔猪尾巴长短合适，断尾后不出现流血、感染发炎等现象。

惊喜在这里

扫一扫加入

猪海拾贝互动社区

打开哼哼会APP扫描

第六章

减少母猪体况损失

1 产房哺乳母猪的饲喂

本节疑惑

产房母猪饲喂影响哪些生产目标？

如何建立产房母猪饲喂标准？

夏季提高母猪采食量的方法有哪些？

产房母猪的饲喂对分娩舍生产成绩的影响

　　产房母猪的饲喂对母猪和仔猪的生产性能以及断奶后母猪的繁殖性能都有很大影响。因此这一工作所花费的时间和努力会显著影响猪场的收益。母猪饲喂的目标是尽量减少死胎，提升乳房健康状况，保证丰富的初乳和乳汁供应，从而获得较快的仔猪生长速度和较高的断奶重。另外，母猪在哺乳期损失的体重和背膘会直接影响断奶至配种间隔、受胎率和产仔数。因此产房母猪饲喂的另一个重要目标是通过提高哺乳期总的饲料摄入使母猪的体重和背膘损失最小。

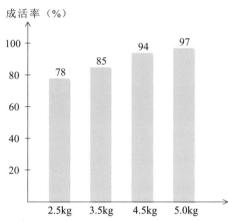

产房母猪饲喂对仔猪断奶成活率的影响

产房母猪饲喂影响母猪的体重损失与繁殖性能

指标	饲料摄入量（kg/头·d）					
	1.5	2.2	2.9	3.2	4.3	5
泌乳期失重（kg）	44.5	30.8	27.4	19.6	15.8	9
泌乳期背膘损失（mm）	8.9	7.1	6.4	5.7	4.2	4
断奶到再发情时间（d）	29.8	32.4	23.6	16.4	15.5	11.4
断奶后8d内母猪发情率（%）	8.3	33.3	50	58.3	58.3	83.3

产房母猪饲喂标准的建立

　　产房母猪饲喂标准主要体现在饲喂时间和饲喂量方面。饲喂时间应该根据每天的饲喂次数和季节变化进行确定。哺乳期饲喂量的标准不能停留在自由采食的层面上，因为这很有可能演变为随意采食，应根据哺乳期间各阶段的采食特点及采食量进行饲喂。

（1）确定饲喂时间

常规 上午：7:30—8:30，中午：10:30—11:30；下午：16:00—17:00（饲喂3次/天）。

夏季 上午：6:30—7:30，中午：10:00—11:00，下午：16:00—17:00；晚上：21:00—22:00（饲喂4次/天）。

（2）建立哺乳期饲喂量标准（供参考）

由于母猪饲喂量与猪只品种，体况，饲料营养配方，产仔数等诸多因素有关，因此在母猪饲喂量方面可能存在差异。除此之外由于多样化的饲养策略对哺乳母猪的采食量也有很大的影响。

①产前母猪逐渐减料。

方案一：在正常体况下，进入产房后（产前4~14天）每天饲喂3~3.5千克/天，产仔前三天逐渐减料至1.8千克／头／天。

方案二：按照背膘结合体况喂料（背膘小于17毫米，日喂料量3千克；背膘17~21毫米，日喂料量2.5千克；背膘大于21毫米，日喂料量2.3千克）；产前两天开始减料，1.8千克/天/头。

②分娩当天不喂料。

产仔由于母猪不愿采食，可以不喂料，除非个别母猪站起来想吃料以补充体力时，饲喂0.9千克/天。

③产后1周恢复基础采食量。

产后5~7天应该逐渐恢复到基础采食标准3~3.5千克/天，不可暴饮暴食，加料过快。从分娩第2天开始饲喂2千克/天，在此基础上逐渐加料0.25千克/天，当母猪不愿站立时，应将其拍打起来采食。

④产后2周达到采食高峰期。

从产后第2周开始，每天逐渐增加饲喂量0.5千克/天，快速让哺乳母猪在产后12~14天达到采食高峰。

⑤产后3~4周（哺乳后期）以最高采食标准饲喂。

在哺乳后期以7千克及以上标准进行饲喂。在这一周如果母猪吃不饱，则增加饲喂量；吃不完，则保持上次的饲喂量，直到吃完；根本不吃，则检查母猪健康，尽可能使母猪恢复到采食高峰。

分娩舍母猪饲喂标准（推荐）

产仔前哺乳母猪饲喂标准（kg/d）

3.5	3	2.5	2	1.8	0	产前	−7	−6	−5	−4	−3	−2	−1	0

产仔后哺乳母猪饲喂标准（kg/d）

| 3.5 | 3.25 | 3 | 2.75 | 2.5 | 2.25 | 2 | 1.8 | 0 | 产后 | 0 | 1 | 2 | 3 | 4 | 5 | 6 | 7 | 8 | 9 | 10 | 11 | 12 | 13 | 14 | 15 | 16 | 17 | 18 | 19 | 20 | 21 |

母猪采食量的估计

①一般情况下，猪只采食量与猪只的体重，饲料的消化率以及环境温度有很大的关系。采食量（千克/天）=[0.013W/（1-消化率系数）]-[W（T-Tc）/1 000]，其中W为母猪体重（千克），T为舒适温度，Tc为环境温度。

②哺乳期母猪的采食量与妊娠期的食欲呈负相关，母猪哺乳期采食量（千克/28天）=240-0.2×（妊娠后期采食量），泌乳期采食量（千克/28天）=212-3.6P2，其中P2为背膘厚（毫米）。

③哺乳期间母猪的采食量与产仔数呈正相关。哺乳期采食量（千克/天）=0.033W0.75+0.7X，其中X为哺乳仔猪数。

母猪体重和产仔数对泌乳母猪采食量的影响

产仔数	母猪活重（kg）		
	140	180	220
8	6.9	7.2	7.5
10	8.3	8.6	8.9
12	9.5	10	10.3

走进课堂
图文释惑

确保母猪哺乳期间达到较高的采食量

①建立哺乳母猪饲喂标准，合理饲喂哺乳母猪，切忌随意采食。

②增加饲喂次数，哺乳期间每天饲喂3~4次有利于提高母猪的采食量。

③饲喂湿拌料而不只是干料，水料比3：1，采食量可提高10%~15%。

④提供充足的清洁饮水，水流速度2升/分钟，夏季保证饮水清凉。

⑤使环境温度处于母猪的最适温度18~21℃，夏季虽然很难做到，但可以通过防暑降温措施尽可能降低母猪的感受温度。

⑥使用高浓度能量日粮（>14兆焦耳可消化能/千克），尽量使用油脂，而不是淀粉提供能量。因为脂肪能更有效地提高能量，同时减少代谢产热。

⑦日粮中提供充足的、平衡的蛋白质。

⑧在天冷的时候饲喂可以每日多采食饲料1~2千克。

⑨控制妊娠期的饲喂量和膘情。

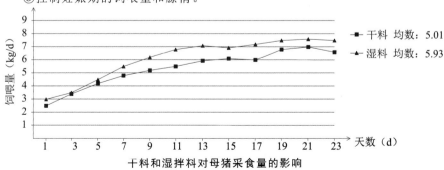

干料和湿拌料对母猪采食量的影响

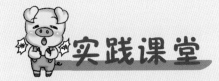

① 【确定哺乳母猪的饲喂量】

　　母猪上产床后要在产房显眼处粘贴哺乳母猪饲喂表，每次饲喂前查看哺乳母猪饲喂阶段和饲喂量。并根据母猪的膘情、带仔数等情况确定饲喂量。

② 【按时饲喂】

　　根据饲喂量、饲喂次数准备好哺乳母猪料，最好能够饲喂湿拌料，这能提高母猪的采食量，并在规定的时间内按时饲喂。

③ 【饲喂前检查料槽及饮水器】

　　饲喂前饲养员应关注料槽卫生，及时清理和清洗发霉发酸的残余饲料，同时检查饮水器的流速（≥2升/分钟）、高度和方向并观察水质是否正常。在炎热的夏季，产后3天最好能够用水管进行人工喂水。

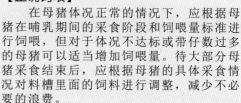

④ 【正确饲喂】

在母猪体况正常的情况下，应根据母猪在哺乳期间的采食阶段和饲喂量标准进行饲喂，但对于体况不达标或带仔数过多的母猪可以适当增加饲喂量。待大部分母猪采食结束后，应根据母猪的具体采食情况对料槽里面的饲料进行调整，减少不必要的浪费。

⑤ 【观察猪群并记录采食情况】

每天饲喂结束后需要在饲喂表上记录母猪当天采食量，对不采食或有问题的母猪需要及时处理或报告兽医。

⑥ 【及时清扫过道及产床卫生】

每次饲喂结束后需要及时清扫过道的卫生，同时在母猪采食期间清扫产床卫生，由于母猪站立可以节省很多清理卫生的时间。

⑦ 【清理料槽】

所有母猪采食结束后，需要对每个料槽的剩余饲料进行清理，防止饲料发霉发酸，影响母猪下次采食的适口性。

一问一答

产前为什么需要减料？

　　分娩前过量饲喂会使母猪在仔猪出生前产生过多乳汁而造成乳房阻塞充血，从而导致分娩中或分娩后乳汁分泌停止而造成泌乳缺乏或乳汁分泌不足。有些母猪由于采食量过多而胃肠道蠕动受阻，会加剧便秘现象。分娩前过量饲喂还会引起母猪难产，增加分娩过程中的死胎数。当然母猪在临产前几天，由于体内一系列激素调节与变化，母猪是不愿采食甚至不采食，因此没必要饲喂过多的饲料。

分娩当天是否需要喂料？

　　一般情况下，处于即将分娩的母猪是不愿采食的，因此不需要喂料，当然也有少数母猪会在产仔前吃少量饲料。如果母猪在分娩当天采食过多的饲料会导致母猪的胃肠道压迫产道，使产道变窄，不利于母猪的分娩。

产后一周需逐渐加料有哪些好处？

　　产后一周应该是母猪逐渐恢复体能的阶段，由于之前的分娩使母猪过度劳累和疼痛，胃肠道蠕动减弱，食欲不佳，因此这个阶段母猪一般只能采食较少的饲料。有经验的饲养员会逐渐增加母猪的饲喂量，即使母猪能够采食更多的饲料。因为急剧增加母猪的饲喂量，即暴饮暴食，会导致母猪在接下来的哺乳期间采食量提升不上去，甚至出现厌食的现象。

小结

　　哺乳阶段母猪的饲喂影响母仔猪的生产成绩，需要饲养员根据哺乳母猪饲喂标准进行饲喂，切勿暴饮暴食或是随意采食，影响母猪采食量的提高。饲喂过程中要确保母猪采食足够的哺乳料，以满足哺乳的需求，特别是产后几天需要精心的呵护，包括喂水喂料，使母猪尽快恢复到一个正常的采食量。

惊喜在这里

扫一扫加入

猪海拾贝互动社区

打开哼哼会APP扫描

2 计划断奶

本节疑惑

断奶对猪场生产计划有哪些影响？

如何做好断奶计划？

断奶计划的主要工作要点有哪些？

计算断奶日期

在连续生产的情况下，一栋产房会有不同分娩日期的哺乳母猪，一般相差3~5天不等，考虑到全进全出，因此断奶时需要将这些不同分娩日期的母猪同时断奶，因此需要根据母猪的平均断奶日龄来确定。母猪断奶日期=母猪平均分娩日期+断奶天数。

计算断奶日龄

分娩日期	3月2日	3月3日	3月4日	3月5日	3月6日
头数	3	5	4	5	2
平均分娩日期	$(2×3+3×5+4×4+5×5+6×2)/(3+5+4+5+2)=3.9$				
断奶天数	24				
断奶日期	27.9				

断奶前做好断奶计划

产前一周需要做好断奶计划，以保证生产计划的落实以及断奶工作的正常开展。

①和配种舍主管确定下一批临近分娩的母猪数。
②核实达到一定哺乳天数可以断奶的母猪数。
③确定一周需要断奶几次以满足临产母猪对产床的需要。必要的话可以改变断奶日龄，整断奶日期，确保有足够的产床安置临产母猪。
④和配种舍主管确定完成周配种目标所需要的断奶母猪数。
⑤计算需要淘汰的母猪数。

产房母猪淘汰标准

淘汰的主要目的是维持群体品质，改善群体生产性能，而断奶是评估母猪是否适合留下配种的最佳时机。每个公司的母猪淘汰标准略有差异，但淘汰原因归纳起来主要是由于身体状况、繁殖性能和疾病原因而遭到淘汰。

产房母猪淘汰原因及标准（推荐）

淘汰原因		参考淘汰标准
身体状况	跛脚或跛脚历史	出现肢蹄疾病，脓肿，跛脚，长时间瘫痪或久治不愈，严重影响生产的母猪
	体况差	体况严重消瘦，皮包骨，呕吐患慢性胃肠炎的母猪
繁殖性能	胎次高	已分娩7胎以上的老母猪
	产仔数低	连续2胎产子数少于6头
	死胎/弱仔比例高	连续2胎窝产死胎和弱仔高于公司的最低标准
	难产母猪	分娩间隔长，连续2胎分娩时间超过8h 剖腹产的母猪
	养育能力差	母性差，易压死仔猪，或有咬、吃仔猪恶癖的母猪
		乳头少于6对、发育不正常、有翻奶头或瞎奶头或副乳头、泌乳力差的母猪
		连续2次、累计3次哺乳仔猪成活率低于60%的母猪
疾病原因	子宫问题	存在严重或慢性子宫炎，恶露排不净，无法治愈的母猪
		死胎、胎衣排不净的母猪
		分娩时子宫脱出的母猪
	乳房问题	存在严重或慢性乳房炎，无法哺乳，经治疗无效的母猪
	其他疾病	患细小病毒、乙脑、伪狂犬等繁殖性疾病 多次疫苗接种无法产生抗体的母猪

走进课堂
图文释惑

计划断奶程序

断奶前做好断奶计划 → 选择淘汰母猪 → 核对断奶母猪信息 → 掉队仔猪的处理 → 清点和记录断奶信息 → 生成断奶清单 → 沟通断奶前的准备工作

计划断奶的工作内容

哼哼课堂趣味多

一问一答

断奶时选择淘汰的步骤有哪些？

　　断奶时淘汰母猪需要对母猪的身体状况、生产性能以及疾病恢复和治疗情况进行全面的评估，这一程序是"计划断奶"的一部分。
　　①检查母猪的健康状况：将母猪赶起来，识别由于腿或蹄部缺陷、身体受伤、疾病或体况极差而必须淘汰的母猪进行强制淘汰。
　　②检查母猪的生产性能：利用"淘汰标准规定"和母猪终身历史记录卡识别由于生产性能原因可能需要淘汰的母猪，再根据配种计划选择可能需要淘汰的母猪中最差的母猪进行适当的淘汰。
　　③根据公司猪标记方案标记淘汰的母猪，在分娩卡上注明淘汰，并写明淘汰原因。

该头母猪体况过瘦，应该饲养一个情期后再进行配种

如何选择断奶日龄和次数？

　　产房仔猪断奶可以选择在产后16~28天之间进行，过早或过晚断奶都会影响母仔猪的生产成绩和健康。规模化猪场一般选择在24~28日龄断奶，但有些猪场会根据猪场的实际情况进行调整，提前或延迟断奶日龄，18日龄前断奶的方式叫早期断奶。

掉队/弱小仔猪如何处理？

①掉队仔猪在公司制度允许的情况下可以寄养到下一批断奶的母猪窝中。

②弱小仔猪则需要作好标记，待转到保育舍时给予特殊照顾。

③体重过小的仔猪（＜3.5千克）、治疗无效的患病仔猪以及其他无饲养价值的仔猪可以考虑直接淘汰，这样的断奶猪一般在保育阶段很难存活下来。

标记掉队/弱小仔猪

正常断奶仔猪

小结

　　断奶是整个养猪生产环节中至关重要的一个环节，涉及到配种舍、怀孕舍、产房以及保育舍的生产计划。断奶母猪数既要满足配种舍的配种计划又要为怀孕舍下批重胎母猪上产床提供足够的床位。断奶仔猪的数量与质量直接关系到保育舍的栏舍准备与生产成绩。在生产不均衡的月份，考虑到产房栏位的周转率和利用率，管理者可能会在断奶时间和周断奶次数方面做出一些调整，以适应生产计划的变动。断奶母猪的淘汰是计划断奶中一项主要的工作，与母猪群的稳定和生产成绩有很重要的关系。断奶除了与生产计划息息相关外，断奶日龄还与断奶仔猪的体重、仔猪健康问题、生产周期、存栏量以及猪场经济效益有一定的相关性。因此，断奶计划的制定需要综合考虑这些因素，并抓住生产过程中的主要矛盾，做好产房的断奶工作。

惊喜在这里

扫一扫加入

猪海拾贝互动社区

打开哼哼会APP扫描

3 断奶

本节疑惑

如何减少断奶应激？

断奶时需要做好哪些关键环节的工作？

断奶时先转移母猪还是仔猪？

哼哼课堂

先转移母猪再转移仔猪

　　规模化猪场一般先将母猪赶到配种舍，将仔猪留在产床2~3天，这样可以减少仔猪受到的应激。如果先转移仔猪，那么在抓仔猪并将仔猪转出分娩舍时母猪会受到应激，可能会伤害自己、仔猪和饲养员，同时也会使仔猪承受母仔分离、环境应激、转群应激的累加效应。

转移母猪

减少转群过程中应激

①断奶转移猪只时动作缓慢，勿让小猪头砸到地面上。
②抓猪时顺着腹部从身后抓住猪只的后腿。
③赶猪时用挡板，避免损伤小猪且每次转移不超过100头。
④用手推车转移猪只时，一次避免装过多的猪只。
⑤做好沟通工作，准备好空栏和特殊照顾栏，并预热保育舍。
⑥分群时根据猪只体重大小、强弱、性别进行合理分群。
⑦转猪过程要快速、高效。

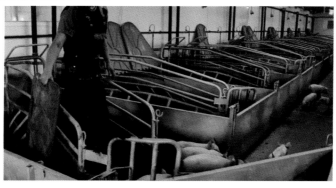

转移仔猪

仔猪称重

有时候断奶重是通过估计获得的，最好是通过称重得到实际值，这样就可以更准确地测量生产性能。如果公司规定让仔猪通过一批估算员估重后再转入保育舍，那么这肯定是一个比较顺利的过程可以尽量减少对仔猪的应激。另一种方案是将仔猪装上货车前，通过地磅进行称重。

走进课堂
图文释惑

仔猪装车

如果将仔猪很快地转入保育舍可能会使仔猪着凉。在寒冷气候下要将装猪台预热，在货车到达之前，不能将仔猪放在装载栏中超过1小时。

哼哼课堂趣味多

将断奶母猪赶到配种舍

① 【母猪断奶前准备工作】

①与配怀舍主管沟通断奶时间，断奶头数。

②利用挡板设置好门和通道，确保通道顺畅无障碍。

③根据断奶清单确定正常断奶母猪、淘汰母猪耳号。

② 【赶母猪下产床】

从产床前门或后门将母猪赶出产床，注意别让母猪返回原栏和仔猪逃跑。为防止产房过道堵塞，每次最好放出3~4头。

③ 【母猪转至配种舍/淘汰栏中】

将正常断奶母猪赶到配种房，将淘汰母猪赶到淘汰栏。

④ 【收集和填写配种卡】

将产仔表上的信息填到配种卡上，并核对母猪耳号是否与配种卡一致。

⑤ 【清洗消毒通道】
　　转群结束后对通道进行清理和清洗。

将断奶小猪转到保育舍

① 【仔猪断奶前准备信息】
　　①转猪前一天安排好放猪、赶猪和接猪的工作人员。如果需要称量断奶重，还需要安排过磅的工作人员。
　　②断奶前与保育舍主管沟通断奶仔猪数量、转群时间、断奶小猪的体重、正/次品等信息。
　　③利用挡板设置好通往保育舍或装猪台的通道，确保所有门和通道无障碍。断奶前最好能够对通道、装猪车进行消毒处理。
　　④根据断奶清单，核对断奶仔猪栏栋号和头数，如果不一致，则在断奶清单上面更改。

② 【转移仔猪】
　　①将断奶仔猪移出栏外时，应尽量较少对仔猪的伤害，特别是对前肢的伤害。抓仔猪时顺着仔猪腹部方向抓后腿，移出栏外时应从低处将仔猪轻放到地面。
　　②利用挡板将仔猪赶往通道入口，每次转移数量应控制在10~12窝/批次。

实践课堂学操作

③ 【过磅】

　　对断奶仔猪过磅，记录仔猪的断奶重，淘汰体重小于公司标准（3.5千克）的仔猪，对次品猪按照公司的标记系统进行标记。

④ 【装车】

　　装猪前需要对车辆进行消毒处理，然后按"装猪程序"进行装猪，为减少装车应激，装猪过程中需要注意以下几点：

①时间要求：1小时内装车完毕。

②密度：0.07平方米/头。

③冬季装车最好能够预热。

⑤ 【完成相关记录】

　　仔猪转移结束后，及时填写猪只转群清单。

⑥ 【清洗消毒通道】

　　全部工作结束后，清理通道，并按猪场"消毒程序"对通道进行再次消毒。

一问一答

如何正确地将仔猪转出产房？

产房的设计将决定仔猪的转出方式。

（1）从产床提起仔猪

抓住仔猪后腿并紧握两腿跗关节将其提起，避免将两腿向两侧拉开，抓提仔猪应该从仔猪后面进行，使仔猪两腿与身体保持在一条线上。仔猪会逃跑、扎堆到产床硬件设施中以避免被抓。为了避免伤害仔猪可以使用赶猪板，将仔猪慢慢赶到产床中容易抓到和提起的区域。特别注意不要将仔猪赶到底部栏杆下方，仔猪会抓紧地面并将背抵住栏杆，这样会导致仔猪腿、肩膀和背受伤。

断奶时仔猪的体重最高可以达到9千克。如果仔猪头朝下掉入产床或掉到过道上则会受伤。如果仔猪是赶入装车区或场内保育舍则应该慢慢地将它们放到地面上，如果是用手推车将仔猪转入场内保育舍，那么要小心地将仔猪放入断奶手推车中。

如果断奶手推车太拥挤的话仔猪会受到热应激。平均体重7千克的仔猪每头需要0.07平方米的位置，肩并肩地站在手推车中。手推车上要清楚地标识出最多可以容纳的仔猪头数以避免过分拥挤造成的过度应激。

（2）将仔猪从分娩舍赶出

驱赶时仔猪仍然会快走、扎堆、奔跑到产床硬件设施中以避免被抓。为了避免受伤可以使用赶猪板将仔猪引导到出口处。仔猪会试图返回任何一个开着门的产床，因此周围的产床在每一窝仔猪赶出后都要将栏门关好。

小结

　　在哺乳期母猪的繁殖行为被抑制了，一旦将母猪与仔猪分开就可以刺激母猪进入下一个繁殖周期。母猪断奶后，由于乳房中乳汁的堆积而导致哺乳行为停止，大部分母猪在断奶后5~7天发情。如果母猪体况良好，卵泡会快速生长并在发情期释放卵子。

　　断奶对仔猪而言是一个非常痛苦的过程，仔猪会变得不安并不断寻找母猪。同时仔猪还失去了它的饲料来源并被转入保育舍的陌生环境。断奶日龄一般在16~28天范围内，这时候仔猪从母猪初乳中获得的被动免疫水平降到很低。另外，环境应激进一步降低了仔猪的免疫能力，因此断奶过程中尽量减少断奶仔猪在转出、驱赶、装车和运输过程中的应激。

惊喜在这里

打开哼哼会APP扫描

扫一扫加入

猪海拾贝互动社区

第七章

正确的生产记录

猪只耳号系统管理

本节疑惑

仔猪耳号标识系统有哪些？

剪耳号需要注意哪些技巧？

如何规范猪场的耳号管理系统？

哼哼课堂

全国统一的种猪耳缺编号系统

　　耳缺标记系统一般采用全国统一的种猪编号系统。本编号系统由15位字母和数字构成，编号原则为：前2位用英文字母表示品种：DD表示杜洛克，YY表示大白，LL表示长白，二元杂交母猪用父系+母系的第一个字母表示，如长大杂交母猪用LY表示；第3位至6位用英文字母表示场号（农业部统一认定）；第7位用数字或英文字母表示场号（先用1~9，然后用A~Z）；第8位至第9位数字表示个体出生时的年度；第10位至第13位用数字表示场内窝序号；第14位至第15位用数字表示窝内个体号；对于场内数据记录只需要记录窝号和个体号6位数即可。

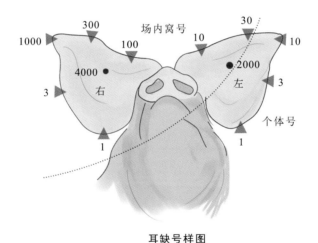

耳缺号样图

走进课堂
图文释惑

如何纠正剪错的仔猪耳号

　　①若仔猪所剪耳缺号出现在未来的耳缺信息中，则更改产仔记录表上的信息，并做好标记，下次遇到该耳号时跳过。如已经将耳号1 357~7错剪成1 375~7，则不必再增减仔猪耳缺，直接在记录本和电脑上做好标记即可。
　　②若仔猪所剪耳缺号出现在前面的已剪耳号信息中，则想办法在仔猪耳朵上增加耳缺，让其耳缺号出现在未来的耳号信息中。如将耳号1 375~7剪成1 357~7则需要再增加1个仔猪耳缺口，将耳号1 357~7剪成1 387~7，并在记录本和电脑上做好标记。

实践课堂

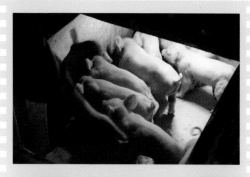

① 【确定需要剪耳号的仔猪】
　　①仔猪剪耳号一般在分娩后6~24小时内进行，注意剪耳号时要确保那些产程较长的母猪已经分娩结束。
　　②根据公司的淘汰标准淘汰那些畸形、明显缺陷等不能存活的仔猪。

② 【记录该窝仔猪信息】
　　①剪耳号之前需要将母猪记录卡上的信息以及分娩信息记录在产仔记录表上。
　　②同时用台秤称量每头仔猪的初生重，并记录在产仔记录表上。
　　③选择一个有效的仔猪耳号，注意耳号信息不能出现错误、重复，否则会给种猪繁育带来很大的麻烦。

③ 【固定猪只】
　　左手抓住仔猪的头部，并提起仔猪，使仔猪的耳朵朝向便于剪耳号的一侧。

④ 【剪耳号】
　　①耳缺大小必须与仔猪大小合适。缺口太大，应激大，伤口愈合慢；缺口太小，随着猪只的长大，耳缺口可能会难以辨识。
　　②在剪耳根部耳缺时需要将耳缘软骨剪断，以免耳缺口愈合。

实践课堂学操作

③剪耳号时应该尽量避开血管，以免流血过多。

⑤【消毒耳缺伤口和器具】

　　每剪完一头仔猪需要用碘酊消毒耳缺伤口，并将剪耳钳放入消毒液中消毒处理，以免引起感染。

⑥【核对耳缺信息】

　　剪完每头仔猪耳号后需要检查记录的耳缺信息是否与所剪耳缺一致，若出现错误应及时纠正。剪完耳号后，需要与饲养员正式确认仔猪头数。

⑦【清理、清洗器具】

　　每次剪完耳号后需要对剪耳钳、托盘等工具进行清理、清洗，为下次剪耳号工作做好准备。

猪耳号标识的方法有哪些?

（1）耳刺法

耳刺法是将刺青针装入刺青器中给猪刺上纹身的一种方式。该方法是作为种猪个体识别的备用方法而使用，虽然能够永久性的识别，但在活体动物上一般不容易被看到,因此主要用于屠体的标识，以追踪到这头猪的来源猪场。

耳刺钳与耳刺号

（2）耳缺法

耳缺法是指仔猪出生后6~24小时内，根据公司的耳缺标记系统，使用剪耳钳在仔猪耳朵上剪出相应缺口。

该方法是比较长久的一种个体识别方法，不像耳牌容易掉，而且容易被识别，因此被国内大多数种猪场采用，但由于对猪只的应激比较大，在国外有些质量管理条例中禁止使用。同时只能用于识别有限数量的猪，如果猪的数量太多那么很快数字就会重复。

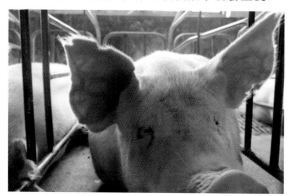

种猪耳缺

（3）耳牌法

耳牌法是使用耳牌钳将带有颜色、连串数字或是二维码的耳牌打在猪只耳朵中央。该方法容易别识别且对猪只的应激比较小，因此在种猪群管理和种猪群记录系统中仍然起到关键作用，特别是在配种、返情检查、妊娠检查、疫苗免疫、治疗、进产房、分娩和断奶时猪的个体识别很重要，二维码耳牌还能够追溯猪只的源头和防疫信息，但耳牌不可以作为永久识别方法，因为它很容易被拉掉或丢失。有时候耳牌会被猪咀嚼而无法用于个体识别。

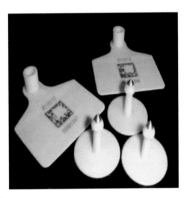

种猪耳牌

（4）综合法

综合法是指同时给种猪使用耳牌法和耳缺法双层识别标记。该方法既容易识别动物标志又能够防止耳标的丢失，因此在很多种猪场会采用这种双层标志的方法。

种猪耳缺与耳牌

（5）电子耳标法

电子耳标法是将猪只的基本信息写入芯片中，将含有芯片信息的耳标固定在猪只耳朵上，需要时用手提阅读器进行识别阅读。该方法能够自动识别猪只信息，包括动物耳号、品种、来源、生产性能、免疫状况、健康状况、畜主等信息，方便生产管理的自动化和信息化。

植入式电子耳标

小结

　　猪只耳号标识是猪场数据管理和信息化管理的第一步，它涉及猪群的系谱建设、繁殖性能、生长性能、免疫情况、治疗情况等。目前规模化育种场一般对猪群耳号都有规范的标识和记录,但在实际生产管理中,猪群耳号标识还是存在许多不足，如耳号的错误标记、重复标记、耳标缺失、耳标标识不统一等，导致猪场的数据管理和信息化建设存在诸多困难，长此以往甚至会导致整个数据系统瘫痪。

惊喜在这里

扫一扫加入

猪海拾贝互动社区

打开哼哼会APP扫描

2 填写产房记录

本节疑惑

产房重要的数据记录有哪些？

如何做好产房数据记录？

如何合理使用产房记录表？

记录的及时性

　　猪场原始数据的记录一定要在工作事件发生当时就进行记录，不能工作结束一段时间后凭借记忆去填补，这样才能保证数据的有效性和准确性。如正在分娩的母猪如果不及时在"接产记录表"上记录每头仔猪的出生时间，那就不能在产仔监控当中及时发现那些难产的母猪。如果像治疗这样的事件没有记录，那么后续跟踪治疗可能会被遗忘。

记录的准确性

　　分娩舍记录的信息应该在猪场中是最详细、最复杂的记录，含有大量原始数据。这些数据直接与猪场的生产成绩、员工绩效考核有关系，而且这些基础数据将会记录到猪场的信息化数据管理系统里面。一旦出现错误，就会浪费大量时间去检查产生差异的原因，例如断奶仔猪数、母猪耳号等数据。如果记录的数据不准确，长此以往猪场的记录系统和数据管理软件可能会出现崩溃。

分娩信息记录

　　(1)母猪分娩前
　　将"产房接产记录表"粘贴/悬挂在对应母猪栏舍前，并记录母猪耳号、栏号、预产期等基础信息。
　　(2)产仔前一天
　　如果对母猪进行诱导分娩，记录注射前列腺素的日期、具体时间和剂量。
　　(3)产仔监控中
　　记录母猪破羊水的时间，接产时记录母猪的分娩时间，仔猪的出生时间、头数、死胎、木乃伊（包括大小）、畸形以及胎衣的排出数量。
　　①如果需要对母猪输液，则在"用药情况"栏填写输液的时间、药物和原因。

②如果对母猪注射缩宫素，则在"用药情况"栏填写缩宫素使用的时间、药物、剂量和原因。

③如果对母猪助产，则在"助产"单元格填写助产时间和原因。

④如果遇到难产问题，在"备注"一栏记录相关信息。

(4)分娩结束

如果需要对母猪进行保健或治疗，需要在"用药情况"栏填写药物的使用时间、药名和原因。

产房接产记录表

母猪耳号：　　　　　　　　　　栏栋号：　　　　　　　　　　预产期：

引产时间：　　　　　　　　　　破羊水时间：

出生序号	出生时间	接产方式	死胎	木乃伊	胎盘数量	药物使用
1						
2						
3						
4						
5						
6						
7						
8						
9						
10						

产仔信息记录

母猪分娩结束后，需要统计母猪的产仔信息，并记录在"母猪产仔记录表"上。这项工作一般与仔猪剪耳号、称量初生重一同进行。

①根据"种母猪记录卡"将母猪基础信息记录在"母猪产仔记录表"上，包括母猪耳号、品种、与配公猪、预产期等信息。

②根据"产房接产记录表"将母猪的窝产仔信息记录到"母猪产仔记录表"上，包括分娩日期、产仔数、活仔数、死胎和木乃伊数量。

③在称量出生重时将仔猪初生重、窝重、弱仔（体重＜0.6千克），畸形（如"八字腿"、肛门闭锁、阴阳猪、身体缺陷等），记录在"母猪产仔记录表"上。

哼哼课堂趣味多

④剪完耳号后记录仔猪的个体信息，包括仔猪耳号（窝号+个体号），性别，乳头数（种用）等信息。

⑤结束后将"母猪产仔记录表"的部分信息记录在"种母猪记录卡"上，包括分娩日期、产仔数、活仔数等。

母猪产仔记录表

耳号			顺号	耳号	性别	初生重	饲养天数	断奶重	备注
品种			1						
胎次			2						
与配公猪	耳号		3						
	品种		4						
配种方式			5						
配种日期			6						
预产日期			7						
分娩日期			8						
配种次数			9						
生产情况分析		总计 公 母	10						
	1kg以上活仔		11						
	0.6~1kg活仔		12						
	0.6kg以下活仔		13						
	死胎		14						
	畸形		15						
	木乃伊		16						

生产管理信息记录

①寄养之前，对母猪的带仔能力进行评估并记录在"种母猪记录卡"上。

②仔猪寄养时，无论是寄入还是寄出，都要填写日期、寄入/寄出头数和寄出到寄入母猪的个体号。

③当母仔猪死亡或淘汰时，需要在"产房生产记录表"的存栏情况栏内填写日期、头数和死亡原因。

④每天在"产房生产记录表"的耗料情况栏内填写母猪的日采食量。

⑤每天在"产房生产记录表"的温度环境管理栏舍填写最高/低温度及环境卫生检查状况。

⑥在"生产流程批次工作检查表"中记录产房每项操作的执行者和检查完成情况。

产房生产记录表

产房 ___ 年 ___ 月生产记录表　　　　　　　　　　栏舍号：

日期	存栏情况					耗料情况（kg）				室温情况	
	母猪存栏	仔猪存栏				母猪料	教槽料	母猪头均	仔猪头均	最低温度	最高温度
		头数	死淘	出生	产活仔数						
合计											

母仔猪健康信息记录

　　①母仔猪的疫苗免疫情况，需要在"母/仔猪免疫跟踪记录表"上记录免疫或保健的日期、免疫或保健项目、剂量、批次、免疫或保健头数、执行者等信息。

　　②如果对母猪进行疾病治疗，如乳房炎和子宫炎，需要在"母/仔猪治疗记录表"上记录日期、药物、剂量和原因，并在"继续治疗"栏通过打勾或填写日期的方式记录跟踪治疗情况。

母/仔猪免疫跟踪记录表

序号	栋/栏号	计划免疫时间	实际免疫时间	疫苗种类及批号	免疫头数	执行人	备注
1							
2							
3							
4							
5							

母仔猪免疫程序表

猪群类别	注射时间	疫苗种类
仔猪	1日龄	伪狂犬
	6~9日龄	支原体疫苗
	10~14日龄	蓝耳病疫苗
	19~21日龄	圆环病毒疫苗
		链球菌疫苗
母猪	产前10~11周	萎鼻（1~2胎母猪）
	产前8~9周	大肠杆菌（1~2胎母猪）
	产前4~5周	萎鼻
	产前4周	腹泻联苗（1~2胎母猪）
	产前3周	腹泻联苗
	产后7~10天	腹泻联苗
	断奶当天	猪瘟
		口蹄疫
普免	每年10、11月种猪各普免口蹄疫一次	
	每年元月、5月、9月普免伪狂犬	

断奶信息记录

①断奶时需要将断奶时间、窝断奶头数记录在"种母猪记录卡"上。

②断奶时需要称量仔猪断奶重，并记录仔猪的断奶窝重，弱小仔猪和淘汰仔猪数量。

③在转群记录清单上面记录母仔猪转入/转出信息以及存栏量。

④如果将母猪留下用于轮换寄养，则要在"种母猪记录卡"上的备注栏详细记录。

母猪分娩断奶时间记录表

填表人：　　　时间：

序号	产房编号	平均分娩时间	分娩活仔数	计划断奶时间	断奶时间
1					
3					
4					
5					

一问一答

产房比较重要的记录数据有哪些？

　　产房比较重要的记录数据有种母猪基础数据、接产数据、产仔数据、生产管理数据、母仔猪免疫保健记录数据以及断奶数据等。

数据记录具有哪两个重要特征？

　　数据记录的两个主要特征是及时性和准确性。

一问一答有要点

小结

　　猪场生产数据的来源通常是各种记录卡片或表格，将这些原始数据输入计算机记录系统整理和分析后形成固定的表格和图表来反映生产信息，并将实际生产性能与管理者或公司设定的目标进行比较，确定问题的原因或发现生产性能的不足，辅助猪场管理者作出正确的生产决策，进一步提高养猪生产成绩。如反映母猪生产性能的客观信息是决定断奶母猪是否淘汰的依据。数据记录除了与生产成绩相关外，还能反映岗位人员的工作效率以及生产过程当中的一些异常情况。

惊喜在这里

扫一扫加入

猪海拾贝互动社区

打开哔哔会APP扫描

参 考 文 献

戴丽荷. 2015. 母猪妊娠期长短性状的影响因素分析[J]. 浙江农业学报，7（9）：1524-1528.

邓莉萍. 2016. 清单式管理[M]. 北京：中国农业出版社.

李和国. 2014. 养猪生产技术[M]. 北京：中国农业大学出版社.

李建国. 2011. 畜牧学概论[M]. 北京：中国农业出版社.

刘桂武，何若钢，覃小荣，等. 2011. 人工哺喂猪初乳对初生弱小仔猪生产性能的影响[J]. 饲料研究（2）：8-9.

苏飞，杨玉莹. 2007. 仔猪死亡原因的分析及防制措施的探讨[J]. 养殖与饲料（6）.

余四九. 2013. 兽医产科学[M]. 北京：中国农业出版社.

中华人民共和国国家质量监督检验检疫总局，中国国家标准化管理委员会. 2008. 规模猪场环境参数及环境管理：GB/T17824.3—2008[S]. 北京：中国标准出版社.

中华人民共和国国家质量监督检验检疫总局，中国国家标准化管理委员会. 2008. 规模猪场生产技术规程：GB/T17824.2—2008 [S]. 北京：中国标准出版社.

中华人民共和国农业部. 2007. 标准化规模养猪场建设规范：NYT1568—2007[S]. 北京：中国农业出版社.

John Gadd. 2015. 现代养猪生产技术：告诉你猪场盈利的秘诀[M]. 北京：中国农业出版社.

Kyriazakis I, Whittemore C T. Whittemore's Science and Practice of Pig Production[M]. Third Edition. 2007. Oxford：Blackwell Publishing Ltd.

Mark Roozen, Kees Scheepens. 2016. 母猪的信号[M]. 马永喜，译. 北京：中国农业科学技术出版社.

Moody N W, Speer V C. 1971. Factors affecting sow farrowing interval[J]. Anim Sci, 32（3）：510-4.

Mortimer D T. 1978. Induced farrowing in sows[J]. Vet Rec, 103（13）：291.

Oliviero C, Heinonen M, Valros A, et al. 2010. Environmental and sow-related factors affecting the duration of farrowing[J]. Anim Reprod Sci, 119（1-2）：85-91.

Palmer J H, Ensminger M E. 2006. Swine Science[M]. Seventh Edition. San Antonio：Pearson Education Inc.

Payne L C. 1962. Gamma globulin absorption in the baby pig：the nonselective absorption of heterologous globulins and factors influencing absorption time [J]. J Nutr, 76：151-158.

Van Dijk A J, van Rens B T, van der Lende T, et al. 2005. Factors affecting duration of the expulsive stage of parturition and piglet birth intervals in sows with uncomplicated, spontaneous farrowings[J]. Theriogenology, 64（7）：1573-1590.

猪场标准生产
流程管理体系教程

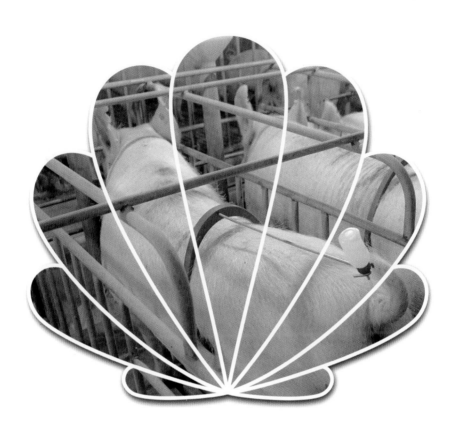

Treasures in the Sea of Pigs

猪海拾贝

配怀舍系统管理

喻正军 温志斌 李伦勇 编著

中国农业科学技术出版社

图书在版编目（CIP）数据

猪海拾贝.1，配怀舍系统管理/喻正军，温志斌，
李伦勇编著.—北京：中国农业科学技术出版社，2017.5
ISBN 978-7-5116-3086-5

Ⅰ.①猪… Ⅱ.①喻… ②温… ③李… Ⅲ.①养猪学
Ⅳ.①S828

中国版本图书馆 CIP 数据核字（2017）第 106331 号

责任编辑　　徐定娜
责任校对　　贾海霞

出 版 者　中国农业科学技术出版社
　　　　　　北京市中关村南大街12号　邮编:100081
电　　话　（010）82109707　82105169（编辑室）
　　　　　　（010）82109702（发行部）　（010）82109709（读者服务部）
传　　真　（010）82109707
网　　址　http://www.castp.cn
经 销 者　各地新华书店
印 刷 者　北京富泰印刷有限责任公司
开　　本　787mm×1 092mm　1/16
印　　张　42.25（共三册）
字　　数　761千字（共三册）
版　　次　2017年5月第1版　2017年5月第1次印刷
总 定 价　998.00元（共三册）

《猪海拾贝》

编著委员会

主　编　著：喻正军　　温志斌　　李伦勇

副主编著：陈　杰　　张强胜

参与编著：（按拼音顺序排名）

陈顺友	高振雷	胡巧云	黄少彬
李增强	刘　丹	刘清钢	刘世超
刘祝英	马　沛	谭成辉	唐万勇
王　军	王贵平	谢红涛	叶培根
余江涛	喻传洲	袁国伟	张　政
张李庆	周小双		

封面设计：孙宝林　　田　静　　柯小力　　秦　勤

配　　图：陈　杰　　龚　路　　秦　勤

版式设计：陈　杰　　秦　勤

一心只为养猪人
——写在历练中前行的2017

　　早在六七千年以前，猪就跟人们的生活结下了不解之缘。虽说在浩如烟海的知识宝库里，养猪只是不起眼的一个小众行业，但我始终认为养猪无小事。随着时代的变迁，今天的我们再也不是一头一头的家庭养殖，现代化、规模化养殖的蓬勃发展更是赋予了养猪新时代的意义。在这养猪知识的海洋中，光养猪本身的学问，我们一辈子也学不完，我愿做一个海滩拾贝的孩童，一边游泳，一边看看风景，把收获的贝壳分享，其实很好的。

　　从时间上看，中国的养猪历史悠久，但养猪水平，特别是近年来的发展普遍落后于一些发达国家。要养好猪，其中涉及到的知识非常多，有种、料、养、管、防、人、财、物、产、供、销、机械、环保、设备、建设等等。盘根错节的影响因素，却无法衡量孰轻孰重，我们能做的非常有限，只有先从养猪流程中关键环节的关键控制点开始，一步步总结一些东西，这些经验希望能够带给广大从业者一点思考。

　　做事总是困难的，因为怕高手诟病，怕知识不全，怕图片不优美，怕各种怕，但新南方还是选择用勇于尝试的态度编写这套教程，希望在历练中前行，有问题发现问题，有错误改正错误，如果不做，一辈子很短，也很快就会过去了。

好在老喻的朋友圈足够强大，初稿出来后，得到了广大朋友和专家的支持，这里特别鸣谢喻传洲、叶培根、陈顺友等老师的大力支持；同时也感谢唐万勇、王军、黄少彬、谢红涛、袁国伟、张李庆先生的热情奉献和帮助；感谢张强胜先生提出的宝贵建议并为这套教程带来质的飞跃；感谢李伦勇、温志斌、陈杰的辛勤付出，以及为这套教程付出心血与汗水的小伙伴们。全国高手众多，以后一定慢慢请教！千里之行始于足下，新南方在各位的支持和帮助下，一定勉励前行，努力做好每一项工作，真正做到只为养猪人！

喻正军

2017年4月

前言

　　近年来，国内养猪业朝着现代化、规模化、精细化的方向迅猛发展，但是随之而来的是养猪业面临的竞争也将越来越激烈，对从业人员的素质和要求也越来越高。猪场要想提升生产成绩，就必须不断提高自身的管理水平，而标准化生产流程管理体系是猪场管理中重中之重，直接影响着猪场的生产成绩和生产效益。

　　一套优秀的标准化生产流程体系可以将猪场日常生产各项操作流程标准化、固定化、系统化、可视化、落地化。更重要的是可以快速培训猪场员工，提高员工的专业素质，提升实际动手能力，让猪场员工快速理解操作原理及要点，从而保证各项标准操作执行到位，为猪场生产成绩的改善和提升打下坚实的基础。标准生产流程体系可以说是仅次于生猪价格，影响猪场效益的决定因素！

　　为了方便国内养猪业更好建立猪场标准化生产流程管理体系，由喻正军博士牵头，自己作为编者共同编写了本套书籍——《猪海拾贝》。在这本书里，我们结合自身多年猪场实际工作经验以及学习总结的国内外大型养猪公司先进的生产流程管理方法，采取图文并茂、一问一答的形式，给读者详细介绍了配怀舍生产流程的各个要点及标准操作流程，希望能够帮助广大养猪业相关从业人员更好的理解配怀舍的生产流程体系，快速掌握各项标准操作，提升自身专业素质，帮助猪场打造标准的生产流程管理体系，改善猪场的管理水平，提升猪场的生产成绩。

　　本书围绕着配怀舍生产管理的工作内容共分为八个章节来阐述配怀舍标准生产流程管理体系，包括配怀舍生产管理的目标、优秀的后备种猪是怎么炼成的、怎么喂好种猪、如何获得高质量的精液、掌握高效的人工授精技术、控制非生产天数很重要、生产记录要准确、更有效地管理您的猪场，将配怀舍标准生产流程管理体系更为形象直观展示给读者，方便读者理解和掌握配怀舍各项标准操作的流程及要点。

鉴于编者知识水平有限，加之养猪业新知识和新技术不断更新，虽然本人在编写过程中尽了自己最大努力，但难免还存在纰漏，请广大读者批评指出，以便再版时进行修正及完善。

李伦勇

2017年4月

【目录】
Contents

【目录】
Contents

第一章

配怀舍生产管理的目标

主要目标

　　配怀舍是规模化猪场生产管理的源头，配怀舍生产管理的好坏直接影响猪场的生产成绩和经济效益。配怀舍生产管理包括后备母猪、经产母猪、公猪三大板块内容，涉及的猪群种类多，工作流程烦琐，操作技能复杂。猪场员工只有充分掌握和理解配怀舍生产管理的目标，才能更好地执行各项标准操作流程，做好日常生产管理工作，达到预期的生产目标。

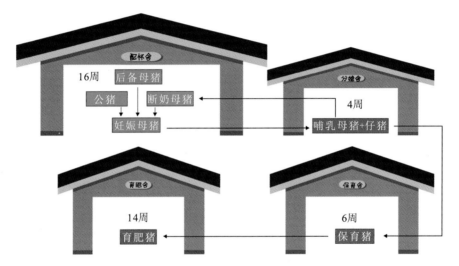

配怀舍是猪场生产管理的源头

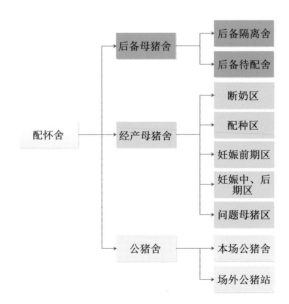

配怀舍生产管理栏舍设置图

配怀舍生产管理目标是以提高母猪利用率为核心，不断提高母猪的配种分娩率、降低非生产天数、提高窝均产仔数，为猪场提高PSY及MSY，获得最佳的生产成绩和经济效益打下坚实的基础。

配怀舍生产管理的目标

生产指标	参考标准	
配种分娩率	≥90%	
年产胎次	≥ 2.4胎	
非生产天数（每头母猪年平均）	≤30天	
窝均活仔数*	纯种： ≥11头/窝	
	二元： ≥13头/窝	

注：*不同猪场由于品种、环境、营养的区别，窝均产活仔数的目标可能存在差异。

主要内容

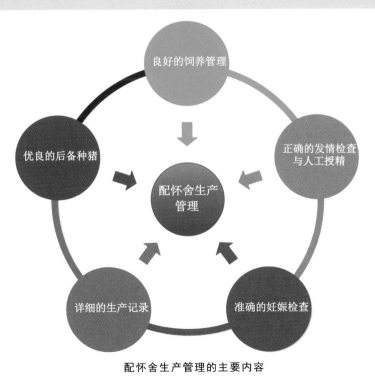

配怀舍生产管理的主要内容

（1）培育优良的后备种猪

后备母猪是猪场的未来，也是配怀舍管理的基础。后备母猪经过至少8周的隔离驯化后，体重达到130~140千克，日龄在210~230日龄，背膘厚达到16~18毫米，并在第三次发情时完成配种，可以提高后备母猪的产仔性能，延长使用寿命，减少"二胎综合征"。

（2）良好的饲养管理

优良的种猪必须要进行良好的饲养管理才能保证其发挥最大的生产潜力，提高生产效率。经产母猪的饲养管理要根据不同的妊娠阶段和胎儿生理发育的需要进行制定。后备母猪在配种前要注意催情补饲。公猪的饲喂需要结合体重及体况进行饲喂，原则是避免公猪过肥，使公猪体况保持2.5~3分为宜。种猪良好的饲养管理是提升生产性能的基础。

（3）正确的发情检查与人工授精

正确的发情检查是提高配种成绩的关键因素。正确的发情检查必须掌握母猪发情前期和发情期的生理特征，使用性欲好、气味重、性格温顺的公猪对待配母猪进行发情刺激，准确判断母猪出现静立反应开始的时间，从而确定人工授精时机，及时完成人工授精。

（4）准确的妊娠检查

妊娠检查是母猪配种后管理的一项重要的工作，可以尽早识别配种后没有成功怀孕的母猪，并及时进行处理，准确的妊娠检查是降低母猪非生产天数的关键。

（5）详细的生产记录

配怀舍详细而准确的生产记录可以使管理者尽快掌握生产的实际情况，通过对数据报表分析，找到生产管理中存在的问题和不足，以便及时采取措施，提高和改善生产成绩。

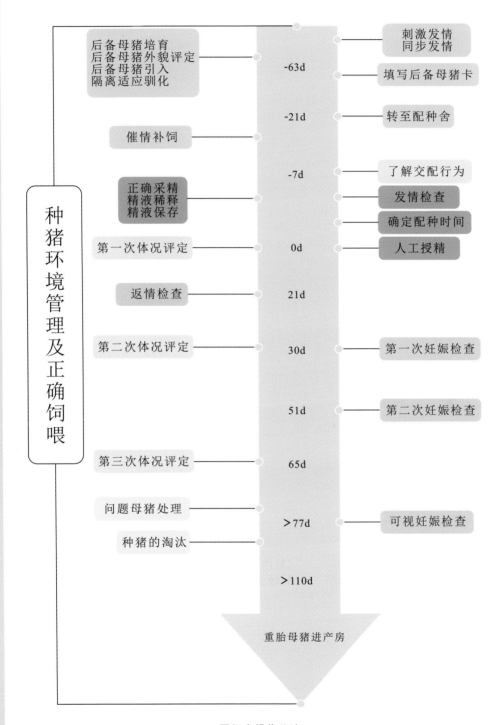

种猪环境管理及正确饲喂

后备母猪培育
后备母猪外貌评定
后备母猪引入
隔离适应驯化

-63d

催情补饲

-21d

-7d

正确采精
精液稀释
精液保存

第一次体况评定   0d

返情检查   21d

第二次体况评定   30d

51d

第三次体况评定   65d

问题母猪处理
种猪的淘汰   >77d

>110d

刺激发情
同步发情

填写后备母猪卡

转至配种舍

了解交配行为

发情检查

确定配种时间

人工授精

第一次妊娠检查

第二次妊娠检查

可视妊娠检查

重胎母猪进产房

配怀舍操作总论

第二章

优秀的后备种猪是怎么炼成的

1 种猪的生产性能测定与遗传评估

本节疑惑

为什么要对种猪进行生产性能测定与遗传评估？

瘦肉型种猪需要测定哪些性状？

如何进行种猪生产性能测定与遗传评估？

哼哼课堂

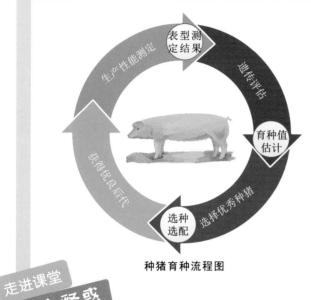

种猪育种流程图

走进课堂
图文释惑

种猪生产性能测定与遗传评估的作用

优秀的种猪是猪场生产的基础，也是规模化猪场提升和保障高水平生产成绩的关键因素。充分利用现有的猪种资源，运用客观标准的生产性能测定和科学、合理的遗传评估方法对种猪生产性能进行综合评定，根据育种目标进行有目的的选配，将优良的基因传递给下一代，达到筛选出生产性能优良的种猪的目的，以获得养猪生产最大的产出和经济效益。

种猪生产性能测定与遗传评估的主要性状

种猪的遗传评估是围绕着种猪繁殖、生长、胴体、肉质等主要经济性状，利用科学的测定方法培育出体型优良、瘦肉率高、肉质口感好并受市场欢迎的商品猪。

种猪测定性状中的总产仔数、达100千克体重日龄、100千克体重背膘厚是所有遗传评估的性状中必须要进行测定的基本性状，其他性状为辅助性状。种母猪遗传改良的重点是繁殖性状，种公猪遗传改良的重点是生长性状和胴体性状。

猪的主要经济性状

性状	内容
繁殖性状	总产仔数、产活仔数、21日龄窝重、产仔间隔时间、初产日龄等
生长性状	生长速度、50kg体重的日龄、100kg体重日龄、饲料转化率等
胴体性状	瘦肉率、100kg体重背膘厚及眼肌面积、腿臀比例等
肉质性状	pH值，肉色，滴水损失，大理石纹等

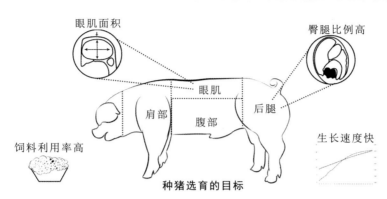

种猪选育的目标

种猪生产性能测定的主要性状及评估方法

分类	项目	评估方法
繁殖性状	总产仔数	出生时同窝的仔猪总数，包括活仔、死胎、木乃伊和畸形猪在内
	产活仔数	出生24h内存活的仔猪数，包括弱小即将死亡的仔猪在内
	21日龄窝重	同窝仔猪21日龄时的全窝重量，包括寄养仔猪体重在内，寄出仔猪体重不算，补料前进行称重
	胎产间隔	母猪前、后两胎产仔日期间隔的天数
	初产日龄	母猪头胎产仔时的日龄
生长性状	50kg体重日龄	待测定种猪体重到40~60kg的范围，空腹称重测定，记录日龄，并校正达50kg体重的日龄
	100kg体重背膘厚	测定种猪背部P2点处背膘厚度，与测定100kg体重日龄同步进行
	100kg体重日龄	待测定种猪体重到80~105kg的范围，空腹称重测定，记录日龄，校正达100kg体重日龄
	饲料转化率	30~100kg期间的料肉比
胴体性状	眼肌面积	在测定活体背膘厚同时进行，利用B超扫描测定同一部位的眼肌面积，用平方厘米表示
	腿臀比例	指腿臀部重量占胴体重量的百分数，沿胴体倒数第一、二腰椎间垂直切下的后腿重量
肉质性状	肌肉pH值	在屠宰后45~60min内测定。采用pH计，将探头插入倒数第3~4肋间处的眼肌内，待读数稳定5秒以上，记录pH值
	肉色	在屠宰后45~60min内测定，以倒数第3~4肋间处眼肌横切面用五分制目测对比法评定
	大理石纹	肌肉大理石纹是指可见的肌肉脂肪，取左半胴体最末胸椎与第一腰椎连接部的背最长肌横切面（眼肌），于冰箱冷藏层4℃条件下存放24h后，对照肌肉大理石纹评分标准图，用目测评分法评定
	滴水损失	在不施加其他任何外力而只受重力作用的条件下，肌肉蛋白质系统在测定时的液体损失量，称为滴水损失

摘自《全国种猪遗传评估方案》

主要瘦肉型猪品种的选育目标

大白、长白及杜洛克是目前世界上公认的主要瘦肉型猪种。大白母猪和长白母猪作为母系种猪，具有优良的繁殖性能，选育目标以提高其繁殖性能及生长性能为主，同时提高腿臀比例和肢体粗壮的为辅。杜洛克作为父系种猪，具有生长速度快，瘦肉率高，四肢粗壮等优良性状，选育的目标以提高其繁殖性能与肉质性状为主。

主要瘦肉型猪品种的选育目标

分类	项目	长白	大白	杜洛克
繁殖性能	总产仔数（头）	＞14	＞13.5	＞10
	产活仔数（头）	＞13	＞12	＞9.5
	21日龄窝重（kg）	＞75	＞72	＞62
生长性能	100kg体重日龄(d)	＜155	＜150	＜148
	100kg体重背膘（mm）	＜12	＜12	＜10
	30~100kg日增重（g）	＞1 000	＞1 100	＞1 200
胴体性状	料肉比	＜2.7	＜2.7	＜2.5
	瘦肉率（%）	＞63	＞63	＞64

走进课堂
图文释惑

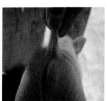
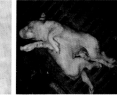

锁肛猪　　　　联体仔猪

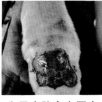
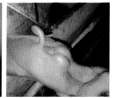

先天皮肤愈合不全　雌雄同体（阴阳猪）

剔除遗传缺陷的种猪

遗传缺陷是指由于遗传缺陷基因导致后代出现闭肛、先天性八字腿、脐疝、阴囊疝、并趾、雌雄同体等畸形情况。根据严重程度分为致死性畸形和非致死性畸形，遗传缺陷会严重影响仔猪的存活和生长。大多数畸形为隐性基因控制，使得遗传缺陷能隐藏数代而不被发现。因此，在种猪的遗传测定过程中必须剔除遗传缺陷基因，一旦出现畸形种猪，必须淘汰亲本及同窝所有后代。

猪的非致死性遗传缺陷

畸形类型	畸形描述	基因遗传方式
并趾	2脚趾合并成1脚趾	显性
脐疝	脐部肌肉弱，肠管突出	显性
肉垂	在喉咙靠近下颌处垂下的皮肤样组织	显性
羊毛状	毛发卷曲	显性
血瘤（黑色素瘤）	随年龄日渐长大的皮肤瘤，常见杜洛克和汉普夏	不明
隐睾	一侧或者两侧睾丸滞留在体腔内	隐性
胃溃疡	胃粘膜溃烂，大多在食管区	隐性
无毛	生来无毛或少毛	隐性
血友病	形成伤口时，血液无法及时凝固	隐性
雌雄同体，阴阳猪	同时拥有两个性别特征	性连锁 隐性
驼背	肩部以后脊柱弓形	不明
翻转乳头（瞎乳头）	乳头翻转，功能缺失	不明
淋巴肉瘤（血友病，淋巴瘤）	淋巴结恶性瘤，生长受阻，15月龄前死亡	常染色体隐性
运动神经元疾病	保育猪运动紊乱，表现为无法协调肌肉运动和轻度瘫痪	常染色体显性
水肿（黏液水肿）	组织或体腔不正常积水	常染色体隐性
公猪持久小系带	黏液状膜将阴茎包皮紧紧连接在体表导致阴茎无法伸出，无法配种	不明
多趾	出现多余的脚趾	不明
猪应激综合征	高瘦肉率猪猝死或者猪后胴体表现苍白、松软、渗水	常染色体隐性
假维生素D缺乏症（软骨）	不能与非基因导致的维生素D缺乏区分，明显特征是弓腿	常染色体隐性
直肠下垂	直肠和肛门突出体外	环境+遗传
螺旋尾（卷曲尾）	尾椎骨融合导致尾巴弯曲、卷曲成螺旋状	多基因隐性遗传
阴囊疝	肠管通过腹股沟进入腹腔内	两对隐性基因控制
螺旋毛（体毛螺旋）	前额或颈或后背毛发卷曲成螺旋状	多基因隐性遗传

摘自《养猪学（第7版）》

猪的致死性遗传缺陷

畸形类型	畸形描述	基因遗传方式
锁肛	无肛门开口	不明
先天性八字腿	四肢外倾，僵硬	隐性
脑疝	头骨闭合不全，脑突出	可能隐性
头骨不全	头骨发育不全	隐性

畸形类型	畸形描述	基因遗传方式
裂上腭	活仔但无法哺乳，兔唇	隐性
过度肥胖	过于肥胖，长到30~70kg后死亡	不明
死胎	出生时已经死亡或被吸收	隐性
脑积水	脑中积水，头涨大，常伴随断尾	隐性
无腿	出生时是活仔，但没有四肢	隐性
肌肉挛缩	表现为肢体僵硬，出生不久后死亡，前肢多见	隐性
瘫痪	后肢完全瘫痪，除非特殊护理否则饿死	隐性
裂耳	耳朵裂开伴有裂唇和残疾的后肢	可能隐性
前肢增厚	相连组织渗水取代肌肉纤维导致前肢增厚	隐性

摘自《养猪学（第7版）》

走进课堂　图文释惑

选育流程

种猪的生产性能测定分为5个阶段，分别是初生、断奶、30千克体重、100千克体重、一胎后选择。

初生	断奶	30kg体重	100kg体重	一胎后选择	
√体重 √健康状况 √遗传缺陷	√体重 √遗传缺陷 √繁殖EBV	√生长发育状况 √亲缘关系	√生产性能 √估计育种值 √外貌评定	√种用价值 √配种情况 √产仔性能	种猪

选育流程示意图

（1）初生选育（窝选+个选）

种猪初次分娩产仔后，要准确记录其所产仔猪的头数、体重，评估仔猪健康，是否具有遗传缺陷等。所有新生仔猪出生后24小时内打耳号或刺青号，耳号由窝号和个体号两部分组成，保证个体号的唯一性。

初生选育标准

选育指标	选育标准
生理缺陷	无明显生理缺陷，肢蹄发育良好
毛色	同窝仔猪毛色纯正，无杂色毛，无卷毛
出生重	选择出生窝重大的且个体大仔猪：杜洛克、大白出生重大于1.2kg，长白大于1.1kg
乳头	乳头排列整齐，均匀分布，无瞎乳头和副乳头。杜洛克要求6对以上，大白、长白要求7对以上
生殖器官	检查母猪阴户是否红肿，公猪睾丸发育是否正常，是否存在阴阳猪或者阴户睾丸不正常的猪

新生仔猪阴户红肿

（2）断奶仔猪选育

断奶仔猪的选育主要评估断奶重、体型外貌特征、遗传缺陷及健康情况，通常仔猪的断奶重量要校正到21天断奶时体重。

断奶仔猪选育标准

选育指标	选育标准
断奶重	21日龄仔猪断奶重大于6kg（21日龄断奶重校正值）
健康状况	身体健康，无恶性疾病。肢蹄生长良好，无肢蹄、关节疾病
品种特征	耳型、体型都符合品种特征
生殖器官	母猪阴户发育正常，无红肿；公猪睾丸发育良好，无隐睾，双侧睾丸大小一致
遗传测定（窝选）	根据同窝活仔数、21天窝重和生长发育状况，及其祖先三代的系谱测定成绩，通过育种软件计算EBV值。通常每窝选留生长发育良好、体重最大的2公猪和全部母猪进行测定、选留

（3）30千克体重选育

当仔猪体重达到30千克时进行称重评估，要求与仔猪断奶时的选留标准基本一致，主要是评估健康及生长发育情况。

（4）100千克体重选育

当种猪体重达到100千克时，对健康、体型外貌特征、日增重、背膘厚度进行评估，计算日增重及EBV值。

达100kg体重选育标准

选育指标	选育标准
健康及体型外貌评估	早晨空腹，使用电子称对后备种猪进行称量，并通过公式进行日龄校正
称量体重计算100kg体重日龄	后备种猪身体健康，体型发育正常，无遗传缺陷，外貌特征符合品种特征，每窝种猪至少留2头母猪和1头公猪进行遗传性状测定
测定100kg背膘厚度	测定背膘厚度与称量体重同时进行，可以使用专门的种猪测定站进行操作。使用B超扫描测定倒数第3~4肋间处距离背中线4~5cm处作为测定点背膘厚。将测定所得到的背膘厚度输入遗传评估软件，计算分析后会得出达到100kg体重的活体背膘厚度
测定眼肌面积	在测定活体背膘厚的同时，利用B超扫描测定同一部位的眼肌面积，用平方厘米表示。在屠宰测定时，将左侧胴体倒数第3~4肋间处的眼肌垂直切断，用硫酸纸描绘出横断面的轮廓用求积仪计算面积，或按宽度×高度×0.7以估计其面积
计算饲料转化率	计算30~100kg体重阶段耗料，计算料肉比及日增重
进行遗传评估	将之前测定的遗传性状数据输入专业育种管理软件，计算出EBV值等相关遗传指数，进行评估

哼哼课堂趣味多

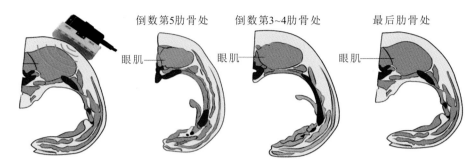

| 倒数第5肋骨处 | 倒数第3~4肋骨处 | 最后肋骨处 |

测量眼肌面积的部位

（5）一胎后的选育

①对之前选育留下的合格后备母猪进行配种，根据其发情、产仔、断奶情况及其同胞和祖先生产成绩进行计算繁殖一胎的母系指数。

②淘汰发情不正常、分娩障碍的母猪。

③对初选合格种猪的第一胎进行纯繁，断奶后测定母系EBV综合指数，根据综合指数的数值高低选留。

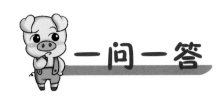

 什么叫遗传力？

任何一个性状表型都受到基因遗传与环境因素的共同作用。遗传力是用来评估某一性状受基因遗传与环境因素影响程度的比值，介于0与1之间。当遗传力等于1时，说明性状表型变异完全是由基因遗传决定;当等于0时,说明性状表型变异全部由环境因素决定。猪的高遗传力的性状大都会在后代中表现出来，容易取得较快的遗传进展；对于低遗传力的性状，取得遗传进展则相对困难，一般很难从个体遗传改良中获得遗传进展，只有扩大猪群测定样本数量，利用BLUP、分子标记辅助选择与基因选择等方法，才能筛选出真正优良的基因亲本个体，取得理想的遗传进展。

表型 = 遗传 + 环境

猪主要的重要经济性状及遗传力

性状	估计遗传力（%）	说　明
产活仔数	10	多产仔猪降低母猪的饲料成本
初生重	5	重量轻的仔猪成活率偏低
断奶仔猪数	12	断奶仔猪头数反映存活率是衡量母猪母性的一个好方法
21日龄窝重	15	断奶重与母猪的泌乳力高度相关，可以测评母猪的泌乳能力和母性
断奶窝重	5	尽管与管理相关，仔猪的成活率是判断母猪母性的一个好方法
平均日增重	30	较高的日增重缩短上市日龄和降低固定成本
饲料转化率	30	高产家畜一般饲料转化率高
初情期日龄	35	初情期较早的猪产仔日龄早，降低生产成本
达100kg体重日龄	35	与饲料效率和采食量相关
乳头数	18	一般至少12个乳头
胴体长	60	长度为高遗传力性状并且很少存在问题
背膘厚	40	背膘厚与瘦肉率呈高度负相关
眼肌面积	50	眼肌面积与瘦肉率呈高度正相关
腿臀比例	50	腿臀是高价值分割块肉制品
瘦肉率	50	高的瘦肉率意味着更多可食用的肉，经济价值更高
食用品质	20	猪肉的食用品质用嫩度、肉色、大理石纹、硬度和风味表示

注：遗传力用于估计后备种猪群内和品种内的差异。影响性状遗传力的其他因素由环境决定，遗传力低于20%为低遗传力，20%~30%为中遗传力，大于30%为高遗传力，表格中给出的估计遗传力是在样本量较大的基础上得出，不同种群下遗传力估计值可能存在一定差异。

《养猪学第7版》

什么是遗传测定指数？

　　遗传评估的目的是进行基因加性状效应的估计和预测，尽可能地将影响性状表型值的各种环境因子及基因之间的显性和上位效应剔除，以得到准确可靠的育种值。使用最佳线性无偏估计BLUP法（Best Linear Unbiased Prediction），通过表型值和个体间的亲缘关系进行遗传评定，由此得到的估计值称为估计育种值（Estimated Breeding Value，EBV）。BLUP法能校正环境因素的影响，获得准确可靠的育种值和种猪的综合遗传指数来选择优良的种用个体，提高了种猪生产性能的遗传改良进程。

种猪场如何确定需要测定的种猪头数？

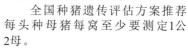

500头核心群母猪生产性能测定计划头数

性别	公猪	母猪
年产窝数	—	1 150
周分娩窝数	—	22
周测定头数	22	44
年测定头数	1 150	2 300
年留种头数	11.5	230
留种率	1%	10%

　　种猪场需要进行测定的种猪头数约为其全年所需后备种猪头数的8倍（公母各半），繁殖场约为其全年所需后备种猪数的3.2倍（公母头数比例1∶2）

　　全国种猪遗传评估方案推荐每头种母猪每窝至少要测定1公2母。

种猪出生时选育出现哪种情况整窝仔猪都要淘汰？

　　遗传缺陷大多数为隐性基因控制，所以出现任何有遗传缺陷的仔猪都必须整窝淘汰。如出现外翻腿、畸形趾、毛色不纯、锁肛、并趾、多趾、无腿、无毛或杂毛等。

小结

　　生产性能优秀的种猪是猪场生产的基础，选择合适的优良种猪是规模化猪场提升和保障高水平生产成绩的关键。了解和掌握种猪的遗传选育方法，对于猪场正确培育性能优秀的后备种猪提升和改善生产成绩十分重要。培育优秀的种猪要围绕着遗传选育的目标来进行。

　　1. 使商品猪的瘦肉率生产最大化。
　　2. 获得良好的生产性能：繁殖性能、生长速度、较低的料肉比。
　　3. 理想的体型、胴体品质及腿臀比例。
　　4. 较强的环境适应能力。

惊喜在这里

扫一扫加入

猪海拾贝互动社区

打开哼哼会APP扫描

2 后备种猪的体型外貌评定

本节疑惑

后备种猪的体型外貌评定有什么作用？

如何进行后备种猪体型外貌评定？

主要瘦肉型品种猪的体型外貌有哪些特点？

哼哼课堂

体型外貌选择标准

后备种猪体型外貌选择标准

头型	要求清秀，无腮肉或小腮肉
耳型	要求符合本品种特征外貌。大白：竖立；长白：下垂前倾；杜洛克：下垂
腰肩	要求腰间平直、腰间结合良好、过渡平稳
后躯	要求丰满、肌块明显
四肢	要求健壮、直立、行走自如、步态轻盈
蹄部	两蹄齐整，无卧系
乳头	杜洛克（母）6对以上，长白、大白（母）7对以上，无副乳头、瞎乳头和内翻乳头
生殖器	要求端正、无上翘，大小适中（母）；睾丸大小一致对称，包皮小，无积尿（公）

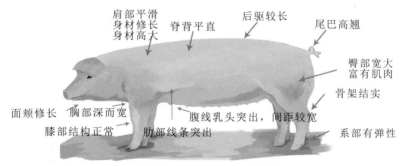

肩部平滑 身材修长 身材高大　脊背平直　后驱较长　尾巴高翘　臀部宽大 富有肌肉　骨架结实

面颊修长　胸部深而宽　腹线乳头突出，间距较宽　系部有弹性

膝部结构正常　肋部线条突出

后备母猪体型外貌选择标准

尾巴高翘 臀部丰满　背部平直宽大　肩部肌肉结实　头部清秀 颜面平直

睾丸紧凑 大小对称　骨架结实　包皮大小适中　腹线平直　下颌无赘肉 肢蹄健壮

后备公猪体型外貌选择标准

主要瘦肉型品种种猪体型外貌特点

(1)大白母猪
①全身被毛白色，体格较大。
②耳朵向前且直立。
③鼻直或微凹，无斑点。
④体躯较长，背腰平直，肌肉发育较好。
⑤四肢粗壮，蹄部结合良好，不僵硬。
⑥后腿与臀部结实，肌肉发达。
⑦腹线平直，不下垂。
⑧乳头7对以上，对称均匀分布。
⑨后躯灵活，韧性好。

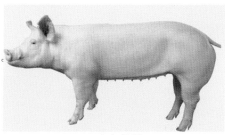

大白母猪

长白母猪

(2)长白母猪
①全身被毛白色，无杂毛。
②耳朵下垂，向前倾。
③颈长，无斑点。
④头部清秀，面相平直。
⑤体躯较长，背部宽度略窄。
⑥体脂少，背线平直。
⑦7~8对乳头，对称均匀分布。
⑧肋部长直，形状好。
⑨后腿与臀部结实，肌肉发达。
⑩后躯灵活。

(3)杜洛克公猪
①耳根直立，耳尖下垂。
②全身被毛红棕色，有浓淡分别。
③额面微凹，无斑点。
④脚趾大且均匀。
⑤背部宽广，背线从头部到臀部呈弓形。
⑥腹线平直，无下垂。
⑦乳头6对以上，分布均匀。
⑧身体紧凑、体格强壮。
⑨后腿与臀部结实，肌肉发达。
⑩包皮不宜过大、睾丸发育饱满。

杜洛克公猪

后备种猪体型外貌评估流程

按照"倒6"法，依次检查后备种猪的头部、胸部、背部、臀部、尾部、肢蹄，乳头、阴户等部位的特征是否符合品种特征和要求。

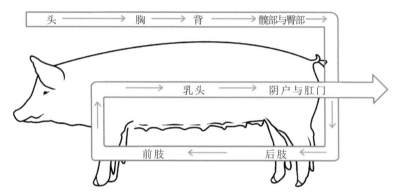

后备母猪检查路线

正常

塌背

弓背

走进课堂 图文释惑

重点检查部位

(1)肢蹄检查

正常的肢体关节具有良好的弯曲度和缓冲保护力，关节无肿大，无外翻和内陷，腿间距适中，蹄趾大小匀称，母猪起立和躺卧较为轻松，行走步伐轻快。由于肢蹄具有高度的遗传性，一旦发现母猪肢蹄有内曲外弯、严重增生、伸缩不自然、卧系等异常情况，都不能留种。

哼哼课堂趣味多

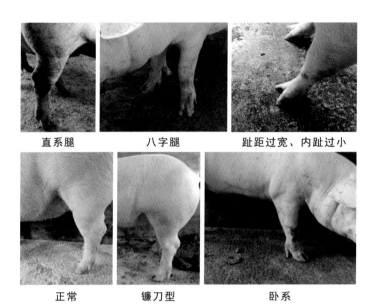

| 直系腿 | 八字腿 | 趾距过宽、内趾过小 |

| 正常 | 镰刀型 | 卧系 |

肢蹄（腿）选淘清单

选择标准	淘汰标准
关节有适当的弯曲，起到良好的起卧缓冲	侧蹄过度发育
行走流畅，步态轻盈	后肢蹄部直立，臀部较窄，肌肉紧绷后肢呈鹅步
不跛行，无明显关节肿胀、无明显损伤	内外八字腿，（如O形，X形或镰刀状）
肢蹄结实、无明显肢蹄疾患	蹄、腿部明显外伤
蹄趾头较大，大小均匀，间距匀称分布	蹄趾过小，无间距或间距太小（裂蹄或蹄掌磨损）
蹄部方向朝外侧，蹄趾之间宽度足够	蹄趾大小差异过大，大于1/2
侧蹄发育正常	腿间距离过窄
前腿结实，站姿呈矩形	膝关节肿大、凸起
前腿蹄尖和后腿的蹄尖方向呈平行线	较严重的裂蹄

（2）腹线乳头检查

后备母猪发育良好的腹线要求尽量平直，每侧有7个以上的功能乳头，肚脐前最好有4对功能乳头，间距均匀，发育成熟，无瞎乳头和附乳头。

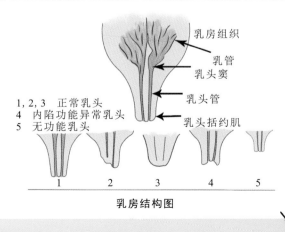

乳房组织
乳管
乳头窦
乳头管
乳头括约肌

1, 2, 3 正常乳头
4 内陷功能异常乳头
5 无功能乳头

1　2　3　4　5

乳房结构图

乳头正常　　　　　　　　　　乳头间距不均，乳头数偏少

腹线乳头标准

选择标准	淘汰标准
腹线平直	存在瞎乳头和附乳头
乳头整齐，间距合适，分布均匀	乳头不突出，内陷
有效乳头在6对以上，至少3对在肚脐之前	乳沟间距过小且分布不均匀
乳头发育良好，无瞎乳头，附乳头	功能乳头少于7个

（3）外生殖器检查

发育良好的后备种猪阴户要求：肥厚丰满、大小同尾根轮廓相当、不上翘也无损伤、发育良好的阴户有利于母猪配种和顺利分娩。若阴户过小，会造成配种困难和难产；若阴户上翻，则容易导致母猪患子宫炎和膀胱炎。

公猪的睾丸要求：左右对称，大小适中，阴囊皮肤紧致，不松弛，否则会导致精子发育不良，出现死精、畸形。同时公猪的包皮不能过长，否则会造成积尿过多，采精时容易引起污染。

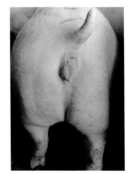

阴户上翘　　　　　　　阴户过小　　　　　　　正常

后备母猪阴户选留标准

选择标准	淘汰标准
阴户大小及形状正常	幼稚性阴户发育不全
阴户发育良好，肥厚丰满，大小同尾根轮廓相当	阴户过小（交配、分娩困难）
阴户上翘	阴户上翘（分娩困难）
阴户外翻	阴户外翻（子宫、膀胱等感染炎症）
无损伤	阴户严重损伤（配种分娩困难）

哼哼课堂趣味多

后备种猪健康情况检查

后备种猪的健康要求不存在任何传染性疾病，体表无伤口，无皮肤病，眼睛无泪斑、红肿等异常情况。

后备种猪健康评估标准

选择标准	淘汰标准
无遗传性疾病	脐疝，并趾
无应激综合症	经驱赶不震颤、不打抖
无皮肤性疾病	皮肤病、外伤、免疫注射肿块
无呼吸道症状	泪斑、红眼、咳嗽

一问一答

后备种猪肢蹄评估为何重要？

后备种猪的肢蹄发育是否良好直接影响使用寿命和繁殖性能，尤其是公猪，因为公猪爬跨需要有强健的后肢支撑身体重量，前肢要能固定假母台。

公猪的后肢起到支撑身体的作用

为什么后备母猪乳头数目在肚脐前最好有4对？

肚脐前有4对功能乳头的母猪泌乳性能好，奶水质量高，仔猪喝奶时方便让仔猪吮吸乳头。

如果后备母猪阴户过小会有什么影响？

母猪阴户过小会造成配种和分娩困难，容易导致难产；同时阴户过小意味母猪子宫容积小，会导致产仔数低。

后备种猪体型外貌评估的打分方法？

美国评分系统：前肢和后肢实行5分制，二者相加，采用10分的度量方法，腹线采用10分制。

前肢，后肢评分方法

选择标准	淘汰标准
1~3分	有严重的结构问题，无法作为种用
4~7分	有轻微的结构或运动问题
8~10分	无明显的结构或运动问题

腹线评分方法

选择标准	淘汰标准
1~3分	每侧有效乳头数少于6个，或有一个以上的无功能乳头，或间距不对称
4~7分	每侧有6个或6个以上的有效乳头，形状和间距适当
8~10分	每侧有6个或6个以上的有效乳头，排列整齐，发育良好

能否列举一个后备母猪体型外貌评估的清单？

后备母猪体型外貌评估标准（推荐）

项目	要求	比重（%）	评分
整体	符合品种特征，长白、大白猪身无黑色斑点	20	
	头部清秀、颈部无腮肉， 体型修长、胸宽腹深、背线平直		
	行走流畅，动作协调，不跛行		
	臀部丰满、尾巴上翘		
肢蹄	无裂蹄	30	
	不跛行，无明显关节肿胀、无损伤		
	蹄趾大小一致，间距适合		
	悬蹄发育正常		
	前后肢间距较宽，无X，O型腿		
	肢蹄粗壮、较大、匀称、又间距分布		
腹线及乳头	腹线平直	25	
	有效乳头6对以上		
	乳头整齐（无突出、内陷）		
	乳头间距合适，分布均匀		
	乳头发育良好，无瞎乳头、附乳头		
阴户	阴户不上翘	15	
	无明显损伤		
	阴户不能过小		
健康	无遗传性疾病（脐疝）等	10	
	无皮肤病、呼吸道疾病（泪斑红眼）等		

注：后备公猪的体型外貌评估除了保证睾丸大小一致，阴囊皮肤紧凑，包皮适中外，其他参照后备母猪评定。

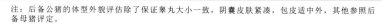

小结

　　后备种猪体型外貌鉴定和评估是育种工作中非常重要的部分。

　　一头体型外貌优秀的种猪是其理想基因型的直观反映。身体健康、结构结实的后备种猪才能维持其正常的生殖功能。体型外貌特征与生产性能和使用寿命存在着很强的相关性；在种猪的培育过程中，除了通过生产性能测定与遗传评估对种猪的性状进行评定以外，对种猪的体型结构、肢蹄、乳头、阴户等进行科学的评定和选择是提高猪群繁殖表现最有效途径。

惊喜在这里

扫一扫加入

猪海拾贝互动社区

打开哼哼会APP扫描

3 后备种猪的外购与引进

本节疑惑

如何选购合适的后备种猪？

如何选择合适的种猪场引种？

如何将后备种猪安全运抵猪场？

引种猪场的评估

选择合适的种猪场购买后备母猪非常重要，要提前对种猪场进行检查评估。

引种猪场的评估事项

资质水平	种猪场要求具备种猪生产资质，要有种畜禽生产经营许可证和动物防疫合格证
生物安全	猪场位置是否合理，防疫程序是否严密，人员、车辆、饲料、环境消毒是否严格
猪群健康	最近几年猪群是否发生重大疫情
种猪性能	选购品种的繁殖性能、生产性能、适应性与市场反馈是否良好
供种能力	猪群的规模、生产成绩及目前能够提供的种猪数量是否达到一定规模
售后服务	种猪场是否具备良好的技术服务团队进行售后服务

走进课堂
图文释惑

选购要求

根据猪场的实际情况，选购繁殖性能好、生长速度快的后备母猪。选购的后备母猪体型外貌要符合品种特点，纯种母猪要查看3代系谱，主要生产性状的测定数据包括：总产仔数、达100千克体重时的日龄、背膘厚度、相应的估计遗传育种值（EBV）与繁殖性能综合指数。

选购时还要查看免疫程序和记录，全面了解猪群的健康情况，现场挑选的后备母猪要进行抽血化验，评估主要疾病的感染情况。重点检查：猪瘟、蓝耳病、伪狂犬病、口蹄疫病等重要疾病的野毒情况。

种猪合格证

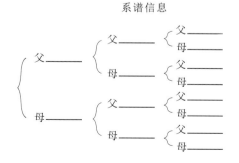

哼哼课堂趣味多

生产性能测定信息

本身测定值		EBV指数				100kg体重日龄	背膘厚（mm）	眼肌厚/面积	日增重（g）	料肉比	瘦肉率（%）	外貌指数	总产仔数
		父系	母系	繁殖	自定								
育种值	本身												
	父亲												
	母亲												
	祖父												
	祖母												
	外祖父												
	外祖母												

育种鉴定员签章 _____

提前准备后备隔离舍

引入的后备种猪需要饲养在单独的隔离舍中，使后备母猪处在一个相对独立且安全的环境进行隔离。隔离舍最好距离猪场生产区1千米以上。如果猪场受到地理上的限制，那么建议后备母猪最好饲养在猪场生产区最边缘且处在下风口位置的猪舍。

独立的后备隔离舍

减少运输对后备母猪的应激

为了减少后备母猪运输过程中生病或伤亡，减少应激，需要注意如下事项。

后备母猪运输过程中的注意事项

注意天气	避免在高温、寒冷、潮湿的天气进行运输。冬季运输时，车内加垫草、盖棚布（留通风口）、防风雪，以免猪只感冒。夏季注意防暑，最好晚上装车，夜间运输，防风、防雨
车辆选择	选择合适的车辆，切忌使用贩运肉猪和其它动物的运输车辆，运输车运输前须彻底消毒
装车分群	装车时尽可能同类型猪关在一栏，且体重不宜相差太大，最好能对猪群喷洒有较浓气味的消毒药水，中和气味，避免打架
装车密度	注意装车密度合适，避免挤压，装车后种猪应能自如站立、活动，不可拥挤或过于宽松
适当控料	启运前后备种猪适当控料，不宜饱食，保证种猪饮足水
运输过程	保证安全、走高速，减少停留时间，避免急刹车，平稳开车
适当喂水	运输过程中每2~3h给后备猪进行补水，运输途中严禁与其他偶蹄动物接触
配备药物	长途运输应随车备有注射器及镇静、抗生素类药物，停车时注意观察猪群状况，遇有异常猪只需及时处理

运输途中的后备母猪

注：母猪长距离的运输空间十分狭小，互相之间还可能打架，到场时会非常疲劳虚弱。

到场后的处理措施

　　后备母猪经过长时间的运输，会非常疲劳、虚弱、口渴甚至脱水、全身颤抖乃至休克。因此后备母猪进场后要细心呵护，提供充足新鲜的饮水，最好是提供电解多维溶液，保持栏舍干净、干燥，有宽阔的空间，保持环境安静让其尽快恢复。

　　后备母猪建议小群小栏饲养，减少混栏应激。同时为了方便诱情，建议饲养密度不低于1.4平方米/头，每栏饲养头数不超过12头。

健康检查

（1）驱赶途中的健康检查

在将后备母猪从运输车上卸下并赶至栏舍的过程中对后备母猪进行健康检查。重点观察：皮肤、肢蹄、精神状态、呼吸频率、行走姿势等是否正常。

（2）在隔离舍的健康检查

后备母猪在隔离舍安定下来后，进行全面健康检查。对每一头后备母猪的腿、蹄、生殖器、皮肤、腹部、乳头、精神状态、呼吸频率等进行详细的健康检查，同时做好记录。

后备母猪卸下后，在驱赶的过程中就要仔细查看母猪的健康状况

实践课堂

① 【准备后备隔离舍】

　　①提前1周对栏舍进行清洗、消毒、干燥。
　　②检查并保证后备隔离舍料槽、饮水、灯光、通风系统能正常运行。
　　③检查后备隔离舍栏门是否牢固。
　　④保证栏舍地面平整，没有积水，略微粗糙不易打滑，无凹坑塌陷。

② 【准备卸猪区】

　　①彻底做好卸猪区的清洗消毒。
　　②提前做好卸猪人员安排。
　　③提前准备好赶猪通道。

③ 【确认后备母猪到场时间】

　　猪场接猪人员打电话沟通运输车到场具体时间，以便安排人员做好卸猪准备。

④ 【执行卸猪程序】

　　①确认每栏需要饲养的后备母猪头数。
　　②每次驱赶同一栏饲养的后备母猪。
　　③对后备母猪进行适当清洗消毒。
　　④动作轻柔，减少后备猪群应激。
　　⑤在驱赶的过程中进行健康检查，重点关注有肢蹄问题的后备母猪。

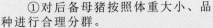

⑤ 【合理分群】

①对后备母猪按照体重大小、品种进行合理分群。

②若发现有跛脚、瘸腿、受伤等健康问题，应单独隔离。

⑥ 【饮水、饲喂】

①后备母猪到场后需提供新鲜充足干净的饮水，可以将饮水器进行引流，使后备母猪尽快找到饮水位置。

②后备母猪到场当天进行适当的控料饲喂，饲喂量不超过1千克/头，第二天饲喂1.5千克/头，之后自由采食，也可以饲喂青绿饲料。

⑦ 【彻底健康检查】

①待后备母猪全部赶至隔离舍安顿之后进行彻底健康检查，重点关注腿、蹄、阴户、乳头等。

②对不合格的后备母猪打上标记并上报给猪场管理人员。

⑧ 【定点调教】

对后备种猪做好调教工作，养成在指定的地点采食、睡觉及排泄的良好生活习惯，保持栏舍干燥卫生，减少疾病感染概率。

一问一答

对于肢蹄损伤的后备母猪如何处理？

对于肢蹄损伤的后备母猪要单独饲养，同时肌注药物进行治疗。

猪场如何选购合适的后备种猪？

长大二元母猪

　　原种猪场：必须引进同品种多血缘纯种公、母猪。
　　扩繁场：可引进不同品种纯种公、母猪。
　　商品场：可引进纯种公猪及二元母猪。
　　建议：扩繁场饲养大约克、长白及杜洛克品种猪；自繁商品场饲养长大二元母猪及杜洛克纯种公猪。

卸猪过程中如何正确驱赶？

　　卸猪时注意做到五不准：不准用棍子打，不准用脚踢，不准用器具捅，不准抓尾拖，更不准将猪往车下扔。

小结

　　猪场的后备母猪如果不能满足配种的需要，或者需要引进生产性能优良的母系种猪，就需要从外场引进后备母猪。在引种之前，需要提前准备好隔离舍，并采取必要的措施降低经过长途运输对后备母猪产生的各种应激，使后备母猪尽快恢复。做好后备母猪的引进流程，关系到后备母猪今后一生的生产性能，对猪场经济效益有着重要的意义。

惊喜在这里

扫一扫加入

猪海拾贝互动社区

打开哞哞会APP扫描

4 后备母猪的隔离与驯化

○ 本节疑惑

后备母猪为什么要进行隔离与驯化？

隔离和驯化的时间要多久？

如何做到有效的隔离和驯化？

隔离驯化的原理

由于不同猪群所携带的细菌和病毒的数量及种类不同，对疾病的免疫保护水平也存在差异。因此，需要对引进的后备母猪进行隔离与驯化，才能有效保证引进的后备母猪与本场猪群的免疫水平达到一致，从而提高猪群健康度和使用年限。在决定购买后备母猪前，及时了解种猪场提供的后备母猪的健康情况，并结合本场实际情况制定合理的隔离驯化流程，对后备母猪的健康管理非常重要。

隔离与驯化的目的是保证猪群健康

隔离期

隔离期是为了使后备母猪能尽快适应本猪场猪群的饲料、饮水、环境，同时避免后备种猪将其所携带的病原传染给本场猪群，保护本场猪群的健康，降低疾病爆发的风险。

后备母猪进场隔离

驯化期

驯化的目的是让后备母猪在逐步适应本场环境后，有计划地与本场猪群的病原进行接触，保证引进后备母猪获得重大疾病的免疫保护力，如蓝耳病、猪流行性腹泻、肺炎支原体、猪流感等，使后备母猪获得对本场病原的免疫力最大化，保证猪群健康，延长使用寿命。

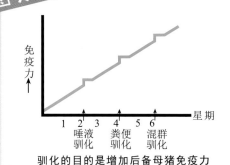

驯化的目的是增加后备母猪免疫力

后备母猪进场隔离

隔离与驯化时间

后备母猪隔离和驯化时间均不能低于4周。如果本场猪群疾病压力较大，建议引入体重较小的后备母猪，隔离与驯化时间延长2~4周，这样可以使后备母猪有充足的时间适应本场病原微生物产生良好的免疫力，从而获得良好的生产性能。

隔离流程

①做好生物安全工作，专人饲养，工作服、雨鞋、饲料车等生产工具单独使用。

②任何人进入后备隔离舍需要严格消毒，工作鞋要用消毒盆浸泡消毒，最好能洗浴。

③做好日常饲养管理工作，提供充足新鲜的饲料和饮水，保持栏舍干燥卫生的环境。

④做好后备种猪的疫苗免疫和药物保健，后备母猪引入后的第1周添加多维等抗应激药物，让猪群尽快恢复。第2周开始结合本场实际情况，选择本场同源毒株的疫苗做好免疫，选择针对性药物和抗应激的功能性添加剂进行策略性保健，预防和减少疾病的发生。

⑤在隔离期间，饲养员每天都要对猪群进行仔细观察，观察猪群的采食量、精神状态、呼吸频率、肢蹄是否正常等。

⑥隔离期结束时确保本场猪群和引进的后备种猪都无异常，并采血检测，评估猪场常见疾病如猪瘟、蓝耳、圆环、伪狂犬、口蹄疫等病毒抗体情况。若检测结果正常，后备母猪的隔离期结束后，可以将后备母猪转移至本场的后备舍里进行驯化。

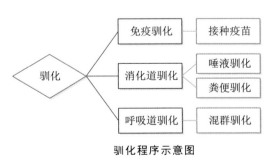

驯化程序示意图

驯化程序

后备母猪经过隔离期后，结合猪场实际情况，可以转入待配舍或者直接在驯化舍中进行驯化，不同猪场的驯化程序存在一定差异，采用的驯化方式和时间节点要结合本场实际情况以及引起猪群体重、健康程度来制定。

哼哼课堂趣味多

(1)疫苗驯化

在驯化期内按照既定的免疫程序，继续做好后备母猪的疫苗免疫工作，这对激发后备母猪免疫应答、获得良好的疾病抵抗力保障猪群健康非常关键。免疫注射在后备母猪隔离期开始1周后进行，最好在开始进行消化道驯化及呼吸道驯化时完成左右基础疫苗的一免，直到配种前3周完成两次免疫。

(2)消化道驯化

消化道可刺激后备母猪肠道产生黏膜免疫，从而使后备母猪成功配种后在分娩仔猪时产生母源抗体对新生仔猪进行保护，这对产房仔猪肠道疾病的控制尤为重要。如果采取合理的驯化方法操作得当，可以显著减少仔猪肠道疾病的发生。

· 唾液驯化

保育猪是比较好的后备母猪驯化材料，但基于生产成本考虑很少将保育猪放进后备栏混养，为了达到消化道驯化目的，可以应用棉绳进行唾液驯化。

操作时间：后备母猪进入驯化期后第2周进行唾液驯化。

操作方法：先将棉绳系在40~60日龄保育猪栏杆上，让猪咬0.5~1小时，然后再将棉绳系在后备栏上，让后备母猪啃咬1~2小时，每天2次，连续进行7天。

· 粪便驯化

操作时间：进行唾液驯化后间隔2周，进行粪便驯化。

操作方法：收集产后1~3天内的头胎母猪的粪便，发生腹泻仔猪的粪便及肠道内容物，每头后备母猪饲喂50克，用生理盐水稀释好后马上拌入饲料混匀后饲喂后备母猪，每隔2天饲喂一次，连续饲喂3~4次。对于发生仔猪腹泻的猪场，需要从后备阶段就要开始进行驯化，重复1~2次。后备母猪配种后在妊娠79天及93天再分别用粪便饲喂一次，驯化期间的粪便驯化好比是疫苗首免，而产前粪便驯化犹如加强免疫。需要注意的是后备母猪在20周龄前、配种前3周及产前3周的母猪不能进行，以免影响母猪的生产性能，同时为了保证安全性，最好是对仔猪腹泻粪便及肠道内容物在饲喂前进行实验室检测，确定没有蓝耳、猪瘟、圆环、伪狂犬等病毒再进行饲喂。

只用新鲜病料

在驯化阶段和分娩前应多次进行粪便驯化

粪便材料要检查确保混合均匀并进行检疫

粪便驯化需要考虑的3个要点

（3）混群驯化

操作时间：消化道驯化后间隔2周。

操作方法：将需要淘汰的年轻健康母猪（最好是头胎母猪）与后备母猪关在同一个栏中饲养7天以上。每头母猪最好对应3~5头后备母猪，最多不超过10头后备母猪，使后备母猪与淘汰母猪充分接触进行呼吸道系统及体表微生物群落的驯化，与母猪混群还有利于后备母猪提前发情。

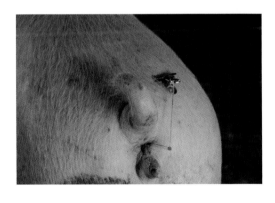

（4）驯化效果评估

驯化期间观察后备猪群的健康状况，每周2次全群体温检测。若猪群体温高于39℃，持续1~2天后恢复正常，说明驯化效果良好。若后备猪群有5%出现疾病症状，且经过治疗可以痊愈，说明驯化正在进行。

（5）采血检测

后备母猪完成免疫和驯化程度后，配种前3周需要进行全群采血，检测猪场常见疾病如猪瘟、蓝耳、圆环、伪狂犬、口蹄疫等病毒抗体，评估后备猪群免疫效果。只有检测合格的后备母猪才能配种进入经产母猪群。

哼哼课堂趣味多

一问一答

为什么后备母猪引入后需要1周的休整时间？

因为后备母猪经过运输到达新猪场后很虚弱，需要1周时间恢复体力并适应环境，同时转群期间的应激还会造成免疫力下降。

为什么后备母猪驯化结束需要采血检测？

为了保证母猪群整体的健康，严格禁止有疾病隐患的后备母猪进入生产母猪群，每头后备母猪都必须在配种前进行采血检测。

为什么隔离驯化期至少要4周时间？

因为疾病的潜伏期通常是3周，应激恢复期需要1周，所以至少需要4周时间才能有效发现有疾病隐患的后备母猪。必须保证后备母猪与本场猪群健康状况正常采能进行驯化。

隔离期间异常情况如何处理？

若后备母猪生病及时进行治疗，若猪群发病率超过10%必须采取群体治疗，若出现重大传染病在采取治疗措施的同时，询问引种猪场是否有疾病发生，这对正确判断病因以及采取对策非常重要。若猪群在隔离期间正常，要与本猪场猪群健康情况进行比较，评估本场猪群在后备母猪引入后是否出现异常情况，避免后备母猪引入新的病原导致本场猪群发病，如果本猪场健康出现异常情况就要分析原因并适当延长隔离时间。

小结

　　后备母猪的隔离与驯化是后备母猪从进场到转入配种舍配种前的一个过渡时期，目的是为了防止后备母猪将外场的疾病传播给本场猪群，同时使后备母猪逐渐适应本场病原微生物并产生良好的免疫应答能力，从而获得较长的使用年限和生产性能；正确地执行隔离和驯化工作流程，是保证后备母猪健康的一项重要工作，也是后备母猪能否顺利配种的一个关键环节。

惊喜在这里

扫一扫加入
猪海拾贝互动社区

打开哼哼会APP扫描

第三章

怎么喂好种猪

母猪的饲喂方案

本节疑惑

如何制定母猪的饲喂方案?

影响母猪饲喂的因素有哪些?

正确地进行母猪饲喂要关注哪些要点?

哼哼课堂

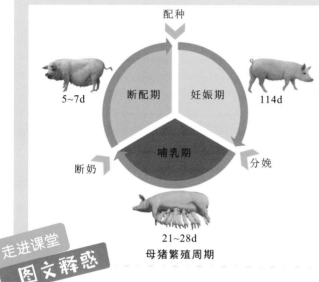

配种

5~7d

断配期　妊娠期

114d

哺乳期

断奶

分娩

21~28d

母猪繁殖周期

走进课堂
图文释惑

母猪饲喂方案

　　正确的饲喂方案对母猪繁殖性能和生产效率有直接影响。合理的母猪饲喂方案既要满足母猪及胎儿不同阶段生长发育的营养需求，又要维持母猪良好的体况，从而保证较高的配种分娩率，提高仔猪出生头数和出生重量，生产出尽可能多的健康而有活力的仔猪，获得较高的生产成绩。

催情补饲

　　催情补饲是指母猪在配种前，通过提高饲喂量来增加母猪排卵数及提高卵子质量，从而增加受胎率和产仔数的方法。后备母猪催情补饲是指在后备母猪第二次发情后的7天内降低饲喂量至2.5千克/天，之后连续自由采食直到第三次发情完成配种。经产母猪的催情补饲是在断奶后进行自由采食直至配种，同时每天饲喂150~200克葡萄糖补充能量，可以缩短母猪断奶到发情时间的间隔并提高排卵数及与卵子质量。

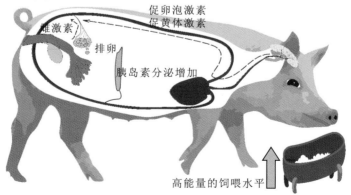

促卵泡激素
促黄体激素

雌激素

排卵

胰岛素分泌增加

高能量的饲喂水平

高能量饲喂水平对激素的影响

注：后备母猪及经产母猪在配种前提供高能量的饲喂水平，可以使血糖升高促使胰岛素（INS）分泌增加，从而刺激下丘脑增加分泌促性腺释放激素（GnRH）；GnRH作用于垂体使其分泌促卵泡激素（FSH）和促黄体激素（LH），FSH和LH作用于卵巢可刺激卵泡生长发育，增加卵泡数量，同时促进卵巢分泌雌激素使母猪尽早发情。

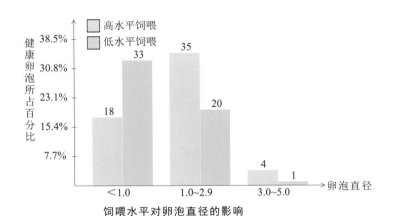

饲喂水平对卵泡直径的影响

催情补饲提高卵母细胞的数量和质量

饲喂水平	高	低
卵泡>4.5mm	4.3	1.6
排卵数	17.1	15.0
成活胚胎数量	15.2	14.3

母猪不同阶段的饲喂目标

　　根据母猪的繁殖阶段将其分为断配期、妊娠期、哺乳期3个阶段，不同的繁殖阶段，饲喂目标也不一样。

　　（1）断配期
　　母猪断奶后提供高水平的饲料，让母猪自由采食或者根据食欲饲喂可以加速母猪乳房干奶，尽快让母猪进入新一轮的发情周期，从而缩短断奶~配种时间间隔，增加排卵数量和质量。

　　（2）妊娠期
　　· 妊娠前期：配种~妊娠30天
　　母猪配种至妊娠30天，这是胚胎附植子宫的关键时期，母猪饲喂的目标是保证胚胎的成功着床，提高胚胎的成活率。
　　低水平的饲喂可以提高胚胎的附着率和成活率，因此，体况正常的母猪，在这一时期需要进行低水平的饲喂，提高受胎率和减少胚胎死亡。对于体况偏瘦的母猪需要根据体况进行调整，适当增加饲喂量。

· 妊娠中期：妊娠31~90天

母猪妊娠31~90天，由于胎儿的生长发育比较缓慢，母猪的饲料摄入主要用于维持自身生长及脂肪的沉积，因此，该阶段母猪饲喂的目标主要是通过调整饲喂水平使母猪保持良好的体况。

在妊娠中期，需要给母猪进行至少2次体况评定，分别在妊娠28~35天和63~70天（详见本章第三节《体况评定》），然后根据体况评分调整饲喂量。在妊娠中期通过合理饲喂，使母猪保持在2.5~3.0分的最佳体况。

· 妊娠后期：妊娠91~110天

母猪妊娠91~110天，胎儿开始迅速生长，胎儿2/3的体重增长都是在妊娠后期完成，此阶段需要增加饲喂量才能保证母猪以及胎儿的营养需要（俗称"攻胎"）。同时，妊娠后期增加饲喂量还可以增加仔猪肝脏能量的沉积来提高仔猪的成活率。

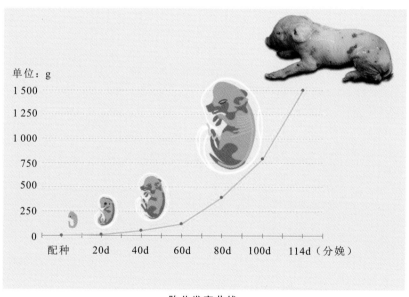

胎儿发育曲线

注：胎儿发育曲线表明，胎儿在90天之后开始快速增重。

· 待产期：妊娠111天~分娩

母猪在妊娠110天或更早时就会转入分娩舍为分娩产仔做准备，因此该阶段饲喂的目标是保证顺利分娩，减少死胎。如果继续维持妊娠后期的高饲喂量则容易导致母猪难产及增加死胎数，因此需要降低饲喂量。

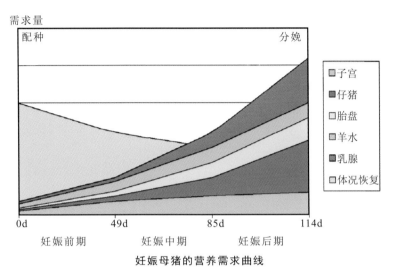

妊娠母猪的营养需求曲线

后备母猪的饲喂

后备母猪的饲喂除了要满足自身生长发育需要，还要保证生殖系统充分发育，扩充胃容积，强化骨骼肢蹄发育。因此建议后备母猪饲喂专用的后备母猪料，采取自由采食或者根据食欲进行饲喂的方案。

具体饲喂方案如下：

①后备母猪引入后的前7天，为减少应激，最好饲喂与引进猪场相同或相同类型饲料，引入当天及第二天进行限饲，之后让后备母猪自由采食或者根据食欲饲喂，随着后备母猪体重的增加，饲喂量也随之加大，体重达到100千克以上的后备母猪每天饲喂量不低于3千克/天。

②当群体大部分后备出现第二次发情后的7天内连续降低饲喂量至2.5千克/天。

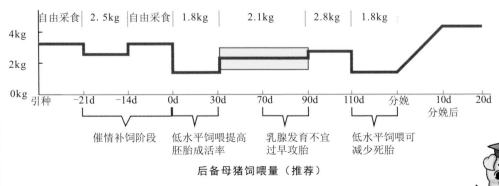

后备母猪饲喂量（推荐）

③在第二次发情后7~21天，即第三次发情前的14天增加饲喂量，让后备母猪自由采食或根据食欲饲喂，至少3千克/天。

④妊娠前期：配种当天~30天，饲喂量降低至1.8千克/天。

⑤妊娠中期：妊娠31~90天，对于体况在3分或以上的后备母猪增加饲喂量至2.1千克/天，体况评分2分的后备母猪饲喂量增加至2.3千克/天，体况评分在1分的后备母猪饲喂量增加至2.5千克/天。并在妊娠第28~35天，63~70天进行体况评分后及时调整饲喂量。通常后备母猪不会低于2分，否则不能达到配种要求的背膘厚度。

⑥妊娠后期：妊娠90~110天增加饲喂量至2.8千克/天。

⑦待产阶段：妊娠111天如果母猪仍留在妊娠舍，降低饲喂量至1.8千克/天。

⑧如果环境温度低于最适温度21℃，必须根据实际温度增加饲喂量，每降低3℃增加0.14千克/天。

经产母猪饲喂

经产母猪断奶阶段的饲喂的主要目的是要促进母猪尽快发情，缩短断奶至发情时间间隔。妊娠阶段则要根据胎儿生长发育的不同阶段进行灵活调整，保证胎儿生长发育的营养需要并及时调整母猪体况，使母猪储存足够的脂肪进入哺乳期。妊娠母猪的饲喂需要与体况评分和背膘测定相结合，调整体况主要在妊娠中期进行，使母猪体况在妊娠前中期维持在2.5~3.0分，分娩前维持在3.0~3.5分。

具体饲喂方案如下：

①断配期：经产母猪断奶后进行自由采食或者根据食欲饲喂，尽量保证每头母猪能够采食量最大化，可以通过增加饲喂次数和湿拌料方式来提高采食量，同时每头母猪每天添加葡萄糖150~200克。

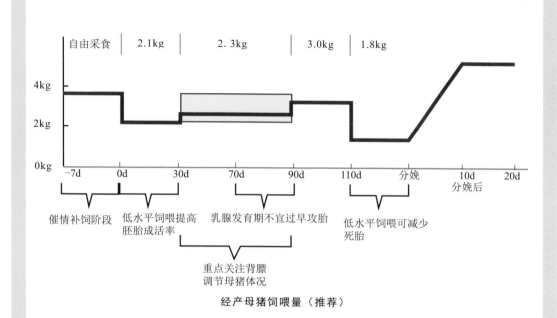

经产母猪饲喂量（推荐）

②妊娠前期：妊娠0~30天，在人工输精当天，对于体况评分为3分的经产母猪，饲喂2.1千克/天；体况评分为2分的经产母猪，饲喂2.8千克/天；体况评分为1分的经产母猪，饲喂3.4千克/天。

③在妊娠22天时，体况评分为3分的经产母猪增加饲喂量至2.3千克/天。

④在进行第一次体况评分时（妊娠28~35天），根据母猪实际体况得分调整饲喂量：体况评分为3分，饲喂量维持2.3千克/天；体况评分为2分，饲喂量增加至2.8千克/天；体况评分为1分，饲喂量增加至3.4千克/天；体况评分为4分及以上，降低饲喂量为2.1千克/天。

⑤进行第二次体况评分（妊娠63~70天）时，按照步骤4根据体况评分情况调整饲喂量。由于70~90天是乳腺发育期，应尽量避免增加过多的饲喂量。

⑥妊娠后期：在妊娠90天增加饲喂量至3千克/天,以满足胎儿快速生长发育的需要。

⑦待产阶段：妊娠111天~分娩，降低饲喂量至1.8千克/天。

⑧如果环境温度低于母猪最适温度（21℃）时需要增加饲喂量，每降低3℃，饲喂量增加0.2千克/天。

影响母猪饲喂的其他因素

母猪的饲喂方案除了与母猪的繁殖周期密切相关外，还有如下几个因素的影响。

（1）胎次

3胎之前的母猪自身还需要继续生长，但是比高胎龄母猪用于维持生命活动的营养需求要低。通过合理的饲喂既可以满足年轻母猪的生长发育需要，又可以保证老龄母猪的维持体况需要，合理的母猪饲喂目标是使母猪体型越来越大而不是越来越胖。

（2）品种

不同品系和品种的母猪采食量也会有差异，比如杜洛克的食欲和采食量都会高于其他品种，丹系长白母猪对营养物质需求较高。

（3）环境

猪舍环境对母猪的采食量影响很大。当环境温度低于母猪最适温度时，母猪就需要动用自身脂肪储备来维持体温，因此需要给母猪增加饲喂量。建议环境温度低于21℃，每降低3℃，后备母猪多饲喂0.14千克/天，经产母猪多饲喂0.2千克/天。夏季高温会降低母猪采食量，需使用合适的降温系统降低热应激对母猪采食的影响。

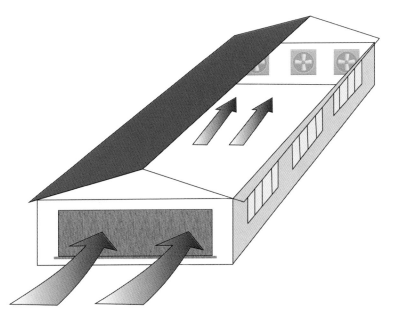

建立降温系统避免母猪在高温季节采食量的下降

种猪的营养需要

种猪各阶段日粮主要营养成分需求推荐值

饲料种类	参照标准	净能（kcal/kg）	消化能（kcal/kg）	粗蛋白质（%）	可消化赖氨酸（%）	可消化蛋氨酸和胱氨酸（%）	钙（%）	总磷（%）	有效磷（%）
后备母猪	推荐	≥2 300	≥3 200	17%	≥0.7	≥0.4	≥0.7	≥0.55	≥0.3
后备母猪	NRC标准（第11次修订版）（参考小母猪75~100kg体重的营养标准）	≥2 475	≥3 402	—	≥0.77	≥0.44	≥0.56	≥0.49	≥0.26
妊娠母猪	推荐	≥2 300	≥2 900	≥13.5	≥0.61	≥0.4	≥0.75	≥0.6	≥0.34
妊娠母猪	NRC标准（参考2胎165kg体重母猪标准）	≥2 518	≥3 388	—	≥0.61	≥0.4	≥0.78	≥0.58	≥0.34
哺乳母猪	推荐	≥2 400	≥3 260	≥18%	≥0.8	≥0.4	≥0.7	≥0.6	≥0.32
哺乳母猪	NRC标准（参考2胎210kg体重母猪标准）	≥2 518	≥3 388	—	≥0.78	≥0.41	≥0.68	≥0.6	≥0.34
种公猪	推荐	≥2 300	≥3 000	≥16.5%	≥0.51	≥0.25	≥0.7	≥0.75	≥0.33
种公猪	NRC标准（第11次修订版）	≥2 475	≥3 402	—	≥0.51	≥0.25	≥0.75	≥0.75	≥0.33

注：1kcal=4.18kJ

为什么后备母猪在配种前要自由采食？

　　这是为了让后备母猪达到配种需要的体重和背膘厚。保证后备母猪在配种前体重大于130千克，背膘厚达到16~18毫米是非常必要的。同时在第三次发情时配种不仅可以沉积更多的脂肪储备还可以增加排卵数。

　　现代瘦肉型后备母猪由于遗传改良使得其脂肪储备降低，为了减少泌乳期背膘损失导致不发情或发情延迟，必须使后备母猪沉积更多的脂肪，从而延长使用年限和提高产仔数。

后备母猪的饲喂使用什么饲料？

　　后备母猪必须使用后备母猪专用的饲料配方进行饲喂后备母猪，因为后备母猪料富含能量，蛋白质水平相对较低，可以更好地促进脂肪沉积而不是肌肉组织生长，同时后备母猪料含有丰富的维生素及矿物质微量元素，有利于生殖系统和骨骼的生长发育。

体况正常的母猪在配种后30天内为什么要降低饲喂水平？

　　因为这一阶段是胚胎附植子宫的关键时期，胚胎能否成功附植子宫直接决定了母猪能否成功受孕，尤其是配种3天后的饲喂非常关键。低水平的饲喂可以提高胚胎的附着率和成活率，因此，正常情况下，建议在这一时期后备母猪饲喂1.8千克/天，经产母猪饲喂2.0千克/天。

母猪乳腺发育期（妊娠70~90天）如何饲喂？

　　在妊娠70~90天，母猪乳腺细胞开始发育，为哺乳期的泌乳做准备，因此在该阶段，不能过度饲喂，否则容易导致乳腺细胞脂肪过度沉积导致母猪在哺乳期泌乳量减少。

为什么妊娠90~110天要提高饲喂水平（俗称攻胎）？

　　如果这一阶段不增加母猪饲喂量，母猪就会消耗自身的脂肪和肌肉蛋白来保证胎儿的生长发育需要，导致体储减少，仔猪初生重降低。

小结

　　母猪的饲喂方案与母猪的生产成绩息息相关，直接影响受胎率、产仔数、泌乳量及仔猪初生重。掌握母猪饲喂方案及其原理对猪场母猪日常的管理非常重要，有助于更好地饲喂母猪，提高母猪的生产性能。

　　现代瘦肉型猪通过遗传改良已经大大降低了其身体的脂肪水平，同时提高了饲料利用率。但这也意味着母猪的脂肪储备大大减少，母猪对营养的需求以及饲喂量更加敏感，如果不能对母猪进行合理的饲喂，将会对生产成绩造成严重影响。

　　母猪的饲喂方案通常是由营养学家根据现代母猪营养需求，结合原料、气候、母猪品种和猪舍类型等因素来制定，并根据猪场实际运用情况不断进行优化和调整。不同猪场的母猪饲喂方案存在一些差异，但都必须满足母猪在繁殖周期中不同阶段的营养需求。好的母猪饲喂方案不仅要充分满足母猪维持自身健康的需要，同时也要保证胎儿生长发育的营养需要。

打开哼哼会APP扫描

惊喜在这里

扫一扫加入
猪海拾贝互动社区

2 母猪的饲喂流程

⬤ 本节疑惑

母猪饲喂的目标是什么？

正确的饲喂流程要掌握哪些步骤？

人工饲喂和料线饲喂有什么区别？

哼哼课堂

检查饲料

　　无论是自动饲喂还是人工饲喂，在给母猪喂料前都必须检查饲料的质量。如果饲喂的是全价料，饲喂前要仔细检查饲料包装袋是否出现破损，查看饲料生产日期，检查饲料有没有过期和受潮，防止饲料发霉变质。如果猪场是自己采购玉米等原料加工饲料，则要保证原料的质量，尤其是要检查玉米的霉变和水分，严禁使用霉变的玉米。

发霉的饲料

注：严禁使用发霉变质的玉米，霉菌毒素不但具有直接的危害，而且能蓄积在体内，轻者引起假发情、不受孕，重者引起胚胎死亡、流产、仔猪趴脚和抖抖病；而且其危害是不可逆的，会造成大量母猪被淘汰。

走进课堂
图文释惑

快速饲喂

　　母猪在喂料的时间段会非常兴奋，会出现爬栏并大声喧哗，因此，要在尽可能短的时间内快速饲喂完所有母猪，尽快让母猪安静下来，以免影响胎儿发育。如果是手动饲喂，则尽可能多的员工参与喂料，缩短喂料时间，减少对母猪的应激。如果是自动饲喂，可以保证同步饲喂，且操作简单，只需要拉动下料开关即可，但是要注意检查料筒内的饲料是否全部都流尽，确保饲料完全流下。

人工饲喂

半自动料线饲喂

全自动料线

确保母猪饲喂量

人工饲喂要确保每头母猪都吃到足量的饲料，要求对料勺的容量十分的清楚并能准确饲喂。如果是采取自动料线，也要适时称量下料桶内的饲料重量，以保证下料量的准确。对可能出现下料装置堵塞的情况进行检查，出现问题的料筒可以适当敲击料管让饲料流下并进行标记以便维修，同时对未吃到饲料的母猪进行人工饲喂，保证每头母猪都吃足饲料。

定期使用电子秤称取料桶内的饲料重量，确保饲喂量的准确

人工补饲

如果采用料线自动饲喂，对于体况偏瘦母猪需要的饲喂量可能会超过料筒的容量，这种情况就需要使用饲料车额外进行人工补饲。断奶母猪需要增加饲喂次数来采食尽可能多的饲料，可以单独使用一个饲料车给断奶母猪进行补饲。

及时调整饲喂量

根据母猪的饲喂方案，在妊娠阶段要根据体况评分及时调整母猪饲喂量。如果母猪是人工饲喂，要在需要增加或减少饲喂量的母猪栏上做好标记，以便饲养员在给母猪饲喂时进行提醒。如果是自动饲喂，需要及时调整料筒的下料器刻度，保证料筒内有足够的饲料。如果母猪转出，就要关闭料筒内的下料开关。

调整下料器刻度

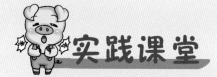

① 【确认母猪的繁殖阶段】

　　在饲喂母猪前，首先要确定母猪是处于繁殖周期的哪个阶段，因为不同阶段母猪所需要的饲喂量不同。通常根据母猪的不同繁殖阶段进行分区管理，方便饲喂。

② 【正确饲喂】

　　不论是人工饲喂还是自动饲喂，都要保证在最短的时间内完成饲喂。尤其是人工饲喂时要保证行动迅速，让所有母猪都尽快吃到饲料，减少母猪应激。

　　在饲喂过程中要根据母猪体况及时调整饲喂量，同时进行体况评分了解母猪体况的改善情况。

③ 【提供饮水】

　　母猪吃料后会大量饮水，提供充足饮水的同时检查母猪饮水是否正常，饮水器是否堵塞。

④ 【及时清扫】

　　母猪饲喂后要及时将散落在料槽外和走廊上的饲料清理掉，避免变质和吸引昆虫、老鼠和鸟类飞入猪舍，减少饲料浪费。同时及时清理料槽内残留的饲料，如果母猪采食量下降，将料槽内的饲料拿给旁边的母猪吃，避免饲料发生霉变。

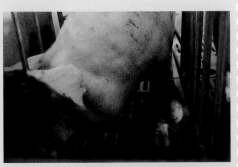

5 【检查猪群健康】

　　喂完料后，要巡视检查所有母猪吃料情况，重点注意食欲差、不愿吃料，或者站立困难的母猪。同时也可以对母猪的体况进行很好的观察。对任何采食不正常或者身体有疾病的母猪进行标记和记录，及时采取治疗措施。

6 【清洁卫生】

　　在母猪吃料站立时要尽快清理母猪猪粪，保持母猪后躯的卫生和干燥；同时注意观察母猪是否排便正常，有无便秘现象。

一问一答

母猪的口嚼白色泡沫是怎么回事？

　　这是母猪在模拟吃料时的"假咀嚼"行为，说明母猪未吃饱，或者没有饱腹感，如果出现假咀嚼的母猪比例很多，那么就需要检查饲喂量或者饲喂方式是否正确。

母猪口嚼泡沫

为什么要在母猪喂料时检查母猪的健康状况？

给母猪喂料时是母猪一天中行为最活跃的时期，由于母猪采取限制饲喂，母猪对饲料会表现出极大的热情，健康母猪会站立起来并积极进行采食。如果母猪患病，会表现及食欲采食量下降甚至不吃料的情况。如果肢蹄有问题则会无法站立，还可以观察到母猪流产、产道流脓等问题。因此饲喂母猪时可以快速发现健康出现问题的母猪。

喂料过程中也可以对母猪的体况进行观察

饲料撒落在外有什么危害？

在饲喂过程中，难免会有饲料洒落在料槽外和过道上，如果不及时清扫，饲料会变质，同时会吸引老鼠鸟类进入猪舍，增加疾病传播几率，威胁猪群健康，因此，每天都要及时清扫散落在过道上的饲料，将饲料重新倒入料槽中，尽量减少饲料浪费。同时要定期清洗母猪料槽，保证料槽内部干净，避免残留饲料吸附在料槽壁上霉变，危害母猪健康。

母猪喂料过程中为什么要固定时间喂料？

母猪会适应每天同一时间进行喂料，尤其是在喂料时间当有人进入猪舍时，母猪会大叫，因此固定时间喂料可以减少母猪应激。夏季饲喂时要注意避开高温时间，减少母猪的热应激。

小结

　　掌握正确的母猪饲喂流程是实现母猪合理饲喂的关键，保证胎儿在不同阶段生长发育的营养需要，并使母猪保持良好的体况直至分娩。

　　母猪的合理饲喂关键在于母猪饲喂流程的正确执行，确保母猪每天能获得饲喂方案中的饲料量。饲养员还必须观察母猪的采食状况及健康情况，检查母猪采食量是否下降以及是否生病，及时发现问题母猪并采取合理的治疗措施。

惊喜在这里

扫一扫加入

猪海拾贝互动社区

打开哼哼会APP扫描

3 体况评定

本节疑惑

体况评定有什么作用？

如何进行体况评定？

如何提高体况评分的准确程度？

体况

　　体况是指母猪身体脂肪、肌肉覆盖机体骨骼的程度，覆盖的骨骼主要是指脊椎、髋骨、肋骨等。简而言之体况就是指母猪的胖瘦程度。

体况评分

　　体况评分是通过"触觉+视觉"来评估母猪体况的方法，由于母猪全身的脂肪约70%都是皮下脂肪组织，因此通过体况评分相对容易进行判断母猪的体况变化。在实际生产实际中，体况评分是一个便捷的评估母猪体况的方法，通过给母猪进行正确的体况评分，及时调整母猪妊娠期的饲喂水平，能有效的使母猪达到合理的体况，更好的发挥最大的生产性能。

　　在给母猪进行体况评分时，首先用手掌按压母猪的脊椎、髋骨、肋骨部位脂肪的覆盖程度进行初步评估后，再结合肉眼观察评估腹围、腰围、臀围的情况，进行综合评分。通常将母猪的体况分成5个等级来评定，分别为1~5分，母猪的体况变化通常在1.5~4分。

母猪体况评分示意图

注：体况评分尽可能按照0.5分来评定，这样可以提高评分准确性。

体况评分标准

体况评分	体型	脊椎、肋骨、髋骨脂肪覆盖程度	外观形态
1	极瘦	脊椎，肋骨，臀部骨头明显突出	体况过度消瘦
2	偏瘦	脊椎，肋骨，臀部骨头手掌稍用力按压容易触摸到	腰部空，尾根部空
3	合适	脊椎和胸腔可被手掌用力按压触摸到	臀部看上去是椭圆形
4	偏肥	脊椎和肋骨很难用手掌压力触摸到，用手指触摸脊椎周围感觉很有弹性	在前腿后面的颈部躯干变厚，臀部看上去是略微圆形，尾根部不空
5	过肥	脊椎或肋骨用很强的手掌压力也不能感觉，在脊椎周围很容易用手指压到身体里，表明脂肪堆积	在前腿后的颈部躯干显著变厚，在两肩之间的脊椎是平的，老母猪尾根部被周围脂肪嵌入，不能触摸到

理想的体况评分

　　正常情况下，母猪在妊娠前期和中期的体况维持在2.5~3分，在分娩前维持在3.5比较合适，使母猪在妊娠期保持不胖也不瘦的体况，避免母猪在妊娠期间饲喂过多导致体况偏肥，否则容易导致母猪难产。母猪分娩后，在哺乳期随着大量乳汁的分泌会导致机体脂肪储备下降，体况得分也会降低，因此要尽量提高哺乳母猪的采食量，使母猪体况下降的分值控制0.5分以内，这样可以避免断奶时母猪体况过瘦，减少断奶后发情延迟的情况发生。

体况评估的次数和时间

结合母猪的饲喂方案，建议体况评分在母猪妊娠周期中要进行3次，分别是：配种0天，妊娠28~35天，妊娠63~70天，并根据母猪的实际体况结合母猪饲喂方案灵活调整母猪的饲喂量，尤其是体况偏瘦的母猪（低于2分）配种后需要增加饲喂量，使母猪尽快恢复体况，而不能限饲，这样可以提高胚胎的成活率和产仔数。

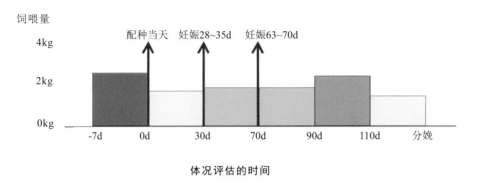

体况评估的时间

体况评分与喂料调整

给母猪进行体况评定后要立即对母猪的饲喂量进行调整，瘦母猪增加饲喂量，胖母猪减少饲喂量，配种时母猪如果体况评分低于2.0分，相比正常2.5~3分体况的母猪饲喂量需要增加0.3~0.5千克/天；相应的如果母猪体况过肥，评分超过4分，需要减少饲喂量0.3~0.5千克/天。

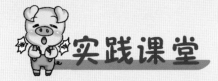

① 【核对母猪配种记录信息】

　　在母猪前面的人首先核对母猪配种记录信息，确定母猪是否在妊娠28~35天（第5周）和63~70天（第10周），通常在母猪妊娠30天和65天进行体况评定。

② 【使母猪站立】

　　站在母猪后面的人轻轻拍打母猪使其站立，动作要轻柔，严禁惊吓母猪，最好是选择在母猪喂料时进行，因为大部分母猪吃料时都会站立，而且母猪的注意力都会集中在吃料上，减少应激。

③ 【手掌按压】

　　用手掌找准母猪肋骨、脊柱、髋骨，将手掌紧贴皮肤进行垂直按压，触摸感觉脂肪覆盖的程度。

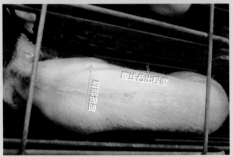

④【初步评分】

用手掌按压肋骨、脊柱、髋骨之后，根据感觉骨头的难易程度给出初步得分：

①很容易感觉到骨头：偏瘦或者极瘦（1或2分）。

②用力按压感觉到骨头：合适（3分）。

③用力按压感觉不到骨头：偏肥或过肥（4或5分）。

⑤【视觉评估】

用手掌触摸后，再进行视觉评估，从尾巴到头部观察母猪，目测评估肋骨、脊柱、髋骨突出程度及肌肉和脂肪覆盖程度。同时观察母猪前后肢之间的背部宽度和腹线凸出程度，然后给出视觉评分分数。注意不要用手掌按压评分之前先进行目测评分，否则会导致较大误差。

⑥【最终评分】

结合掌压评估和视觉评估的情况，尽量按照0.5分来精心评定，得出母猪的最终体况分数，并做好记录。

⑦【调整喂料量】

按照制定的饲喂方案，根据母猪的实际体况，合理调整饲喂水平，目的是使母猪尽快恢复到最佳的体况。

母猪体况对生产性能有什么影响？

　　母猪体况对于生产性能的影响很大，也是评估猪场母猪饲养管理最直观的表现。母猪体况是否良好可以预测出母猪的生产性能，过瘦和过肥的体况都会导致母猪生产性能的下降。

母猪体况偏瘦与过肥产生的问题

体况偏瘦的影响	体况过肥的影响
断奶后发情延迟	增加母猪难产
排卵少、产仔数降低	增加死胎头数
容易返情、流产	降低泌乳量
肩部容易磨损	对热应激更敏感

为什么在母猪妊娠28~35天进行体况评分？

　　调节母猪体况最合适的时间是在妊娠30~90天，此时胎儿生长发育比较缓慢，母猪的饲料摄入主要用于维持自身营养需求以及脂肪沉积。因此在妊娠28~35天进行体况评分会有足够的时间提高或者降低母猪饲喂水平改善母猪体况。

小结

    由于母猪泌乳需要消耗大量能量和脂肪储备，导致母猪断奶后体况会大大降低，因此掌握母猪体况评分的方法对母猪的体况进行正确的判定，及时调教母猪饲喂量，使母猪在下一次分娩前恢复理想的体况，对于提高母猪的生产性能及使用寿命非常关键

打开哼哼会APP扫描

惊喜在这里

扫一扫加入
猪海拾贝互动社区

4 背膘测定

本节疑惑

背膘测定与体况评分有什么关系？

母猪背膘有什么标准？

背膘仪怎么使用？

背膘厚度

正常情况下，母猪背部有2~3层脂肪，在生长前期，母猪背部的脂肪一般储存在靠外侧的2层，只有在生长后期才会出现第三层脂肪的沉淀。背膘厚度正常范围一般在10~25毫米，背膘越厚表示母猪越肥，背膘越薄表示母猪越瘦。背膘厚度最佳值为16~22毫米，过厚和过薄都会导致母猪繁殖性能下降。

因为品种、饲养管理、饲料营养、地域差异，母猪的背膘厚度标准会有一定区别，母猪各阶段背膘厚度参考见下表。

后备母猪各阶段背膘

阶段	150d培育	230d配种	30d限饲	60d调节	110d分娩	断奶
背膘mm	11~12	16~18	16~18	16~18	18~20	16~18

经产母猪各阶段背膘

阶段	0d配种	30d限饲	60d调节	110d分娩	断奶
背膘mm	16~18	16~18	16~18	20~22	16~18

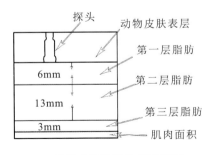

母猪背膘的脂肪层示意图

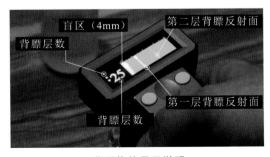

背膘仪的显示说明

背膘测定的位置

　　测膘部位为P2点位置，P2点位于最后一根肋骨的外切横截面，距离背中线6.5厘米处，背中线两边对称取点都为P2点。确定P2点较便捷的方法是用食指沿着腹部侧面按压并向前移动找到最后一根肋骨，同时用大拇指指向母猪脊椎背中线，取6.5厘米处的位置即为P2点。

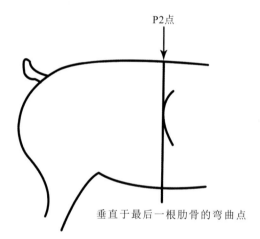

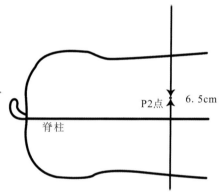

P2点的位置

垂直于最后一根肋骨的弯曲点

背膘测定的时间

　　背膘测定的时间与母猪的体况评分相同，通常在妊娠0天、30天、60天、110天进行测量；后备母猪还可以在150日龄时进行一次测量，评估后备母猪的背膘生长情况。背膘测定时间的设定原则是将背膘监控与母猪的饲养管理相结合，通过调整营养及饲喂量及时调整母猪背膘以达到理想的范围。

背膘测定与体况评分的对应关系

背膘测定与母猪体况评分都是对母猪脂肪覆盖程度的评估方法，目的都是为了保证母猪在整个繁殖周期中拥有良好的体况，背膘测定与体况评分是相互补充和对应的一项管理技术，相辅相成。背膘测定可以显示数值，更为直观，是定量评判；体况评分是结合"触觉+视觉"来判断母猪的体况，是定性评判。在实际生产中，将两种方法相结合起来运用，可以大大方便我们在实际生产过程中的管理。

背膘测定与体况评分的关系

体况得分	背膘厚度
1分	<10mm
2分	10~14mm
3分	15~18mm
4分	19~22mm
5分	>22mm

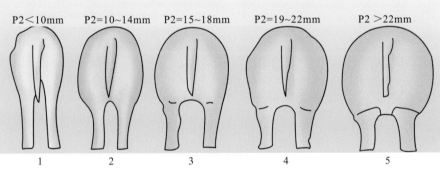

体况评分与背膘厚度

哼哼课堂趣味多

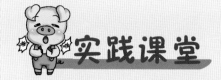

① 【核对母猪信息】

测量背膘之前，首先要查看母猪配种卡，核对母猪耳号和配种日期，了解母猪目前的妊娠时间。在母猪妊娠阶段，一般在配种后30天和60天对母猪进行背膘测定。在实际测量过程中，为了保证P2点位置的准确，最好是同一个人进行操作。

② 【找准背膘测量P2点】

首先用手指沿着母猪腹侧从后向前移动找到母猪最后肋骨，注意如果母猪偏肥手指需要稍微用些力气按压皮肤才能更好地触摸到肋骨。

找到母猪最后一根肋骨后，再用大拇指按住距离母猪脊椎背中线6.5厘米处的位置即为P2点，此时可以使用记号笔对P2点进行标记。

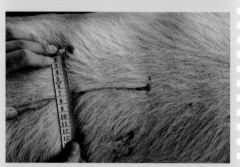

③ 【剃掉P2点处的猪毛】

为了避免母猪毛发对测量结果的干扰，使背膘仪探头与母猪皮肤更好的接触，需要剃掉测量点上的猪毛。可以使用剪刀或者剃毛器将P2点的猪毛剃除干净，并保持P2点位置的清洁。

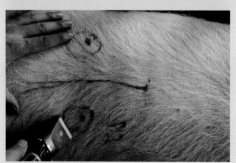

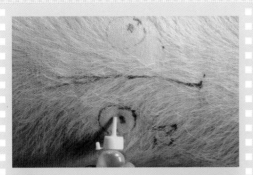

 ④ 【在P2点涂抹清油】

在母猪背部P2点处涂上清油，最好在油浸入皮肤一两分钟后开始测量，有利于软化皮肤。

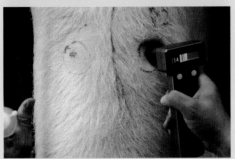

⑤ 【测量读数】

打开测定仪开关，把探头轻轻放在P2点上，慢慢转动探头以挤出探头与皮肤之间的空气，读取显示屏上的数字，并进行记录。注意，探头和测量表面必须保持垂直，否则将会导致测量数据错误，左右两侧的P2点都进行测量，取平均值。

⑥ 【准确记录】

准确记录测得的背膘数值，用醒目的记号标记背膘不合格的母猪，以便饲养员及时调整母猪饲喂量，尽快将母猪的体况及时恢复到正常范围；如果背膘不合格母猪头数超过10%，就需要对母猪群近期的饲喂方法及饲料营养进行整体分析和及时调整。

一问一答

母猪背膘过薄或者过厚会有什么影响？

一问一答有要点

后备母猪150日龄，体重达到100千克，P2点背膘厚应为11~12毫米，背膘厚度低于10毫米和高于14毫米的后备母猪初情期都会延迟。

分娩前经产母猪背膘维持在20~22毫米比较合适，如果分娩前背膘厚度大于22毫米，会对产仔和泌乳有不利影响。

母猪断奶时背膘厚度为16~18毫米，有利于断奶后尽早发情和增加排卵数；如果母猪哺乳期失重过多，母猪背膘降到15毫米以下会导致断奶后母猪发情延迟，利用年限缩短。

断奶后母猪背膘会如何变化？

在母猪哺乳阶段，母猪需要动用自身脂肪储备用于分泌乳汁提供给仔猪，导致断奶后母猪背膘厚度大大降低，正常情况下母猪断奶后背膘厚度会降低3~5毫米，如果高于5毫米，母猪断奶后就会出现乏情等问题。

P1、P2、P3点是怎么划分的？

目前常用来检测背膘的位置有P1、P2、P3三点，其中P2点是实际生产中使用最多的。三点同在一个横截面，不同位置测定的背膘厚度会有差异。

P1点：距背中线4.5厘米。

P2点：距背中线6.5厘米。

P3点：距背中线8.0厘米。

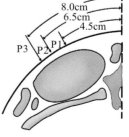

检测背膘的位置

测量背膘时涂抹清油有什么用处？

测量背膘时必须要保证探头与皮肤垂直

在使用背膘仪进行测定时，要在测试部位涂上一定量的清油，用于使探头与皮肤耦合完好，因为背膘仪探头发出的超声波无法穿透空气，要保证探头与皮肤垂直，同时要挤走中间的气泡。

老母猪测量背膘需要注意什么？

由于胎龄大的母猪会存在坚硬的老化皮肤，需要额外地用力才能将探头和皮肤保持良好接触。可以剃掉测量点上的猪毛，然后用热水润湿皮肤，再上清油使之浸入皮肤，等待一两分钟后才开始测量；而年轻母猪的皮肤较软，可以直接测量。

为什么要同一个人操作？

在同一个猪场，为了保证背膘测定的结果更为准确和一致，每次最好都由同一个人，使用同一台设备，在同一个位置进行背膘测定操作，这样可以得到更为准确的测定结果。专人进行背膘测定，也可以更好地对猪群的饲喂情况进行跟踪。

小结

脂肪储备差，背膘厚度偏低是目前瘦肉型母猪的一个重要特征。在母猪繁殖周期中，脂肪储备的过度消耗，背膘厚度过低，是导致繁殖能力下降的重要原因之一。研究表明，脂肪含量的降低与猪免疫力下降直接相关，会导致母猪体质变弱，抵抗力下降，增加发病率和死亡率，严重降低种猪的繁殖性能。因此，母猪合适的背膘厚度对母猪生产成绩非常重要。

掌握背膘测定技术，正确对母猪背膘进行测定，监控母猪背膘变化，通过调整母猪饲喂量及时调整母猪背膘厚度，使母猪保持合理的膘情和体况是配怀舍日常管理中一项重要的技能。

惊喜在这里

扫一扫加入

猪海拾贝互动社区

打开哼哼会APP扫描

5 公猪的饲喂

本节疑惑

公猪的饲喂目标是什么？

如何做好公猪的饲喂？

公猪有哪些特殊的营养需求？

哼哼课堂

公猪的饲喂目标

①维持身体健康和合理的体况（3分为佳）。
②满足公猪生长发育的需要。
③保持一个良好的活力和旺盛的性欲。
④保持身体健康，尤其是肢蹄的健康，提高使用年限。
⑤保证公猪能提供大量优质的精液。

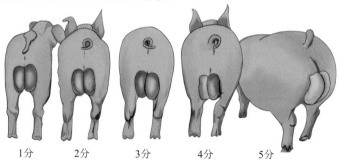

　　　1分　　　2分　　　3分　　　4分　　　5分

公猪的体况图

走进课堂
图文释惑

公猪饲喂方案的选择

　　公猪的饲喂方案是以公猪的体重为基础而制定的，不同猪场的饲喂方案可能不一致，可以作为参考。

　　①每月评估公猪的体况和体重（参照母猪体况评定，通过"触觉+视觉"进行评估）。如果公猪体况合适，评分在3分，参照喂料表进行饲喂。如果公猪体况偏瘦和偏肥，将根据体重分为200千克以下和200千克以上两个类型来调整饲喂量。

　　②同时，如果环境温度低于21℃，每降低3℃，公猪增加饲喂量0.15千克/天。

公猪的饲喂方案（推荐）

体况评分	体重	1	2	3	4	5
增减喂料量 （kg/d）	200kg以下	+0.5~0.6	+0.25~0.3	0	-0.25~0.3	-0.25~0.3
	200kg以上	+0.75~0.8	+0.5~0.6	0	-0.75	-0.75

公猪饲料的选择

公猪的饲料配方在能量和蛋白质上有别于哺乳料或妊娠料，对能量和蛋白的需求介于两者之间。另外，公猪料的营养配方还需要额外的矿物质和微量元素（如锌、碘、硒，维生素A，D等），用于骨骼生长、雄性生殖激素分泌、生殖器官发育以及精子的生长等。因此，建议使用专门的公猪饲料。

种公猪日粮主要营养成分需求推荐值

饲料种类	参照标准	净能（kcal/kg）	消化能（kcal/kg）	粗蛋白质（%）	可消化赖氨酸（%）	可消化蛋氨酸和胱氨酸（%）	钙(%)	总磷（%）	有效磷（%）
种公猪	推荐	≥2 300	≥3 000	≥16.5	≥0.51	≥0.25	≥0.7	≥0.75	≥0.33
	NRC标准（第11次修订版）	≥2 475	≥3 402	—	≥0.51	≥0.25	≥0.75	≥0.75	≥0.33

注：1kcal=4.18kJ

走进课堂 图文释惑

公猪饲喂量

公猪的饲喂量取决于公猪的体况和体重，体重越大的公猪需要的饲喂量也高。同时要根据猪场环境，采精频率、公猪品系等进行灵活调整。如果公猪体况较差则需要增加饲喂量，如果体况过肥则要减少饲喂量，推荐饲喂量如下。

公猪饲喂量（推荐）

体重（kg）	饲喂量（kg）
＜120	2.3
120~160	2.5
160~200	2.7
200~240	2.9
240~280	3.2
280~300	3.4

哼哼课堂趣味多
怎么喂好种猪

实践课堂

①【检查饲料】

每次喂料前仔细检查饲料包装袋是否破损、受潮、霉变，同时检查生产日期，是否过期。

②【准确饲喂】

每天固定时间给公猪进行饲喂，培养公猪定时喂料习惯，同时根据公猪的体况和体重大小，准确给公猪进行饲喂。

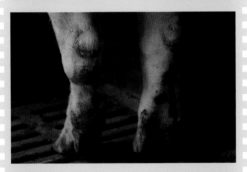

③【健康检查】

在给公猪喂料时是评估公猪身体健康的一个最好时机，仔细检查公猪的食欲如何，是否积极，能否及时吃完饲料，同时要检查公猪的站立吃料时肢蹄是否有问题，是否有跛脚的情况；在公猪喂料时还可以检查公猪的呼吸频率和精神状态。

④【记录和标记】

对采食异常或者肢蹄有问题的公猪进行记录和标记，及时治疗，保证公猪身体尽快康复。

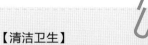

⑤【清洁卫生】

如果公猪是关在大栏内，那么趁公猪吃料时清除栏内粪便是最好的时机，防止公猪攻击自己，清扫的速度要快，尽量在公猪吃料的时间段内清扫完毕。

一问一答

公猪饲喂方案主要关注哪些因素？

公猪的饲喂方案主要关注公猪的体重和体况，因为饲料里大部分营养都用于公猪的生长和维持自身代谢的需要，只有大约5%用于生产精液。

小结

　　公猪的饲喂在猪场的生产管理中是一个容易受到忽视的环节。但是，公猪对猪场来说相当于"半个猪群"。因此，保持好公猪的健康与活力是保证猪场生产成绩的一个关键因素。

　　公猪饲喂的主要目标是保证公猪保持良好的体况，最佳的体况相当于母猪体况评分中的3分。公猪体况不能偏肥，否则会导致性欲降低；公猪体况也不能偏瘦，否则会导致精子质量变差。当环境温度低于最适温度21℃或者有贼风时，需要增加适当饲喂量，否则会影响公猪性欲和精液质量。

打开嘿嘿会APP扫描

惊喜在这里

扫一扫加入
猪海拾贝互动社区

6 种猪的饮水

本节疑惑

水对种猪而言有什么作用？

哪些因素会影响种猪饮水量？

如何保证种猪有充足的饮水？

水的重要性

①水是猪身体各种器官、组织和体液的重要组成成分，占到猪体重的70%。

②水是猪进行新陈代谢、体温调节不可缺少的物质，尤其是在夏季高温时，猪会多喝水缓解热应激。

③水可以提高采食量、避免尿路感染等疾病发生。

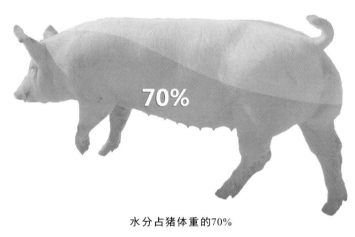

水分占猪体重的70%

走进课堂
图文释惑

种猪对水的需求

影响母猪对水需求的因素主要是湿度和温度。温度越高，湿度越大，饮水的次数也越多。怀孕母猪的饮水量在冬天为5~6升/天，夏季温度高饮水量也随之增加1.5~2倍，相当于10~12升/天，如果是用饮水器供水，饮水器的流速最低要保证1.5升/分钟才能满足公猪和母猪的饮水需求。

可以用有刻度的或者已知容量的容器，计算1min内装的水量来评估流速

种猪的饮水频率

　　在限制饲喂情况下，母猪一般吃完所有饲料后才喝水，因此，喂料前保证饮水管线的畅通和饮水的充足供应尤为重要。如果是用料槽供水，则在猪群吃完饲料后尽快供水，及时清除料槽的饲料保证水路顺畅，这对保持母猪食欲和提高采食量非常关键。同时在料槽内留下足够的水直到下次喂料前。料槽供水可以使用水位调节器，随时保证供应水。如果使用饮水器供水，要避免泥沙或者杂质堵塞水管和饮水器。

料槽供水可以使用水位调节器，随时保证供应水

及时清洗消毒水塔和水管

　　无论使用地表水、深井水还是自来水，都要经过饮水供应系统包括水塔、水管、饮水器或者水槽将水供给才能被动物饮用。饮水供应系统经过一段时间的使用后，如果不及时进行清洗和消毒，水塔内容易滋生细菌，生长青苔，堆积淤泥，水管内会形成水垢，各种沉积物，最终形成生物膜，导致细菌繁殖，严重影响水的质量和猪群的健康。因此每个季度要对猪场水塔清洗消毒一次，每个月要对母猪、公猪、后备舍的水管进行清洗消毒。

水塔长期未清洗导致供水管道生锈

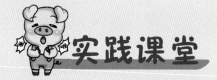
实践课堂

① 【查看水表，记录日耗水量】

建议每栋种猪舍安装水表，根据种猪数量和猪群实际环境气候情况，用来记录猪群每天的实际耗水量，要求每天同一时间记录查看水表，记录猪群当天的饮水消耗量，次日在相同时间继续查看水表，并将耗水量进行记录。

饮水消耗记录表				
部门	栋舍号	转入日期	转出日期	记录人
天数	起始读数	终止读数	用水量	备注
1				
2				
3				
4				
5				
6				
7				
8				

② 【计算耗水量】

将当日的耗水量减去上一日的耗水量得出当日的实际耗水量，将计算的结果与预期的耗水量标准进行比对分析。

③ 【耗水量分析】

在分析耗水量时要注意温度对耗水量的影响，夏季高温母猪的耗水量会增加。

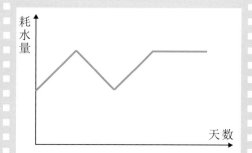

耗水量 / 天数

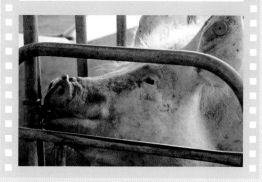

④ 【每天喂料后观察猪群采食与饮水】

①饮水器供水：喂料后检查母猪是否吃完饲料，若食欲下降，第一时间检查饮水器的水流速度是否正常，饮水器是否堵塞或者漏水，需要测量饮水器流速，确保流速＞1.5升/分钟。

②料槽供水：母猪吃完料后，打开供水阀门后检查水质，同时饲养员要沿着料槽走到底，检查每一排最后一头种猪能否喝到水，及时清除料槽中的饲料和其它杂物防止堵塞水流。

⑤ 【维修供水系统】
　　如果种猪饮水量低于耗水量标准，必须立即分析原因，注意检修破损的供水管道或者堵塞的饮水器，如果猪群出现饮水不足需要增加水流速度和供水频率，这在夏季尤为重要。

一问一答

种猪饮水不足有哪些表现？

　　如果有躁动不安，不停舔料槽，剩余较多饲料，尖叫等症状，说明水供应量不足，需要检查供水设备。

饮水不足

没有得到充足饮水对于种猪会有哪些影响？

猪一般在采食后需要饮用大量的水，在高温环境下，猪会增加饮水量，并通过排尿进行散热，当采食量不足或者肠道饱腹感不够，猪就会增加饮水量。猪场每天应该保证提供足量、洁净的饮水让猪随时饮用，否则饮水不足会降低母猪的采食量，推迟发情时间，增加泌尿系统疾病，降低受胎率，严重影响种猪的繁殖性能。

如何进行耗水量分析？

①如果猪群耗水量低于预计耗水量标准值，检查记录耗水量的时间是否每天都是同一时间记录，并彻底核查一天中供水的时间是否足够。如果供水时间和供水量没有问题，则说明猪群可能存在健康问题，饮水量偏低。

②如果猪群饮水量高于耗水量标准值，也需要检查记录耗水量的时间每天是否一致，是否延长了供水时间，导致耗水量偏大。如果供水时间没有问题，就说明供水存在浪费或者供水管道出现破损的情况。

小结

　　水是维持动物生理活动不可缺少的组成部分，母猪在采食后需要大量饮水以维持正常的新陈代谢，是维持自身健康不可或缺的因素，保证所有母猪都能有充足的饮水供应及供水设备的正常运转是猪场管理非常重要的环节。

　　水是生命之源！水是动物身体中的最重要的组成部分，水构成了猪约70%的身体结构，参与体温调节、维持新陈代谢。水占身体的百分比非常重要，水占身体比例或高或低于几个百分点都会导致猪生病，如果失水量达到体重的10%~20%就会引起死亡。

惊喜在这里

扫一扫加入

猪海拾贝互动社区

打开哼哼会APP扫描

第四章

如何获得高质量的精液

公猪采精

○ **本节疑惑**

为什么要采精？

公猪采精有哪些注意事项？

公猪采精的主要步骤是什么？

哼哼课堂

采精的作用

公猪采精是在体外环境下从公猪体内采集新鲜精液的过程，是进行精液处理的第一步，也是人工授精体系中的关键环节。了解和掌握公猪采精技术对于推动人工授精技术，加速品种遗传改良有着十分重要的意义。

走进课堂
图文释惑

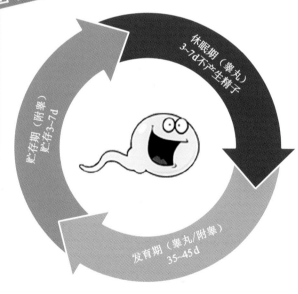

公猪精子发生图解

精子形成过程

公猪精子是由睾丸生成，储存在附睾内，分为发育期、储存期、休眠期，精子的发育成熟大约需要8周时间。

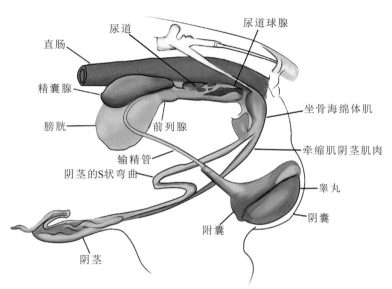

公猪生殖系统

公猪射精过程

公猪射精的过程分为五个阶段，而且会重复多次直至射精结束，但在第一次射出浓精之后，再射出的精液体积和精子浓度会相应降低。

公猪开始射精时胶状物及清精含有的精子数量少，因此采精时主要采集第三阶段的浓精，占总射精量的30%~50%，但有时为了维持精液的温度恒定，也可以适当多收集一些清精。

正常情况下，后备公猪的射精量在150~200毫升，成年公猪的射精量在200~350毫升，射精量高的公猪可以达到400毫升以上。

公猪精液的体积和密度会随着年龄的增长而逐步提高，但是也会受到品种、环境、季节、营养、个体差异、疾病、应激等因素干扰，使得精液量出现较大变化。在日常公猪管理中必须要注意公猪精液量的异常变化，如果成年公猪采精量低于100毫升，则需要分析原因，及时采取措施。

公猪射精过程

公猪的采精频率

公猪的采精频率以周为单位，随着年龄的增长每周采精次数相应增加。

保证公猪采精间隔天数稳定非常重要，因为公猪会根据固定的采精间隔时间来自行调整生成精子的数量，这样对培养公猪的采精习惯，维持公猪良好的性欲，提高精子的活力非常关键。

采精频率

公猪年龄	采精频率（w）	采精间隔（d）
8~10月龄	1次/w	7
10~15月龄	3次/2w	5
15月龄以上	2次/w	3

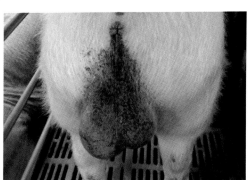

患有睾丸炎的公猪

肢蹄受伤的公猪

保证公猪健康

要获得高质量的精液，就要给公猪提供最佳的环境和充足的营养，加强运动，减少各种应激，保证公猪健康。

高温环境、疾病、注射疫苗所产生的应激都会影响精子的质量，而且持续时间非常长。在日常生产管理中，要充分注意检查公猪的健康状况，在喂料时观察公猪的食欲、精神状态，尤其是外伤和肢蹄问题。只有在公猪绝对健康的情况下，才能给公猪进行采精。

① 【选择合适的公猪】

　　采精前首先根据公猪采精记录，查看采精日期，选择适合的公猪。

　　公猪采精之前，先检查公猪的健康情况是否良好，如果公猪健康状况不理想或者性欲不佳，有不吃料、发烧、跛腿、喘气等问题，不能进行采精，应该及时记录并采取治疗措施。

② 【仔细检查采精区】

　　采精前要提前检查采精区是否干净卫生，地面有无铺设防滑垫，如果采精区不干净，则需要进行彻底清洗并干燥。

③ 【戴上双层手套】

　　将双手洗干净，戴上双层手套，外层PE手套，内层聚乙烯手套。

④ 【准备采精杯】

　　将一次性精液袋装进保温杯内，小心将袋口翻出一小部分覆盖住保温杯边缘，将2层无菌过滤纸对折成圆锥形放入采精袋口，用橡皮筋将无菌滤纸固定在采精杯上，然后将装有采精袋和过滤纸的采精杯放在37℃保温箱中进行预热。

实践课堂学操作

⑤ 【驱赶公猪】
　　准备好采精杯后，将公猪小心驱赶至采精区。驱赶公猪时动作要温和，严禁敲打公猪，以免对公猪造成应激。

⑥ 【挤出积尿】
　　公猪爬跨采精前，使用温水清洗公猪包皮，挤出残留在包皮中的积尿，积尿含有细菌，会影响精子活力，挤出积尿可以减少采精时对精液的污染。

⑦ 【诱导公猪爬跨】
　　公猪进入采精栏后，先让公猪自主爬跨，这样可以更好的保持公猪的性欲。如果公猪不能自主爬跨，采精员就要与公猪说话，口头鼓励公猪尽快爬跨。同时用手按摩包皮，刺激公猪爬跨，一旦公猪爬跨成功，开始进行采精。

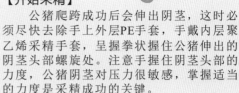

⑧ 【开始采精】

公猪爬跨成功后会伸出阴茎，这时必须尽快去除手上外层PE手套，手戴内层聚乙烯采精手套，呈握拳状握住公猪伸出的阴茎头部螺旋处。注意手握住阴茎头部的力度，公猪阴茎对压力很敏感，掌握适当的力度是采精成功的关键。

⑨ 【收集精液】

握住阴茎后，首先使用预热好的无菌水冲洗阴茎，洗去残留的积尿和杂质，并用无菌卫生纸擦拭阴茎头部，动作要快，尽量在公猪射精开始前完成冲洗。公猪一旦安静下来就会开始射精，抓住阴茎的手要保持紧握姿势，但是力度可以减小，不让阴茎脱出即可，同时将阴茎适当抬高一定的角度，防止包皮积液流进采精杯造成污染。

收集精液时不要收集最初射出的精液，防止尿道中尿液的污染，尽量收集乳白色富含精子的精液。收集精液过程中，要保证公猪射精过程完整，不能提前终止。

⑩ 【采精结束】

公猪射精结束前，会再次射出一些胶状物，此时手要握紧阴茎，防止打滑。当公猪射精结束时阴茎会自然变软并缩回，此时不能推拉阴茎，防止弄伤阴茎。公猪爬下假母台时，采精员注意保持距离，防止被公猪踩伤。

⑪ 【将精液送进实验室】

采精结束后尽快将采精杯送至实验室进行稀释。

⑫ 【对公猪进行表扬和奖励】

　　轻柔地将采完精的公猪赶回栏舍，给公猪进行口头表扬，抚摸公猪的头部，对公猪配合采精表示认可；同时给公猪饲喂少许饲料进行奖励。这么做可以加深公猪对采精的印象，提高公猪采精的积极性。

⑬ 【清洁卫生】

　　当天的公猪采精工作全部结束后，要对采精区进行清扫和冲洗，将公猪射出的胶状物和清精用高压水彻底冲洗干净，然后晾干。

一问一答

采精时为什么要注重操作卫生？

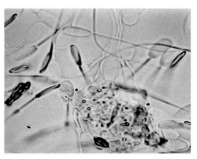

精子凝集死亡

　　精子十分脆弱，而且具有3种特性。

　　趋化性：精子会朝着卵子释放的化学物质方向游动。

　　趋浊性：精子会朝着异物的地方聚集。

　　趋逆性：精子会朝着水流方向相反的方向游动。

　　任何形式的污染都会导致精液质量的下降，因此采精操作务必要讲究卫生和细心。

对公猪精液影响最大的环境因素是什么？

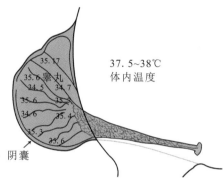

35.17
35.6 睾丸
34.5 34.7
35.5 35.5
34.6 35.4
35.3 35.6

37.5~38℃
体内温度

阴囊

睾丸内温度分布

注：公猪阴囊的温度比体温要低2~3℃，因为只有在比体温低的温度条件下生成的精子才具有受精能力。

对公猪精液质量影响最大的环境因素是温度。公猪最适宜温度为18~21℃夏季，环境温度超过28℃两小时，会对精子产生不可逆的破坏，最长需要8周时间才能恢复到原来的水平。这就是为什么公猪在长时间的高温过后，即使温度恢复到适宜的温度，很长一段时间内精液质量仍不见好转的原因。

采精时如何保证安全？

采精人员蹲在公猪的侧后方

（1）人员位置

采精时要注意人员安全，尽量蹲在靠近公猪侧后方的位置，不能太靠近公猪头部和前肢，防止公猪突然从假母台爬下踩伤采精员。

（2）采精室的设计

采精室要用铁柱分隔开采精区和安全区，保证人员可以快速移动到采精区外。

采精时握住阴茎的力度怎么把握？

将公猪的阴茎头露出手外约1cm左右，以方便收集精液

采精时，手握住公猪阴茎的力度要灵活把握。公猪阴茎刚伸出时要稍用力牢牢握住，手充分模拟母猪的子宫颈锁住公猪阴茎的螺旋头，让公猪阴茎充分伸展。尤其是在公猪射出颗粒胶状物时，阴茎头会转动，很容易打滑，此时握住阴茎需要加大力度。待公猪开始射出清精时手可以稍微放松一些，让精液充分流出。在公猪射出浓精时，手要周期性的对阴茎头部进行挤压按摩，可以

更好地刺激公猪射精。

当公猪再次射出胶状物时，公猪臀部会开始用力，阴茎会勃起得更加明显，同时加速旋转。这时必须要用力握紧阴茎，确保公猪能充分射精并得到满足。

如何减少采精过程中的污染？

干净的公猪舍

注：公猪舍要保持干燥清洁，给公猪提供一个最佳的生存环境；每周定期对采精区进行1次轻度消毒，消毒过后最好间隔1天时间再进行采精。

①保持采精区干净卫生。
②使用一次性采精用品。
③采精前挤出积尿。
④采精时抬高阴茎。
⑤定期修剪包皮毛发。

小结

　　公猪的精子十分脆弱，在体外采集的过程中任何污染和操作不当都可能导致精子的损伤和死亡。因此，给公猪进行采精的工作人员，需要具有高度的责任心，要经过严格的培训，掌握采精过程中的各项细节，按照规范的流程进行操作。此外，平时善待公猪，给公猪提供良好的环境，饲喂营养均衡的饲料，保证公猪良好的体况和健康，维持较高的性欲和精神状态是成功采精的前提。同时在采精前不能强行驱赶、恐吓公猪，以免给公猪造成应激，影响公猪性欲。

惊喜在这里

扫一扫加入

猪海拾贝互动社区

打开哼哼会APP扫描

2 精液稀释

本节疑惑

精液稀释的目的是什么？

如何评估精液的质量？

影响精子活力的因素有哪些？

哼哼课堂

分装好的精液

精液稀释

公猪精液收集好后，为了保持精子的活力，应该尽快送至实验室进行精液检查和稀释。稀释至合适的倍数后，再进行分装以满足配种需要。由于精子十分脆弱，精液稀释过程必须遵循严格的标准操作程序，避免操作过程中对精液的污染。

走进课堂
图文释惑

准备稀释液

稀释液

稀释液是用来专门稀释和保存精液的溶液。使用专业的稀释粉经过双蒸水或者纯净水溶解进行配制。稀释液内含葡萄糖、EDTA-Na、KCl、$NaHCO_3$、柠檬酸钠、抗生素等成分；能维持精子存活的适宜pH值，提供精子所需要的能量，最大程度地保持精子的活力。

哼哼课堂趣味多

等温稀释，每一步稀释操作前都要检查稀释液
与精液的温度

温度控制

　　精子对温度变化十分敏感，接触高温和低温的物品都会降低其活力。所有用于检测和稀释精液的物品都要求在恒温箱内预热到37℃才可以使用。稀释液在稀释之前要放在水浴锅中预热至37℃。稀释精液时，首先要测量精液和稀释液的温度，两者之间的温差不能超过±1℃，以免温差过大，降低精子活力。

评估精液质量

　　(1)颜色与气味
　　正常情况下，精液的颜色为乳白色或者灰白色。颜色越白透明度越低说明密度越大。如果含有红色说明含有血液，如果有绿色，说明含有脓液，任何颜色不正常的精液都要丢弃，不能使用。
　　正常精液的气味带有一种特殊的腥味，但是不能有腐败的臭味，有腐败臭味说明精液可能被公猪包皮积尿污染或者有炎症，这种精液不能使用。

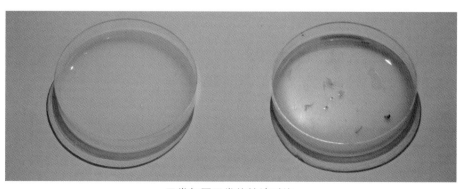

正常与不正常的精液对比

（2）体积

精液的比重为1.03，接近于1，可以用电子秤称量精液的重量并换算成体积，1克≈1毫升。使用电子秤来称取重量相比使用量筒量取体积更方便快捷，而且不容易造成精液污染。正常情况下，后备公猪的射精量在150~200毫升，成年公猪的射精量在200~350毫升，高的可以达到400毫升以上。

使用电子秤称量精液重量

观察精子活力
（稀释精液时至少要评估3次精子活力）

（3）活力

精子活力是指直线游动的精子占全部精子的百分比。需要使用显微镜观察精子的运动形态来进行评估。精子活力评估有两种方法：一种是将精子活力分为5个等级，一种是将精子活力以0.1~1级表示，如精子活力0.9即表示精液中直线游动的精子占90%。

精子活力评估五分制表

分数	结果	状态
5	很好	大群精子直线波动；无精子凝集死亡
4	好	大群精子直线波动；少数精子凝集死亡
3	一般	成群精子直线波动；部分精子凝集死亡
2	不好	部分精子只是扭动；较多精子凝集死亡
1	无用	无精子运动；大量死精

哼哼课堂趣味多

(4)精子畸形率

精子畸形率是指畸形精子占精子总数的百分比，要求畸形率不超过18%~20%，否则不能用于输精。

畸形精子种类很多，如头部畸形包括头部巨大、瘦小、细长、圆形、双头等；颈部畸形包括颈部膨大、纤细、屈折、不全、带有原生质滴、不鲜明、双颈等；中段畸形包括弯曲、屈折、双体等；主段畸形包括弯曲、螺旋形、回旋、短小、长大、双尾等。

畸形精子产生的原因有：公猪利用过度或饲养管理不良，长期未配种，采精操作不当，睾丸和附睾疾病等。

(5)密度

精子密度仪可以直接测出精子密度。原理是通过测量精液中精子的吸光度OD值，再经过公式换算得出精子的密度。红细胞计数器是通过显微镜观察并数计数板方孔内的精子数量，计数最为准确，但是操作步骤比较繁琐。

精子密度仪和分光光度计

正常公猪精液质量的标准

正常公猪精液质量的标准

类别	标准
颜色	乳白色或灰白色
气味	略带腥味
精子密度	>2亿~3亿个/mL
活力	≥70%
畸形率	≤20%
原生质滴	<15%

实践课堂

① 【准备稀释液】

稀释液要在采精前1小时提前配置好。并放在37℃水浴锅中进行预热，同时放入一根温度计监测稀释液的温度。

② 【检查精液气味和颜色】

拿到刚刚采集到的新鲜精液后，首先要检查精液的颜色和气味。任何颜色异常以及有腐败气味的精液都不能使用。

③ 【称取精液体积】

放置一个温度计在精液中，将精液转移到提前预热好的塑料烧杯中用电子秤称量重量，再减去塑料烧杯的重量，将重量换算成体积，并进行记录。

④ 【评估精子活力和密度】

用移液器吸取10微升左右的精液置于显微镜下进行第一次镜检，评估精子的活力和密度。根据直线运动的精子所占的百分比进行活力评分，如果低于0.7分，精液丢弃。同时使用精子密度仪测算精子的密度。

实践课堂学操作

⑤ **【稀释精液】**

①稀释精液前，最重要的是先检测精液与稀释液的温度，两者温差不能超过±1℃。

②原精与稀释液按照1∶1的比例尽快进行第一次稀释；如果原精体积为200毫升，第一次稀释加入的稀释液体积也为200毫升。

③将稀释后的精液缓慢混匀，静置1~2分钟，让精子适应稀释液并充分获能。

④将稀释后的精液置于显微镜下进行观察，进行第二次镜检评估精子的活力情况。

⑤若精子活力一切正常，则继续稀释至要求的倍数，保证稀释后分装的每瓶精液内都含有$3×10^9$（30亿）个有效精子。往原精中添加稀释液时要动作缓慢，注意检查稀释液与精液温度，温差不能超过±1℃。

⑥精液稀释好后，要轻微摇晃混匀精液，静置5~10分钟，再进行分装。

⑦分装前要对精液做第三次镜检，确认精子活力正常后，才能开始分装。

⑥ 【分装精液】

将预热好的输精瓶或者输精袋从恒温箱内取出，将稀释好的精液倒入输精瓶或输精袋中。每瓶或者每袋精液体积为80~100毫升，排除空气（防止空气中微生物破坏精子和防止运输时精液的晃动）。

⑦ 【封瓶】

盖好瓶盖或将输精袋封口，放在室温条件下，注意不要直接在桌面上操作，以免温度突然变化对精子造成损伤。

⑧ 【记录】

精液分装好后，在输精瓶或精液袋上记录好公猪的品种、耳号、采精日期等信息，同时在记录本上也做好相应记录。

实践课堂学操作

⑨ 【精液保存】
　　将做好记录的输精瓶或输精袋盖上毛巾，避光放置于室温下（21℃）2小时，让精液缓慢降温。

⑩ 【长时间保存】
　　精液温度降下来后，转移至17℃恒温冰箱内，长时间保存。精液稀释好后也可以直接用于人工授精。

⑪ 【清洁实验室】
　　完成精液稀释工作后，及时清洁实验室，并对使用过的烧杯和玻璃棒进行消毒，最后打开紫外灯消毒。

一问一答

为什么需要提前配置稀释液？

稀释液要求在采精前1小时提前配置好。稀释液中的营养成分需要有足够的时间在水中充分溶解，使pH值和渗透压达到平衡和稳定，从而更好的保护精子。稀释液中都含有抗生素，为避免抗生素降解，配制好的稀释液保存时间不超过24小时，否则会影响精液保存的效果。当天未用完的稀释液置于5℃恒温冰箱中进行保存，使用前要用37℃水浴锅预热。

精子活力达到怎么样的标准才可以使用？

使用显微镜进行活力检查

正常情况下，原精的精子活力要≥0.7方可使用，稀释后的精子活力≥0.6才能使用。

如何进行畸形率检查？

① 抹片：取一滴原精液作抹片，自然干燥。
② 用96%的酒精或5%的福尔马林固定2~3分钟，用水冲洗。
③ 再用美蓝或龙胆紫等染色液染色3~5分钟，用水冲洗。
④ 晾干后，在显微镜下放大400~600倍或1 000倍油镜下观察。
也可将②③步骤合二为一，即染色固定：用龙胆紫酒精液或红、蓝墨水染色3~5分钟，用水冲洗，晾干后检查。要求镜检计数200~500个精子，记录观察到的畸形精子数和精子总数，即可得出畸形精子百分率。这项检查工作由于过于复杂，一般只对后备公猪的前三次精液进行检查；调教好的成年公猪每月检查一次；问题公猪每次采精都要检查。

如果没有精子密度仪怎么估测精子密度？

　　显微镜估测是检查精子密度比较常用的一种方法，与精子活力检查同时进行。使用400倍显微镜观察，根据镜头视野中精子分布情况和稠密程度分为密、中、稀3个等级。

　　在生产实践中，活力与密度综合评定。要求公猪精液达到"中"级密度，"低"级密度活力在0.8以上，才可用于输精。

精液密度等级

密	整个视野中布满精子，精子之间的空隙小于一个精子的长度，看不清各个精子的活动，每毫升"密"级精液含有精子约3亿个以上。
中	视野中精子较多，能看见各个精子活动，精子之间的空隙在1~2个精子的长度，每毫升"中"级精液含有精子约2亿个以上。
稀	视野中精子很稀少，精子之间的空隙在2个精子的长度以上，每毫升"稀"级精液含有精子约1亿个以下。

原生质滴是什么？

　　在精子的形成过程中，精子尾巴上形成的球状物体为原生质滴。原生质滴随着精子的成熟向后移动，最后脱落。原生质滴过多说明精子还未完全发育成熟，正常比例不能超过15%。

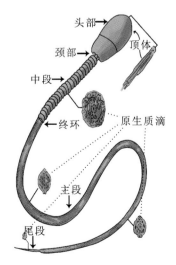

精子结构（原生质滴的蜕化过程）

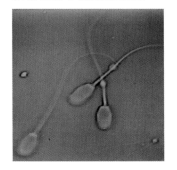

有哪些因素会杀伤精子？

造成精子死亡的原因

项目	机理	操作要求
温度	精子对温度的骤变缺乏适应能力	在稀释过程中随时检查精液和稀释液的温度，分装好后用毛巾包裹并恒温（17℃）保存
pH值	精子只能在中性（7左右）溶液中存活	提前配置好稀释液，保证pH值的稳定
渗透压	渗透压的变化会导致精子膨胀或者萎缩	稀释剂严格按厂家要求的比例进行配置，避免浓度过高或者过低
光照	阳光中的紫外线对精子具有极大的杀伤作用	稀释和保存时尽量避免阳光
异物	异物会造成精子凝集	采集和稀释操作中的所有用品都要保证干净卫生
震荡	强烈的震荡和冲击会造成精子死亡或变形	稀释时要轻轻搅拌，运输过程要轻拿轻放

实验室常用设备要如何设定温度？

①室温：20℃。
②冰箱：17℃。
③水浴锅：37℃。
④恒温箱干燥：37℃。
⑤恒温载物台：37℃。

一问一答有要点
如何获得高质量的精液

小结

　　精液采集后，需要尽快将原精稀释并进行分装，之后才能用于配种。由于精子十分脆弱，必须掌握精液稀释的各个细节才能保证精子活力最大化。

　　为了减少对精液的污染，实验室要求保证较高的卫生水平。实验室内要有容易清洁的桌面和地板，进行精液检查和稀释的相关仪器要保持干净无尘，实验室内的环境温度要控制在合适的范围内（20~22℃）。

惊喜在这里

扫一扫加入

猪海拾贝互动社区

打开哼哼会APP扫描

3 精液保存

本节疑惑

精液保存需要哪些条件？

如何保证精液在使用时仍有较高活力？

精液保存需要遵循哪些原则？

哼哼课堂

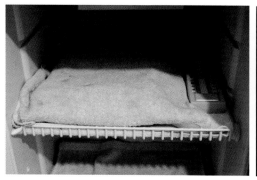

17℃冰箱中的高低温度计

理想的精子储存温度是17℃

温度控制

　　温度对于精液的保存非常重要。精液经过稀释后，虽然有稀释液的保护，但仍需要保存在17℃恒温冰箱中。因此，保存精液的冰箱持续处于恒温状态就十分重要。建议在17℃恒温冰箱中放置高低温度计来检查冰箱的温度变化，同时冰箱最好安装稳压器，确保冰箱稳定维持在17℃，并每天及时进行记录。

走进课堂
图文释惑

长时间保存的精液会出现精子沉积

防止沉淀

　　精子在精液分装后，经过一段时间会沉积下来，减少了精子与稀释液中营养物质的接触。因此，需要将精液轻微摇匀，使精子悬浮，与稀释液充分接触，以延长精子寿命。每天至少两次使精子重新均匀悬浮，每次间隔12小时，并进行记录。同时输精瓶或者输精袋最好平放，确保精子沉积层能与稀释液有最大的接触面积。

库存管理

　　精液的使用遵循"先进先出"原则，最早采集的一批精液优先使用，并将过期的精液处理掉，严格控制精液数量并及时检测精子活力。稀释后精子的寿命取决于稀释粉的类型和效果，一般稀释后的精液保存期最多为3~5天，如果放置时间过久就没有使用价值。

活力检查

　　冷藏精液在使用之前，每一批都要进行活力检查，若精子的活力低于60%则不能使用。冷藏精液活力检查需要提前预热到37℃，因为精子在17℃的环境下活性很低。在同批精液中选取1瓶吸取1毫升放入离心管中加热，也可以将整瓶精液放在水浴锅中预热，然后再进行镜检；该瓶预热后的精液不能再放回17℃恒温冰箱中保存，必须立即使用。

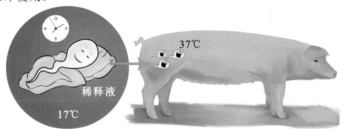

稀释液

休眠状态　　　　　　　激活状态

精子激活

做好记录

　　精液在保存过程中需要使用精液保存表进行记录，保证按时进行常规检查。记录冰箱的温度变化和精子的活力情况，每天上午下午各进行一次，间隔12个小时。

恒温冰箱温度记录表

日期	上午6:00			下午6:00		
	12h内最高温度	12h内最低温度	当前温度	12h内最高温度	12h内最低温度	当前温度
9月1日						
9月2日						
9月3日						
9月4日						
9月5日						
9月6日						
9月7日						

嘻嘻课堂趣味多
如何获得高质量的精液

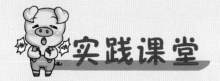

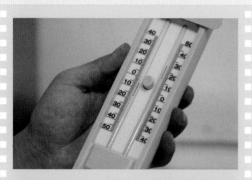

① 【检查温度】
　　检查17℃恒温冰箱的温度，记录温度。

② 【检查日期】
　　检查剩余精液的采集日期，将超出稀释液推荐保存日期的精液丢弃。

③ 【摇匀精液】
　　轻轻摇匀精液使精子重新悬浮，让精子充分接触稀释液中的营养物质。

④ 【预热精液】
　　将少量精液样本（大约1毫升）或者将整瓶、整袋精液放入37℃水浴锅中加热。加热后的精液不能再放入17℃冰箱。

⑤ 【活力检查】
　　将预热好的精液置于显微镜下进行检查，评估精子活力，高于60%的才能使用。如果精子活力低于60%，则挑选同批精液再检查一次。如果精子活力仍不合格，该批精液就要丢弃，不能用于授精。

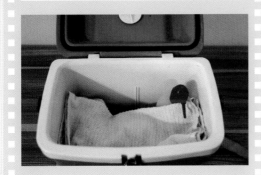

精液质量评定表

⑥ 【记录】
　　对检查结果做好记录。

⑦ 【使用】
　　根据当天人工授精的需要选择最早制作的一批精液使用。

实践课堂学操作

一问一答

精液保存表的作用是什么？

　　检查保存精液的工作是否及时完成，达到保存过程中的质量控制要求；同时通过这些数据可以及时发现问题，并在其影响繁殖效率之前就能将其解决掉。

精液库存管理的两个关键因素是什么？

　　保证最先制作的精液最先使用；识别过期精液并丢弃。

如果精子活力低于预期水平应该怎样处理？

　　在同一批精液中再选择一瓶精液重新进行活力检查；如果精子活力仍然很差则这一批精液都要丢弃。

保存精液的温度为什么是17℃？

　　精液保存的最适合温度是17℃。如果精液存储在20℃，精子活力没有被充分抑制，会加速稀释液中的养分和能量消耗，同时还会增加细菌滋生的风险；如果精液储存在15℃，会损伤精子头部，导致受精能力下降。因此，无论是将精液放置于实验室内还是运输至外地其他猪场，都需要维持在17℃。

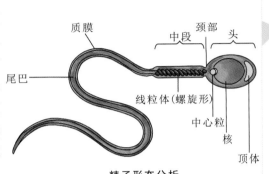

精子形态分析

注：低温（＜17℃）会导致顶体损伤，从而降低精子活力。

长途运输的精液该怎么处理？

①温度控制：精液在运输过程中要维持17℃的恒定温度。
②运输时间：尽量缩短运输时间，减少运输中的交接环节。
③运输包装：通常使用加厚泡沫箱进行保温和隔热。

拥有恒温控制系统的专业精液贮存箱，
其电源可由运输车辆的电池提供

一问一答有要点

小结

　　精液经过采精、稀释后若没有直接用于输精，就要进行妥善的保存，这是精液处理的最后一个环节。

　　精液的保存需要特定的条件才能使保存的精液活力最大化，严格执行精液保存的操作流程，确保精液在使用时拥有较高的活力和品质，直至完成人工授精。

惊喜在这里

扫一扫加入

猪海拾贝互动社区

打开哼哼会APP扫描

4 后备公猪的调教

○ 本节疑惑

调教后备公猪的难点和关键有哪些？

在调教公猪前应该做好哪方面的工作？

为了成功调教后备公猪,配种员需要具备哪些素质？

后备公猪的调教

后备公猪调教的成功取决于配种员的调教方法以及与后备公猪之间建立良好的信任关系，而且需要足够的耐心。在调教的过程中让后备公猪保持一种十分愉悦的经历，将大大增加调教成功的概率。

在最初2~3次参观采精区时，后备公猪会彻底地检查圈舍和假母台

调教前与后备公猪建立良好关系

在进行调教前，配种员要与后备公猪建立起友好、信任的关系，这对于调教的成功十分关键。配种员要主动靠近公猪，体贴地对待公猪，让后备公猪对配种员的行为感到舒适和放松。至少在调教前1周就要让后备公猪熟悉配种员，实际上时间越长越好，让后备公猪熟悉配种员的外貌、气味和声音，可以有效提高调教成功率。

调教时间

现代瘦肉型公猪一般在6月龄可以达到性成熟，睾丸能够生产具有受精能力的精子。因此，后备公猪调教的最佳时间是在7月龄，体重达到135千克以上。此时后备公猪的生殖系统逐步发育完善，性欲比较旺盛，进行调教相对容易，既可以缩短调教时间，又可以加强后备公猪性欲，延长使用寿命，提高公猪利用率。

后备公猪越早调教越容易成功

月龄	成功率
7~8月龄	90%
10~18月龄	70%

调教频率

后备公猪的调教频率不要过于频繁，避免使后备公猪产生疲劳和抵触情绪。建议每天对后备公猪调教1~2次，每次持续时间不超过20分钟。后备公猪爬跨成功并采集到精液后，第二天继续给后备公猪采精1次，然后间隔3~5天再采精1次。通过连续采精来加强公猪对爬跨假母台的印象，加深和巩固采精流程。一旦后备公猪连续3次采精成功，即可进入正常的采精程序，之后每周固定采精1次。

走进课堂
图文释惑

提供良好的采精环境

给后备公猪调教时提供舒适的采精环境有利于调教成功，保持采精区清洁、卫生，尤其是地面干净且防滑，可以铺设橡胶镂空防滑垫，以免损伤后备公猪肢蹄。采精区温度最好控制在21℃，保持干燥，除假母台之外尽量不要放置其他物品，以免转移分散后备公猪的注意力。

哼哼课堂趣味多
如何获得高质量的精液

实践课堂

①【调教前准备】

配种员调教前至少1周与后备公猪建立起良好关系，让后备公猪熟悉自己的外貌、声音和气味等。检查后备公猪健康状况是否良好，确保后备公猪没有发烧、脚跛、外伤等症状。注意喂料后2小时内不要进行调教，以免影响后备公猪性欲。选择一个质量好的假母台很重要，结实并稳定，能调节到合适的高度，方便公猪爬跨。同时铺设好防滑垫，采精区无其他杂物干扰，地面干净、干燥、防滑。

②【驱赶后备公猪至采精区】

将后备公猪赶进采精区后，关好栏门，配种员先站在栏外，让后备公猪熟悉采精区和假母台，让其自己尝试爬跨，注意观察后备公猪的动作和行为。

③【诱导爬跨】

如果后备公猪爬跨假母台意愿不强或者一直不爬跨，配种员就需要进入采精区进行诱导公猪爬跨。首先挤出阴茎包皮积尿，同时按摩公猪背部。蹲在假母台旁边，用手敲打假母台，吸引后备公猪爬跨。还可以坐在假母台头部，诱导后备公猪爬跨。在诱导过程当中，配种员要不停地与后备公猪说话，就像之前建立关系时一样，通过说话给予后备公猪鼓励。

④ **【如果后备公猪爬跨成功则进行采精】**

　　①后备公猪阴茎被稳定握住后，先检查阴茎是否有损伤，流血。然后按照正常采精程序，收集精液。

　　②后备公猪射精结束，赶回公猪，并进行口头鼓励和少许饲料奖励。

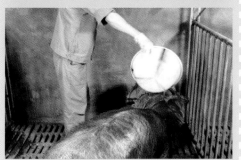

⑤ **【如果后备公猪爬跨不成功】**

　　若后备公猪调教时间超过20分钟，则不再进行调教，以防后备公猪疲劳，将其赶回自己的栏舍。第二天继续对不爬跨的后备公猪进行调教，可以在采完其他公猪精液后马上驱赶后备公猪进入采精区进行调教。

实践课堂学操作

一问一答

引进的后备公猪如何进行调教？

　　后备公猪引进后，考虑到生物安全需要，最好在隔离舍进行调教，可以使用移动的假母台直接放在隔离舍里对后备公猪进行调教。如果后备公猪隔离驯化结束，最好是驱赶至采精区内进行调教，因为采精区有其他公猪采精时留下来的气味，可以降低调教的难度。若后备公猪第一次采精就在采精区内完成，可以让后备公猪产生行为记忆，有利于以后的采精工作。

保证后备公猪的健康要注意哪些方面？

　　后备公猪必须保证在完全健康的情况下才能进行调教，以保证调教成功率和公猪精液质量。调教之前检查后备公猪的精神、食欲、性欲、呼吸频率、肢蹄是否正常，尤其是检查肢蹄有无损伤和感染。当后备公猪爬跨成功后，还需要检查包皮和阴茎是否正常，有无损伤、出血、阴茎无法伸直等异常情况。

采集到的后备公猪精液如何处理？

　　检查采集到的后备公猪精液质量，评估颜色、密度、活力等情况，并进行记录。前三次收集到的后备公猪精液不使用，直接丢弃。

配种员要怎样与后备公猪建立起良好关系？

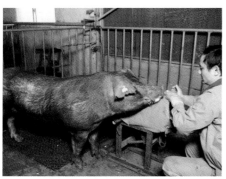

蹲到与后备公猪相同的高度，主动靠近它

配种员与后备公猪建立良好关系的方法有：

①平时在饲喂和打扫卫生时多与后备公猪进行说话交流，轻轻地抚摸和拍打它。

②蹲到与后备公猪相同的高度，建议用眼神交流，让后备公猪感觉到安全。

③主动靠近后备公猪，用手接触公猪鼻子；或者让后备公猪主动靠近自己，拱自己手掌或胳膊，陪后备公猪进行玩耍。

④调教前让后备公猪提前熟悉采精区，或者关在采精区旁边的栏里，让其观看其他公猪采精的过程。

如果在几次调教后，后备公猪仍不爬跨怎么办？

如果公猪几次爬跨都不成功，可以尝试以下方法来诱导公猪爬跨：

①蹲在假畜台旁边，鼓励公猪的身体接触。

②坐在假畜台头部，像之前和公猪建立关系一样重新培养公猪的鼻拱和拉咬等行为。

③在成熟公猪采完精后立即进行调教。

④将旧衣服或毯子盖在假畜台上，让假畜台变得柔软。

⑤用发情母猪的尿液或分泌物涂抹在假母台后部，刺激后备公猪爬跨。

⑥在公猪采精时将后备公猪关在采精栏隔壁观摩学习。

在其他公猪采精时将后备公猪
关在隔壁栏舍里观摩学习

一问一答有要点

小结

后备公猪的调教是一件耗费时间和需要耐心的工作。虽然公猪通常都有爬跨的习惯，但是对后备公猪的调教仍然是配怀舍管理中的一个挑战和难点，因为假母台不会对后备公猪的求爱行为做出任何反应，导致后备公猪爬跨假母台与爬跨发情母猪相比难度大得多。因此，掌握后备公猪的调教技巧和流程，对于提高后备公猪的调教成功率非常重要。

打开哼哼会APP扫描

惊喜在这里

扫一扫加入
猪海拾贝互动社区

第五章

掌握高效的人工授精技术

1 公猪与母猪的自然交配

本节疑惑

公猪和母猪是如何进行自然交配的？

了解公母猪自然交配的行为有什么作用？

人工授精要模仿公猪的哪些交配行为？

哼哼课堂

公母猪自然交配

走进课堂
图文释惑

自然交配的持续时间

公母猪自然交配过程受到性激素的调控，持续时间一般是5~10分钟；同时也与母猪的发情表现，公猪的性欲、健康情况、季节和环境有关。高效的公猪性欲很强，会有强烈的求爱行为刺激母猪表现发情症状，缩短交配时间。

自然交配的环境要求

影响公猪与母猪自然交配的主要环境因素包括栏舍面积、地面类型及环境温度。

要让公猪与母猪自然交配首先需要提供足够的空间，以便让公猪可以围着母猪走动并完成所有的求爱行为。栏舍面积一般要求3米×3米，面积太小会导致公猪爬跨困难，同时在交配过程中也会引起很多问题。

其次栏舍地面防滑也很重要，防止公猪爬跨发情母猪时肢蹄打滑，造成损伤，在地上铺设垫料可以有效防止打滑。

环境高温会降低公猪活力，使公猪不愿意交配。在夏季天气炎热时，要错开高温时间段，最好选择在清晨和晚上进行，而不是炎热的中午和下午。

走进课堂
图文释惑

公母猪自然交配的过程

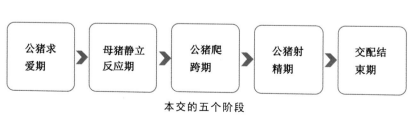

本交的五个阶段

实践课堂

① 【公猪求爱期】

①当公猪接触母猪时会变得兴奋，不停发出叫声，排出尿液；同时嘴巴咀嚼产生大量的泡沫，泡沫中富含性刺激素，通过与母猪口鼻接触来刺激母猪。

②公猪会围绕母猪走动，用鼻子闻或者用舌头舔母猪阴户来鉴别母猪是否发情。

③公猪会积极用鼻子拱母猪后腿前方的腹股沟处及乳房，伸出阴茎并排出少量液体。

② 【母猪静立反应期】

①受到公猪的求爱刺激后，母猪如果处于发情期就会表现出强烈的发情症状，主动靠近公猪，发出兴奋的叫声。

②当公猪用鼻子拱母猪腹部时母猪会表现出静立不动，四肢僵硬，有时会排出尿液，耳朵竖立或者前倾等。

③【公猪爬跨期】

①公猪首先会把下巴放在母猪背部检查母猪的静立反应，确定母猪静立后会跳起爬跨到母猪背上。

②公猪爬跨成功后，会不断调整自己的身体，使阴茎顺利插入母猪阴道内。当阴茎进入阴道后，公猪臀部会来回抽插几次，直到阴茎被子宫颈锁定。

④【公猪射精期】

①公猪爬跨成功，将阴茎成功插入母猪阴道后，就开始射精。在公猪射精时睾丸和肛门会有节律地收缩，睾丸会收紧，颜色变暗。公猪后腿由于支撑身体以及用力射精会出现颤抖。正常公猪的射精时间持续3~6分钟，年龄越大的公猪射精时间会越长。

⑤【交配结束期】

②当公猪射精结束后，阴茎会从母猪阴道中退出，前肢从母猪背部爬下，并表现得满足。有时在公猪射精结束时，与之交配的母猪也会向前移动帮助公猪爬下。

公猪有哪些异常交配行为？

常见的异常交配行为包括：
①性欲差：对母猪不感兴趣，不愿意接触母猪，无法完成交配。
②不愿爬跨母猪：求爱时间太长，使母猪在其爬跨之前变得疲惫。
③攻击行为：对母猪或人员进行过分的攻击。
④异常爬跨行为：如头部爬跨、侧面爬跨或肛门交配。
⑤频繁移动：在交配过程中不停地变换位置，导致母猪肩部损伤。
⑥时间过短：过早停止爬跨。

公猪爬跨位置不正确

不处于发情期的母猪有怎样的反应？

如果母猪不处于发情期，母猪会不停跑动躲避公猪的求爱行为，发出大声的尖叫声，有些母猪甚至对公猪会表现出攻击行为。

母猪可能会攻击公猪

一问一答有要点
掌握高效的人工授精技术

爬跨前，公猪会怎样刺激母猪？

发出哼哼声与母猪交流。
咀嚼大量泡沫，对母猪进行口鼻刺激。
兴奋地拱母猪侧腹部和乳房。

在发情检查和人工授精过程中应该
模拟哪些交配行为？

让公猪与母猪进行口鼻接触。
通过按摩母猪的腹侧和乳房来模拟公猪用鼻子拱母猪侧腹部和乳房。
通过压背或者背夹来模拟公猪爬跨。

发情母猪会有怎样的反应？

发出高声的哼叫。
公猪用鼻子拱它时会靠着公猪。
站立不动准备接受爬跨。
竖起耳朵（尤其是大白母猪）。

小结

　　现如今，人工授精技术早已取代公母猪本交成为了养猪生产中主流的配种技术。但了解自然状态下公猪和母猪的交配行为仍然有重要的意义。这有助于我们在发情检查和人工授精中，更好地模拟公猪的某些行为，充分刺激母猪发情与促进精液吸收，提高发情检查和人工授精的效率，同时掌握发情检查和人工授精技术的理论基础。

扫一扫加入

惊喜在这里

猪海拾贝互动社区

打开哼哼会APP扫描

2 母猪发情检查

本节疑惑

发情检查有什么作用？

如何判断母猪是否发情？

怎么样提高母猪发情率？

母猪的发情原理

母猪发情是指母猪达到性成熟后，在"下丘脑—垂体—卵巢轴（HPOA）"神经内分泌系统的调控下，卵巢上的卵泡会逐渐生长发育，形成成熟的卵子并排卵；同时卵巢分泌雌激素，使母猪表现出愿意接受公猪爬跨或者人工授精的一系列生理现象。

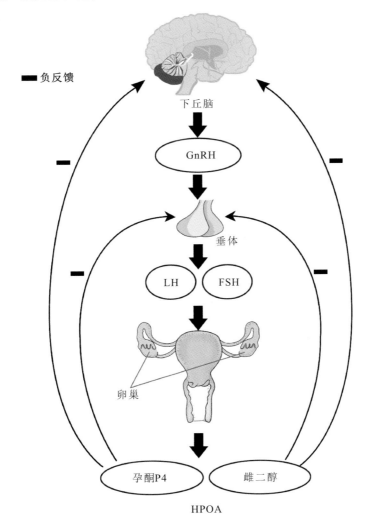

哼哼课堂趣味多

　　母猪发情后如果没有配种或者配种后没有成功受孕，卵巢卵泡排出的卵子会被母体吸收，雌激素水平会缓慢下降，间隔18~24天左右（平均21天）后又会重新开始发情，这一循环过程就是母猪的发情周期。

　　根据母猪的不同行为和表现特征，可以将发情周期分为发情前期（持续1天）、发情期（持续2~3天）和休情期（持续17~18天）。

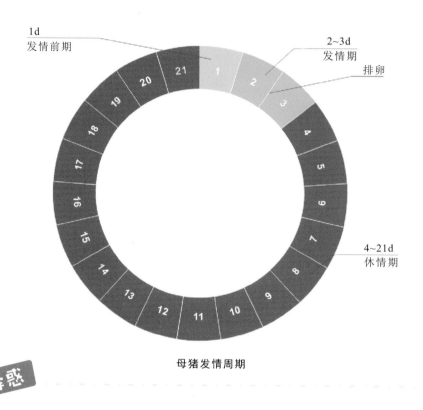

母猪发情周期

母猪的发情症状

　　在发情前期，母猪会表现出烦躁不安，主动靠近公猪，大栏群养的母猪会互相爬跨。发情前期大约持续1天时间，之后母猪进入发情期。母猪在发情前期和发情期的行为表现会有一些不同，其中最典型的区别是母猪只在发情期才会出现静立反应。进行母猪发情检查必须掌握这些发情症状，才能准确判定母猪是否开始发情。

母猪发情表现与症状

项目	发情前期	发情期
持续时间	1d	后备：2d 经产：2~3d
阴户变化	充血红肿	充血红肿
阴户颜色	颜色鲜红	颜色暗红变淡
阴户黏液	水样清亮黏液	黏液变黏稠
声音	兴奋的叫声	较高的叫声
静立反应	无	有
食欲	下降	缺乏
爬跨（群饲）	相互爬跨，但不静立	相互爬跨，有静立反应
耳朵	无变化	大白母猪耳朵竖立
尾巴	无变化	上翘、轻微颤抖

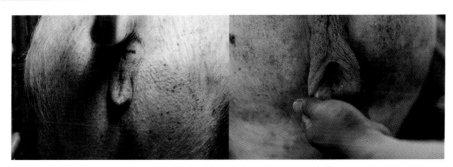

阴户发情前期红肿充血与发情期红肿消退

在母猪发情检查过程中，要仔细观察母猪发情期的所有表现和症状，再进行综合判断，而不是仅仅凭借某一个发情症状进行判断。

走进课堂
图文释惑

静立反应

是指母猪在公猪刺激或人为刺激下表现出静立不动，愿意接受公猪爬跨或者人工授精的一种特有行为。母猪出现静立反应时的表现有：静立不动、背微拱、头向前伸出、耳朵竖起、眼神游离、目光呆滞、尾巴颤抖、接受公猪爬跨或者人骑在背上。静立反应是判断母猪是否发情最关键的一个特征，当母猪表现出完全静立反应时说明母猪已经进入发情期，可以与公猪进行配种或者人工授精。通常母猪的静立反应持续时间约为1小时，其中只有10~15分钟表现为稳定的静立反应，发情检查和人工授精必须在这段时间内完成。

嘿嘿课堂趣味多

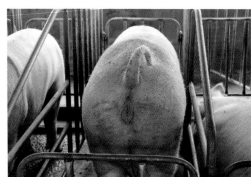
尾巴颤抖上翘

大白耳朵竖起静立不动

充分利用公猪的刺激

　　通过比较不同刺激方式下母猪的发情比例发现，让母猪充分接触公猪的刺激效果最佳。因为成年公猪的声音、气味、口鼻接触等是诱导母猪进入发情期最重要的刺激，公猪的存在可以使母猪发情症状更为明显并延长静立反应的时间，提高母猪发情率。

不同刺激方式下母猪发情比例

查情方式	母猪发情率
无公猪在场，只有人为按摩刺激	48%
只加公猪声音	71%
只加公猪气味	81%
公猪声音+气味	90%
公猪声音+气味+接触	97%

没有公猪刺激的背部按压，鉴定发情的比率只有48%　　加上公猪的声音增加到71%　　加上公猪的气味增加到81%　　加上公猪的声音、味道和视觉可以达到97%　　加上公猪的声音和味道可以达到90%

进行发情检查时，同时使用2头以上的公猪轮流刺激效果更好，这在国外发达养猪国家和国内许多规模化猪场已经普遍实施。

使用多头公猪刺激母猪发情

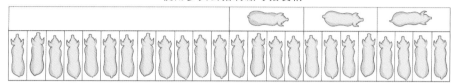

做好充分的人工刺激

母猪发情检查时，通过人为模拟自然交配下公猪的求爱行为，可以更好地刺激母猪发情。对于关在定位栏内的母猪而言，由于只能与公猪进行口鼻接触，刺激不够全面，此时配种员通过按摩母猪的乳房、腹侧、阴户、臀部、背部等部位充分刺激母猪就非常重要。通过主动的按摩，可以更好地刺激母猪发情（按摩方法详见"人工授精"一节的"改良五步刺激法"）。

按摩母猪阴户下侧

发情检查的频率

发情检查每天早晚进行两次比每天只进行一次的效果要好，这样可以有更多的时间充分刺激母猪发情。每次发情检查都要保证母猪与公猪的接触时间，每头母猪每次接触公猪5~10分钟，使母猪得到充分的刺激。未配种的断奶母猪、后备母猪、空怀母猪每天发情检查2次，配种之后的母猪每天发情检查进行1次。

保证母猪与公猪的接触时间

哼哼课堂趣味多

提供良好的环境

保持环境安静，温度适宜，减少应激，有利于母猪性激素的分泌，使其尽快发情。如果环境温度超过28℃，母猪卵泡发育和生殖激素调控将受到抑制，严重影响母猪发情。

光照对母猪的发情很重要，延长光照时间可以减少母猪脑部松果体分泌褪黑素，褪黑素是来源于色氨酸的内分泌激素，也是一种性腺抑制激素。褪黑素通常在夜间进行分泌，通过抑制脑下垂体促性腺激素的分泌来抑制母猪发情。因此，配种前给母猪提供每天16小时光照，光照强度大于250勒克斯，能促进母猪分泌性激素，使其尽快发情，延长发情时间，增加排卵数量，提高受孕率和产仔数。

配种前给母猪提供足够的光照

实践课堂

① 【确定待查母猪】

驱赶公猪查情前，首先确定需要进行发情检查的母猪位置和顺序，提前设置好赶猪通道和栏门，方便驱赶公猪。通常断奶母猪关在定位栏，要准备好隔栏隔开公猪，以便集中查情。

② 【选择查情公猪】

选择性欲好、气味重、泡沫多、性格温顺、行动灵活的公猪进行发情检查，可以更好地刺激母猪出现发情症状和静立反应，这一点对于发情检查非常重要，选择一头好的查情公猪可以大大提高母猪的发情概率。

③ 【公猪查情】

让公猪与母猪进行口鼻接触，每头公猪对应4头母猪，每头母猪接触时间1~2分钟。建议同时驱赶2头以上的公猪轮流给母猪进行刺激，效果更好。在驱赶公猪的过程中要注意安全，防止被公猪攻击。

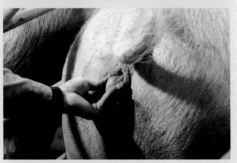

④ 【观察母猪发情症状】

将公猪驱赶到位后，配种员首先要仔细观察母猪是否有发情症状，包括母猪食欲下降、精神兴奋，重点检查阴户是否出现红肿，产生黏液等。

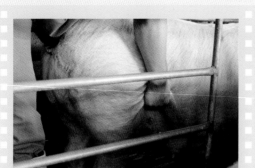

⑤ 【充分刺激】

　　其次就是配种员要给母猪进行按摩刺激，充分模拟公猪在自然交配下对母猪的刺激方式，先按摩母猪后腿前方的腹侧和乳房，再进行压背检查。最后再次检查母猪阴户是否有黏液留出或者异常流脓情况。

⑥ 【发情鉴定】

　　如果母猪在发情检查时表现出压背不静立，但是阴户红肿，留出清亮水样黏液，食欲下降，兴奋咬栏等情况，说明母猪进入发情前期，做好标记，下次发情检查时重点检查。

　　如果母猪在发情检查时表现出压背静立不动，且阴户红肿、颜色变淡、留出黏液变黏稠，则说明母猪进入发情期。

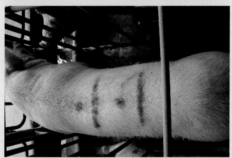

⑦ 【发情标记与记录】

　　①发情前期：使用蜡笔在母猪臀部画点。

　　②发情期：使用蜡笔在母猪背部中间画一个点。

　　③记录发情期开始时间，查看母猪的信息，确定母猪人工输精时间。（详见"配种舍可视觉化管理"一节"配种舍标记体系"）。

⑧ 【赶回公猪】

　　发情检查结束后，将查情公猪小心赶回公猪舍，并给予适当的饲料奖励。

⑨ 【转移发情母猪】

　　根据场内实际情况，如果母猪发情检查区与配种区不在一起，母猪确认发情后需要赶至配种区。

每天发情检查2次比1次的优点？

每天上午下午各进行一次发情检查，可以更为精确地确定母猪开始发情的时间，从而确定配种时机。

公猪刺激母猪的时间是不是越长越好？

虽然公猪的刺激对于母猪发情有很大作用，但不是公猪与母猪的接触时间越长越好，尤其是对于已经出现静立反应的母猪而言。因为母猪进入发情期后表现出稳定的静立反应有时间限制。发情母猪每次静立反应持续时间约为1小时，其中静立反应最明显的时期是与公猪接触后的5~15分钟，之后就会进入"发情不应期"，母猪表现为不再静立。因此，公猪要与母猪分开饲养，在进行发情检查前1小时不得与母猪接触，这样可以保证在发情检查时母猪没有处在"发情不应期"，从而刺激母猪表现出更明显的发情症状，掌握这点在给母猪进行人工授精时也非常重要。

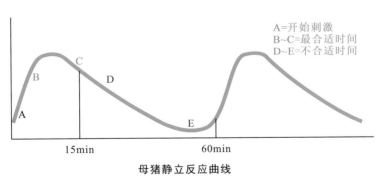

母猪静立反应曲线

发情检查需要检查哪些母猪？

　　首先检查断奶母猪，其次后备母猪、空怀母猪和流产母猪、最后检查配种后的妊娠母猪（重点是检查配种后18~24天的妊娠母猪）。

查情时如何保证安全？

　　公猪的脾气和习性会经常变化，有时会出现暴躁情绪和攻击行为，尤其是在感到疲劳时。因此在驱赶公猪时要注意人身安全，使用赶猪板，严禁使用棍棒敲打公猪，要保持耐心，与公猪建立信任关系，让公猪适应母猪发情检查的流程。如果公猪出现疲乏，性情暴躁时，要马上进行更换。

用移动栅门将公猪隔开

注：驱赶多头公猪过道时要注意安全，可以在定位栏过道中安装移动隔门将公猪们隔开，防止公猪打架；也可以使用公猪车对母猪进行发情刺激。

小结

　　母猪发情检查是配怀舍管理的一项关键技术，也是配种员每天都要进行的一项主要工作。母猪发情检查的作用有两个：首先是通过发情检查鉴定母猪开始发情的时间，从而确定人工授精的最佳时间；其次是鉴定母猪配种后是否成功受孕，确定母猪是否返情。发情检查工作对于提高母猪配种成绩，确定母猪配种时机，提高母猪受孕率和降低非生产天数都非常重要。

惊喜在这里

扫一扫加入
猪海拾贝互动社区

打开哼哼会APP扫描

3 确定母猪配种时机

本节疑惑

配种时机由哪些因素共同决定？

影响母猪排卵时间的因素有哪些？

如何确定母猪配种时机？

母猪配种时机

　　配种时机是由母猪的排卵时间、卵子的成活时间以及精子进入母猪体内的存活时间共同决定的。如果配种过早，精子可能在排卵之前死亡无法与卵子结合；如果配种过迟，卵子在精子到达之前就会衰亡失去受精能力；无论配种过早还是过晚，都会导致配种失败，降低受孕率和产仔数。

　　确定配种时机的关键是要确定母猪的发情排卵时间。正常情况下，母猪排卵时间主要在发情期的2/3时间点处，通常母猪会在发情期结束前12~24小时开始排卵，同时排出的卵子从卵巢进入输卵管，在与精子结合前会存活8~10小时。而精子在母猪子宫内存活的时间比卵子要长，可以达到24小时。在给母猪进行人工授精时要保证精子在排卵前6~8小时到达受精位置，等待卵子排出从而与卵子结合完成受精。

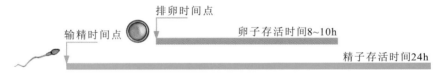

输精时间与排卵时间

查情频率

　　确定母猪发情期的持续时间是判断母猪排卵时间的关键，主要是通过母猪发情检查进行判断。给母猪每天查情两次比查情一次的效果要好，因为每天查情两次可以更准确地判定母猪发情开始的时间，从而更准确地判定母猪首次配种的时间。正常情况下，一天查情两次的猪场通常在确定母猪发情后12~24小时进行第一次配种，而一天查情一次的猪场，配种时间需要提前以免错过母猪排卵时间。

哼哼课堂趣味多
掌握高效的人工授精技术

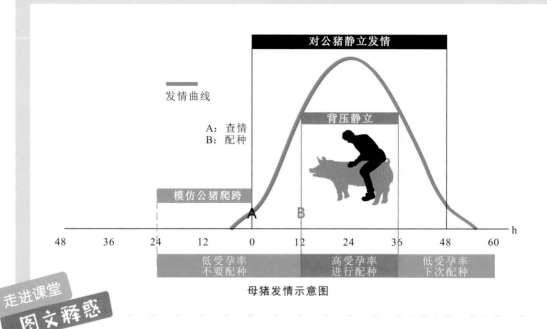

母猪发情示意图

走进课堂
图文释惑

母猪的品种与类型

　　母猪发情时间的长短还与母猪的品种和类型有关，国内地方品种的母猪性成熟较早，发情持续时间较长，排卵较晚；而瘦肉型品种的母猪性成熟较晚，发情持续时间较短，排卵较早。但是也与母猪的胎龄和繁殖周期有关。

　　(1)后备母猪

　　后备母猪的发情持续时间比经产母猪要短，通常发情期只维持24小时左右，一般不超过48小时。因此，在确定后备母猪发情后需要马上配种，尤其是在一天查情两次的前提下，否则很有可能错过后备母猪的排卵期。

后备母猪

　　(2)一胎母猪

　　一胎母猪与二胎以上的经产母猪相比，断奶到发情的间隔时间比较长，发情持续时间比较短，因此实际配种中最好按照后备母猪的要求来处理。

一胎母猪

（3）经产母猪

分娩过二胎以上的经产母猪，它的发情持续时间比较长，通常可以维持至少48小时以上，因此在一天查情两次的情况下，可以适当延迟24小时再进行配种。

经产母猪

（4）问题母猪

配种后出现返情、妊娠检查阴性、断奶后不发情、流产等问题母猪一般发情持续时间会变短，因此发情后要立即配种。

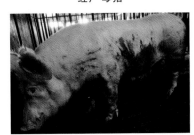

问题母猪

走进课堂
图文释惑

母猪断奶至发情间隔天数

正常情况下，猪场配种的母猪群体大部分都是断奶母猪，因此掌握断奶母猪发情时间的长短对于确定配种时机非常重要。母猪通常会在断奶后4~6天内发情。有部分母猪断奶后超过7天才发情，这些晚发情（断奶后8~14天）的母猪发情持续时间比较难把握，一般都是出现发情马上配种，而且配种后的分娩率和窝产仔数都会降低。因此一些猪场规定对断奶后8~14（含）天发情的母猪不进行配种，母猪断奶后7天内保持高发情率很重要，一般要求达到95%以上。

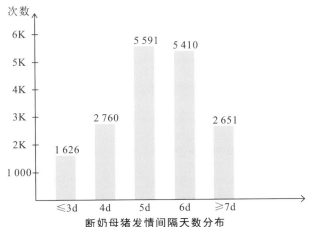

断奶母猪发情间隔天数分布

注：根据近3000头母猪3年计18 037次统计，表明有76.3%的母猪集中在断奶后4、5、6天发情，3d以内和7d以上发情的分别为9.1%和14.6%。

哼哼课堂趣味多
掌握高效的人工授精技术

　　断奶母猪发情排卵的时间与断奶至发情间隔天数有关，母猪断奶后越早发情，其发情期持续时间就越长，排卵数也越多。因此，断奶母猪的配种时机要考虑母猪断奶至发情间隔天数，发情越早的母猪配种时机需相应推迟。

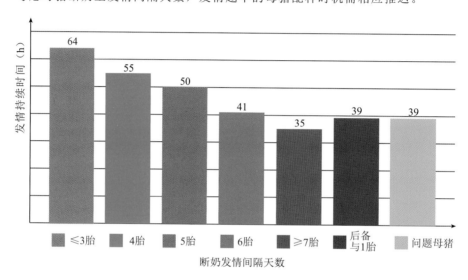

母猪断奶至发情间隔时间与发情持续时间

配种次数

　　配种次数要与母猪的发情排卵时间相结合，不是越多越好，配种次数越多不仅造成精液的浪费，而且容易增加母猪子宫感染的几率。一般情况下，母猪一个发情周期内配种2~3次效果最好。如果发情检查非常准确，有时配种1次也能取得很好的配种成绩。

　　通常后备母猪和问题母猪配种2次，每次间隔12小时；断奶母猪根据发情持续时间进行评估，建议配种2次，每次间隔24小时；若母猪仍然出现静立反应，可以考虑再配种一次。配种次数如果超过4次是不正常的，因为母猪正常的发情期持续时间不会有这么长，通常是由于生殖激素分泌异常所致，就算配种次数再多也会配不上或者产仔数很低。为了保证精子在子宫内的存活时间能够最大限度地覆盖母猪排卵时间，一般在母猪发情后12~24小时配种是安全的。

查情时使用泡沫多性欲好的公猪

提高发情检查质量

　　高质量的母猪发情检查是掌握配种时机的关键，尽可能准确鉴定发情开始的时间，这样才可以确定正确的配种时机。造成母猪分娩率和窝产仔数低的主要原因往往都是由于低质量的发情检查造成的（详见《母猪发情检查》一节）。

走进课堂
图文释惑

推荐母猪配种时机方案

　　不同品种、不同猪场的母猪断奶至发情间隔天数、发情持续时间都会存在很大区别，即使是同一品种，在不同猪场，这些数据也会存在区别。但是同一品种在同一猪场时，这些数据是基本一致的。以下是一个仅供参考的配种时机方案（每天查情2次的前提下）：

　　①母猪断奶后3天内发情：发情后推迟24小时进行首次输精，间隔18~24小时进行第二次输精。

　　②母猪断奶后4~6天发情：发情后推迟12小时进行首次输精，间隔18~24小时进行第二次输精。

　　③母猪断奶后7天及以后发情：发情后立即进行首次输精，间隔8~12小时进行第二次输精。

　　④后备母猪和1胎母猪：发情后立即进行首次输精，间隔8~12小时进行第二次输精，再间隔8~12小时进行第三次输精。输精次数根据母猪实际发情持续时间决定。

　　⑤使用激素处理的母猪：输精时机与后备母猪相同。

母猪配种时间表（推荐）

发情期的持续时间（h）	经产母猪			后备母猪与1胎母猪	返情、空怀、流产等问题母猪
	断奶至发情间隔天数				
	≤3d	4~6d	≥7d		
0	○	○	○◆	○◆	○◆
12		◆	◆	◆	◆
24	◆			◆	◆
36		◆			
48	◆				

注：○表示母猪出现静立反应，◆表示人工授精。

① 【确定母猪发情静立】

　　首先严格执行标准的母猪发情检查流程，注意要让公猪充分与母猪接触刺激母猪发情；再进行人为的按摩和压背，仔细观察母猪是否出现发情症状，确定母猪发情开始的时间。

② 【检查母猪外阴】

　　母猪通过压背刺激表现出静立反应后，还需要检查母猪阴户变化，阴户由红肿到消退变淡并有皱褶，黏液由水样变黏稠，手指接触黏液时有类似胶水样的"拉丝"状，同时要注意检查阴户是否有脓液流出。

③ 【核对信息】

　　确定母猪出现静立反应后，需要查看母猪的配种卡信息，检查母猪的耳号、品种、胎次、断奶时间等信息，是否存在返情、流产等异常情况，还需要检查母猪的健康状况，尤其是上一胎在产房分娩时有无难产、助产记录。

④ 【选择配种时机】

　　根据母猪的实际情况参照猪场的配种制度，确定对应的母猪配种时间，并做好标记。

一问一答

自然交配与人工授精时机有什么区别？

　　人工授精时机通常会比让公猪与母猪自然交配的时机要迟一些。为了保证配种成功率，人工授精通常会在母猪发情后推迟12~24小时再进行输精，以保证精子进入母猪子宫的时间与卵子排卵时间相吻合。

自然交配时公猪的全面刺激会让母猪的排卵时间提前

为什么要让大多数断奶母猪在断奶后7天内配种？

　　断奶后8~14（含）天发情的母猪与断奶后1~7天和15~21（含）天发情的母猪相比，配种后的分娩率和窝产仔数都会降低；同时断奶—配种间隔的延长会增加非生产天数（NPD）。

一问一答有要点
掌握高效的人工授精技术

如何制定适合自己猪场的配种时机方案？

　　不同猪场的母猪配种时机方案会不同，甚至差异很大。这需要结合猪场猪群的实际情况来进行综合评估。如果猪场目前的配种成绩不太理想，可以通过连续记录6周场内母猪发情持续时间以及配种后3周的受胎率情况综合分析出正确的母猪发情持续时间，然后对场内的配种时机方案进行调整优化，从而制定最合适本场的母猪配种时机方案。

哺乳期母猪也会发情吗？

　　有时候，母猪还在哺乳期内也会出现发情，这与其激素代谢紊乱有关。哺乳期母猪发情有两种情况，分娩后5天内及分娩14天后。如果母猪在分娩后5天内出现"静立反应"，这是由于母猪分娩时释放了过量的雌激素导致的。如果母猪在分娩14天后出现"发情症状"，这是由于母猪体况过肥、泌乳量降低、带仔头数过少、采食量增加过快、与公猪接触或者急性应激导致卵泡受到刺激，分泌雌激素而出现"假发情"。

　　无论是母猪分娩后5天内，还是哺乳后期出现发情，都不会正常排卵，更不会成功受孕，因此不需要进行配种。在哺乳期发情的母猪虽然不会排卵，但是对以后的发情周期也不会有太大影响，只是断奶后1周内不会表现发情症状，而是要在断奶后间隔一个发情周期才会再次发情。

小结

　　母猪配种时机决定了将精液输送至母猪生殖道内的时间，在合适的时间内使精子能及时与卵子在输卵管中相遇形成受精卵。配种时机的正确与否直接决定了母猪的配种受胎率和产仔数，是配种管理中一项关键技术。掌握影响母猪配种时机的各种因素，结合猪场实际情况，选择正确的配种时机，将会使母猪的配种效率大幅度提高。

惊喜在这里

扫一扫加入

猪海拾贝互动社区

打开哼哼会APP扫描

4 后备母猪的刺激发情与同步发情

本节疑惑

后备母猪的配种要求是什么？

如何刺激后备母猪发情？

影响后备母猪发情的因素有哪些？

哼哼课堂

后备母猪的配种要求

为了使后备母猪的生产性能及使用寿命最大化，必须达到下列5点要求。

（1）隔离驯化期≥8周

后备母猪只有经过充足时间的隔离驯化，才能使后备母猪得到良好的免疫力，更好地适应本场的环境和病原，保障后备母猪健康。

（2）首配日龄210~230天

后备母猪的配种日龄会影响产仔成绩，同时影响体重和背膘厚度。实际生产证明，后备母猪日龄210~230日龄产仔性能最好。

（3）首配体重130~140千克

后备母猪初配体重大于130~140千克，可以使机体得到充分的发育并储备足够多的脂肪满足分娩哺乳的需要。

后备母猪量腰围估算体重法

从一侧腹部到另一侧腹部长度（cm）	体重（kg）
80	101.0
81	104.3
82	107.8
83	111.3
84	114.9
85	118.5
86	122.3
87	126.1
88	130.0
89	134.0
90	138.0
91	142.1
92	146.4
93	150.7
94	155.0
95	159.5

后备母猪量腰围

注：使用皮尺测量后备母猪腰围评估重量，量腰围并不是整个腰部绕一圈，而只测量从腹股沟外侧起到另一侧的腹股沟外侧为止

（4）背膘厚度达到16~18毫米

背膘厚度可以反映后备母猪生长发育情况及储备足够多的脂肪储备，减少后备母猪哺乳期体况的损失，影响后备母猪的使用寿命。

（5）配种时发情次数达到3次

后备母猪在第3次发情时进行配种可以提高产仔成绩。后备母猪通过3次发情后，其生殖系统得到充分发育，子宫容积得到扩大，卵巢发育更充分，排卵数会增加，因此后备母猪在第3次发情时进行配种，其产仔数比第1次和第2次发情时配种要高。

哼哼课堂趣味多

影响后备母猪发情的因素

(1)刺激发情的时间

为了满足后备母猪首配日龄210天的要求,必须要让后备母猪达到160日龄时开始与公猪接触进行刺激发情,在生长发育正常的情况下,后备母猪首次接触公猪刺激后的7~10天就会出现首次发情。

让母猪直接与公猪接触

(2)公猪的重要性

选择性欲好、气味重、爱咀嚼、泡沫多、性格温顺、容易驱赶的成年公猪(至少达到10月龄,最好是12月龄)能够给后备母猪提供最大程度的刺激促使后备母猪发情。最好使用2头以上不同公猪对后备母猪进行轮换刺激。

为了有效刺激后备母猪,公猪刺激的同时,配种员还可以对后备母猪进行背部按压和侧推刺激

(3)刺激时间的长短

后备母猪发情刺激的时间长短取决于每栏的面积和群体规模,后备母猪的饲养密度要大于1.4平方米/头。由于公猪交配时的求爱行为会持续1~2分钟,后备母猪需要时间来回应公猪,所以在一个10~12头后备母猪的栏舍中公猪接触所有后备母猪需要15~20分钟。

(4)刺激发情的频率

后备母猪发情期较短,所以要在上午和下午各进行一次发情刺激。

(5)充足的光照

光照不足或者在黑暗条件下,后备母猪眼睛接触到的光信号刺激降低,会刺激脑部松果体腺分泌的褪黑素增多。褪黑素是一种性腺抑制激素,会抑制促性腺释放激素的分泌,从而抑制卵泡发育推迟母猪初情期。

在实际生产中,后备母猪每天要保证光照16小时,光照强度250勒克斯,这将有利于刺激后备母猪提前发情。

灯光要安装在母猪头部上方,每天准时开灯和关灯,保证光照制度的稳定

(6)保证后备母猪健康

任何疾病都可能会导致后备母猪性成熟延迟，因此要充分做好后备母猪的隔离驯化过程使后备母猪保持较高的健康水平。

(7)提供充足的营养

后备母猪如果采食不足和营养缺乏会推迟发情，在配种前不提供充足的饲料会降低排卵率。

(8)运输、转移和混群

后备母猪在经过车辆运输或混群后，可以增强后备母猪生殖激素分泌，刺激后备母猪发情。

将后备母猪混群并适当给予运动场地也可以有效刺激后备母猪发情

准确的发情记录

准确记录后备母猪第一次发情的时间很重要，这样就可以估算第二次和第三次发情的时间。之后配种舍的员工可以根据这些信息来计划在适当的时候将后备母猪转入配种舍进行配种，完成配种目标。

后备母猪发情记录登记表

批次 时间 记录人

序号	耳号	日龄	品种	第一次发情时间	第二次发情时间	第三次发情时间	转出时间	备注
1								
2								

后备母猪同步发情管理

后备母猪出现第一次发情后，将发过情的后备母猪集中饲养，在下一次发情前7天再次驱赶公猪进行刺激发情，可以使一群后备母猪在同一时期出现发情，并稳定其发情周期。

哼哼课堂趣味多

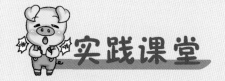

实践课堂

　　后备母猪进行刺激发情有两种方式，一种是将查情公猪驱赶至后备母猪舍与后备母猪进行接触刺激，另外一种是使用固定的诱情区（bear区），将后备母猪驱赶至公猪附近进行发情刺激。

驱赶公猪至后备母猪舍

①【驱赶公猪至后备母猪舍】
　　后备母猪160日龄时开始刺激发情，每天2次。配种员驱赶性欲好、气味重、性格温顺的公猪至后备母猪舍。保证公猪与每头后备母猪都充分接触，接触时间3~5分钟/头。

②【人工刺激】
　　配种员在引导公猪与后备母猪充分接触的同时，还要用手按压后备母猪背部、腹部、乳房等部位，以充分刺激后备母猪。

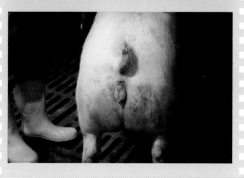

③【发情识别】
　　观察母猪发情症状：后备母猪若发情，会主动靠近公猪，有排尿反应，出现稳定的静立反应，阴户红肿，流出清亮黏液等。

④ 【发情记录】

　　记录发情后备母猪的耳号或打上耳牌，记录发情时间。同时在后备母猪背部用蜡笔做好标记。

⑤ 【发情母猪合栏（同步发情）】

　　将发情后备母猪合栏集中饲养，以周为单位，将同一周发情的后备母猪关在同一个栏里饲养，待栏中最早发情的那头后备母猪第二次发情前5天再次驱赶公猪到该猪栏进行发情刺激。

固定诱情区方法

① 【驱赶公猪至诱情区】

　　先将4头公猪赶到后备母猪诱情区的定位栏中。再将后备母猪赶到诱情区的大栏内让后备母猪主动接触定位栏中的公猪进行发情刺激。

② 【人工刺激】

　　配种员通过按压后备母猪背部、腹部，检查后备母猪是否出现发情，如果有后备母猪发情，将发情的后备母猪进行标记并移出诱情区。剩下未发情的后备猪继续进行刺激。

③【公猪直接刺激】

　　5分钟后，将定位栏中的一头公猪放到大栏里，对后备母猪进行接触刺激。如果后备母猪出现发情，则进行标记并移走。10分钟后，将诱情公猪赶回定位栏中，再将未发情的后备母猪全部赶回大栏。

后备母猪如何有效刺激发情？

　　①首先后备母猪刺激发情日龄不要过迟，160日龄就可以进行。
　　②其次必须让性欲好的公猪与后备母猪充分接触，每天2次，持续刺激。
　　③再次是后备母猪小群饲养，有足够空间，密度>1.4平方米。
　　④还可以和成年母猪一起饲养，后备母猪的第一次发情时间明显提前。

后备母猪不发情怎么办？

后备母猪经过刺激发情后，可能仍然会有5%的后备母猪到7月龄仍不发情。对于这一部分不发情的后备母猪，可以通过运动、混群、饥饿、转运处理等常规方法刺激后备母猪发情（详见《繁殖问题母猪的处理》一节）。如果所有常规方法都无效，可以肌注PG600进行诱导发情。还可以执行限饲10天与自由采食10天交替饲喂的办法刺激后备母猪发情。

怎么保证光照强度充足？

5w
白炽灯泡

2m

地面

10Lux

在后备母猪舍至少每隔2米安装一个100瓦以上的灯泡以提供充足的光照强度，保证整个猪舍明亮，没有黑暗角落。最好是用光照测定仪测定光照强度来确定灯泡安装的高度和瓦数是否合适。

注：Lux（勒克斯）是反映光照强度的一种是照度单位，物理意义是指照射到单位面积上的光通量。10Lux相当于5w白炽灯泡在其正下方2m获得的光照强度，但最好使用测光仪测定。

一问一答有要点
掌握高效的人工授精技术

小结

后备母猪经过严格的隔离与驯化程序后，就需要通过刺激发情与同步发情，使后备母猪能够顺利进入发情周期，并能持续稳定地完成第三次发情最终成功配种，满足猪场配种目标和母猪群更新的需要。

后备母猪一般在170~210日龄达到性成熟，为了能尽快让后备母猪发情，提高后备母猪利用率，在后备母猪合适的日龄每天使用性成熟公猪充分刺激后备母猪促使其发情，可以使后备母猪的发情率和利用率达到90%以上。

惊喜在这里

扫一扫加入

猪海拾贝互动社区

打开哼哼会APP扫描

5 人工授精

本节疑惑

人工授精有那些优点？

人工授精操作的具体步骤是什么？

输精操作中有哪些因素会影响到生产成绩？

哼哼课堂

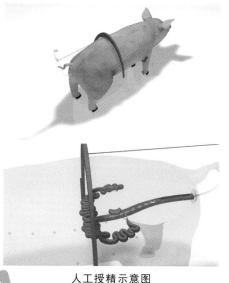

人工授精示意图

人工授精技术

　　人工授精技术的操作是要准确判断母猪配种时机。目标是在母猪排卵前6~8小时将精液输送至母猪子宫内，让精子有足够的时间等待母猪排卵并完成受精。

　　人工授精技术的操作关键是要掌握公猪与母猪自然交配时的行为，在操作过程中充分模拟公猪在自然交配时给母猪的各种刺激，达到让母猪感觉是公猪在进行自然交配的效果，从而让母猪充分吸收精液，保证精子能顺利抵达输卵管与卵子结合，完成受孕过程。

走进课堂
图文释惑

公猪的重要性

　　人工授精时必须要有公猪到场，让公猪与母猪保持口鼻接触，因为公猪的声音、气味、叫声、尿液、唾液都可以刺激母猪发情。最好驱赶2头公猪轮流刺激，1头公猪每次同时刺激4头母猪，这样可以给母猪更强烈的刺激，如果母猪头数过多会降低公猪的刺激效果。待该4头母猪完成输精后，驱赶另一头公猪继续保持刺激母猪，通过不同公猪的交替刺激，可以更好地刺激母猪分泌催产素提高吸收精液的效果。

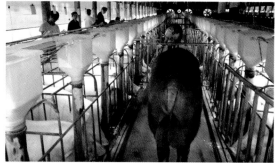

2头公猪交替刺激母猪

使用公猪车查情

输精前公猪不要与母猪接触

　　发情母猪每次静立反应持续时间约为1小时，其中静立反应最明显的时期是与公猪接触后的5~15分钟，之后就会进入"发情不应期"—母猪变为不再静立，在自然交配中表现为不再接受公猪爬跨。因此，在进行人工授精前1个小时，公猪不得接触母猪；同时不要让公猪从不是需要马上输精的母猪前面走过，避免母猪过早进入发情不应期。

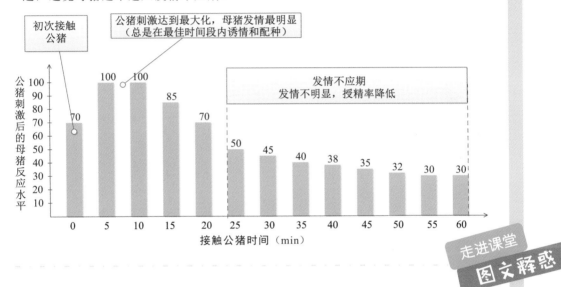

输精前给母猪充分的刺激

　　在对母猪进行输精前，配种员需要充分地刺激母猪，模拟公猪在自然交配中的求爱行为，检查母猪的静立反应。

　　将模拟公猪对母猪的刺激行为分成五个步骤进行操作就是"改良五步刺激法"，操作非常简单，在人工授精时每个步骤持续10秒即可。具体步骤如图。

第1步：利用拳头按压母猪腹部两侧

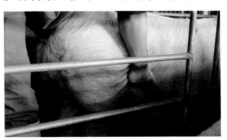

第2步：抓住并向上提腹股沟皮肤褶皱部

第3步：利用拳头按压母猪阴户下面，
也常用膝盖按压

第4步：用手按压母猪髋部及臀部

第5步：用手按压母猪背部或者骑在母猪
背上进行刺激

走进课堂
图文释惑

操作卫生

在母猪出现静立反应并接受人工授精时，母猪的子宫颈已经张开，若是输精操作中存在污染极易导致子宫感染，因此，注重操作卫生尤为重要，尽量减少人工授精中可能的污染。

母猪后躯过脏会影响配种质量，容易导致子宫感染

正确使用输精管

（1）普通输精管

输精管由圆柱形的海绵头和透明的塑料管组成，长度50厘米，输精时将海绵头直接插入母猪生殖道内，海绵头用于锁住母猪子宫颈，塑料管用于输送精液。输精管是直接能与母猪生殖道接触的用具，要保证干净卫生。

（2）深部输精管

深部输精管在输精管内还含有一个细长的内套管。内套管穿出海绵头后可以深入并穿过子宫颈到达子宫体内，缩短了精液达到子宫角的距离，从而有效提高精子的受精效率。通常情况下，深部输精管的海绵头被母猪子宫颈锁住后，内套管可以继续深入的距离是10~15厘米；随着母猪胎龄的增长，插入的距离可以适当延长，但是注意不能用力过大，避免损伤子宫。

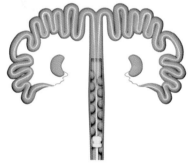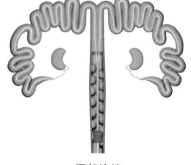

普通输精　　　　　　　　　　　　深部输精

普通输精与深部输精操作区别

项目	普通输精	深部输精
每次输精的精液体积（同等密度）	80mL	40mL
输精次数	3次	2次
每次输精时间	3~5min	1~2min
是否对母猪刺激	需要并持续	适当按摩
精液倒流现象	概率高	概率低

哼哼课堂趣味多

人工授精评分

人工授精操作直接影响到母猪的受孕率和窝产仔数，通过人工授精评分方案可以直观的评判人工授精操作的效果，从而不断改进输精操作和输精时机。采用"333评分机制"来对每次人工授精操作进行评估，比较每次输精的得分，可以评估母猪的静立反应情况，以及输精时机的把控是否正确。母猪输精后重点关注得分较低母猪的返情率和窝产子数，为提高猪场的生产成绩提供有效依据。

"333"评分法

项目	静立反应	输精管锁住情况	精液倒流
1分	不静立	锁不住	严重倒流
2分	少量移动	松散锁住	少许倒流
3分	完全静立	紧紧锁住	无倒流

输精标记

使用醒目的配种标记可以将母猪在人工授精的不同阶段进行区分，方便员工识别，提高工作效率。不同公司的配种标记方法可能不同，但是只要具有醒目、方便识别的特点都是可行的。推荐使用DSC"点横叉"标记系统，其中"点"表示母猪发情，"横"表示进行了人工授精，"X"表示母猪发情结束。绿色代表上午，红色代表下午。

母猪人工授精"DSC"标记法

实践课堂

普通输精操作

① **【确定待配母猪】**
　　人工授精前通过发情检查确定母猪发情,再根据配种时机方案确定人工授精的时间,并进行标记,以方便配种员识别。将待配母猪集中关在定位栏可以方便输精操作。

② **【驱赶公猪至配种区】**
　　选择性欲好、气味重、泡沫多、性格温顺的成年公猪用于刺激母猪,将2头公猪分别驱赶至配种区,使用公猪车或者隔栏分开,防止公猪打斗。注意:不要让公猪提前与待配母猪接触,避免待配母猪在授精前出现静立反应。

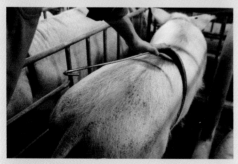

③ **【按摩待配母猪】**
　　人工授精前先按摩待配母猪的腹部、乳房、背部,检查母猪静立情况。按照"改良五步刺激法"进行刺激。然后使用配种背夹夹在母猪第2个和第3个乳头之间,持续刺激母猪。

④ **【清洗母猪后躯】**
　　使用毛巾在清水中润湿拧干后对母猪阴户外侧、肛门、臀部、尾根进行擦拭,清除残留的粪便、粉尘等污垢。注意毛巾一定不能碰到阴户内侧。

⑤ 【冲洗并擦拭母猪阴户内侧】
　　①使用双蒸水对母猪阴户外、内侧进行冲洗，将残留的粪便、粉尘等污垢冲洗干净；再使用洁净卫生纸将母猪阴户外侧擦拭干净。

　　②然后用手将母猪阴户内侧尽量分开，使用洁净卫生纸将阴户内侧残留的水分擦拭干净，如果阴户内侧仍然比较脏，再用双蒸水冲洗一次，注意擦拭过程中手指不要触碰到阴户内侧。

⑥ 【准备输精管】
　　①检查输精管：输精前务必检查输精管包装，不能出现破损防止病原微生物附着；选择适合的输精管型号：经产母猪用大的海绵头，后备母猪用小的海绵头。

　　②涂润滑剂：将输精管海绵头塑料包装撕开，注意手不能触碰海绵头，将润滑剂在海绵头上均匀涂抹一圈，不能堵住顶端小孔，润滑剂瓶口也不要接触到海绵头。

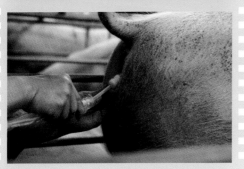

⑦ 【插入输精管】
　　①用一只手将母猪阴户尽量分开，注意手不能触碰到阴户内侧，避免污染。

②另一只手拿住输精管，将输精管海绵头紧紧贴住阴户下侧，以45°角斜向上方将输精管以逆时针旋转插入进母猪生殖道内，注意力度不用太大；输精管插入20~30厘米左右，当输精管感受到一些阻力时，说明海绵头已到达子宫颈螺旋处（第2~3皱褶处），再稍用力将输精管送入阴道深部，直至输精管海绵头部被子宫颈锁住。

③将输精管轻轻回拉，若回拉不动，说明输精管海绵头已经被母猪子宫颈锁住，若回拉时出现松动，说明输精管海绵头仍没有被子宫颈锁住，可以多尝试几次，或者更换一根新的输精管重新插入，直到输精管被锁住为止。注意：如果在插入输精管时，母猪排尿，就将这支输精管丢弃。

⑧ 【选择精液】
输精前，检查待配母猪的耳号和品种，选择合适的公猪精液。然后将输精瓶轻轻晃动，使精子悬浮、混匀。

⑨ 【接入精液】
将输精瓶瓶嘴部分剪断或者用手掰断，将瓶嘴插入输精管末端，注意在接入输精瓶瓶嘴时手不要接触输精管末端接口，防止污染。

⑩ 【开始输精】
一只手抬起输精瓶，轻轻挤压输精瓶使精液充满输精管；同时另一只手按摩母猪的阴户、臀部、背部、腹侧，刺激母猪吸收精液，直到全部吸收完为止。每头母猪吸收精液的时间控制在3~5分钟。如果使用输精背夹，可以将输精瓶挂在背夹的铁钩上进行固定。

实践课堂学操作

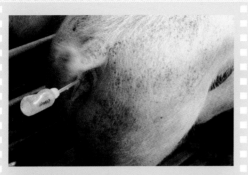

11 【输精结束】

　　精液被母猪完全吸收之后，输精管不要马上拔出，停留在母猪生殖道内5~10分钟继续刺激子宫吸收精液。将输精管末端对折插入输精瓶，或者用输精瓶配套的小塞子将输精管末端堵住，防止空气进入和精液倒流。在这段时间内，避免母猪躺下，以免压迫子宫导致精液倒流。

12 【驱赶第二头公猪继续刺激】

　　待与第一头公猪对应的待配母猪都完成输精后，让第一头公猪往前移动至下一批待配母猪前；将另外一头公猪赶至已经完成输精的母猪前，继续刺激母猪，直至下批母猪授精完毕。注意检查完成输精后的母猪是否存在倒流现象，如果倒流过多，需要考虑重新输精一次。

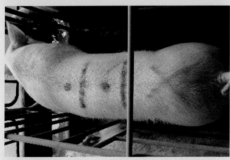

13 【记录评分和做好标记】

　　①输精结束后，按照猪场的配种标记法在完成输精的母猪背上做好配种标记。
　　②对完成输精的母猪进行"333"配种评分，并在得分较低的母猪背上做好标记，以便跟踪。
　　③详细、准确地记录母猪输精日期、母猪耳号、公猪耳号、精液品种、配种员等信息。

14 【拔出输精管】

　　①输精管在留管5~10分钟后可以拔出，严禁让输精管自行脱落，以免损伤母猪子宫颈和阴道，造成母猪子宫感染。
　　②将输精管朝下45°角轻轻从母猪阴道内拔出，同时检查海绵头是否有脓汁或者血液等异物。

15 【赶回公猪与清洁卫生】

　　所有待配母猪都完成人工授精后，将公猪逐头赶回公猪舍，并饲喂适当饲料给予奖励，以提高公猪积极性。并将使用过的输精管、输精瓶、卫生纸等物品集中存放后处理，保持配种区的洁净卫生。

深部输精操作

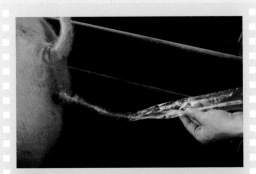

①【清洗后躯与插入深部输精管外管】

　　深部输精在插入内导管之前的操作与普通输精方法操作一样，确定需要进行深部输精的发情母猪后，将母猪后躯进行清洁，插入输精管锁住子宫颈口。

②【插入内导管】

　　海绵头被母猪子宫颈锁住后，等待1分钟。然后将内导管轻轻插入，注意每次插入的长度不要超过2厘米。如果刚开始插入时的阻力过大，插不进去时，可能是母猪紧张，子宫颈未张开，将内导管拉出1~2厘米，稍作等待，待母猪放松后，再将内导管缓慢插入10~15厘米。当内导管穿过子宫颈后就会感觉到空旷感，说明已经达到子宫体，回拉1~2厘米，用锁扣固定住内导管即可。

③【进行输精】

　　将准备好的输精瓶或输精袋对准深部输精管内导管外接口，抬高输精瓶并轻轻按压，让精液自然被母猪子宫吸收。

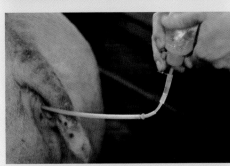

④【输精结束】

　　输精完成后，先将内导管缓慢拔出，将输精管口用塞子堵塞，等待5~10分钟后，再将外管拔出。

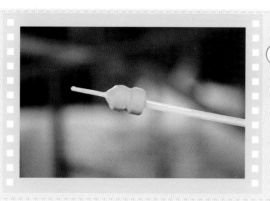

⑤ **【做好评分和记录，其他步骤同普通输精】**
检查内导管与外管海绵头是否有血迹和脓状物，做好评分并进行记录。

让母猪与公猪直接进行口鼻接触的目的是什么？

通过公母猪的口鼻接触可以有效刺激母猪发情，尤其是公猪咀嚼唾液产生的泡沫中含有大量外激素，可以更好地刺激母猪释放雌激素。雌激素可以强化母猪的静立反应，使发情症状更加明显，方便进行人工授精；同时公猪也会刺激母猪自身释放催产素，促进子宫收缩，从而更好地吸收精液。

公猪与母猪进行口鼻接触

授精前配种员可以模拟公猪的哪些求爱行为来刺激母猪？

　　在给母猪进行按摩刺激时，配种员需要模拟公猪在自然交配中的求爱行为来刺激母猪。
　　通过按摩母猪的侧腹和乳房来模拟公猪的拱鼻行为。
　　通过按压母猪的臀部模拟公猪爬跨前的拱鼻行为。
　　通过使用双手按母猪压背部或者坐在母猪背上来模拟公猪身体的重量。

在授精操作过程中主要的卫生措施有哪些？

　　(1)保持母猪后躯卫生
　　在母猪发情期，注意保持母猪后躯卫生，保持栏舍内清洁干燥，及时清走粪便和尿液，防止母猪躺卧时压在粪尿上，导致子宫感染。
　　(2)正确清洗后躯和阴户
　　输精前首先要对母猪后躯使用清水进行清洗，注意不要碰到阴户内侧造成污染；阴户内侧使用双蒸水或者纯净水进行冲洗后，再用干净的卫生纸将阴户内侧擦拭干净，注意不能有纸屑残留。
　　(3)使用一次性输精管
　　每头母猪每次人工授精时使用一次性的输精管，并在使用之前仔细检查包装是否有破损，如果出现破损则不要使用。

人工授精时对环境有什么要求？

　　嘈杂的环境会对母猪造成应激，抑制催产素的分泌，干扰母猪出现静立反应，降低母猪子宫对精液的吸收效果。因此，人工授精时要尽量减少不利的环境因素，小心安静地对待母猪，使母猪不受外界不良环境因素的干扰。

一问一答有要点

初次使用深部输精要注意哪些事项？

①初次使用深部输精，操作需要循序渐进。
②后备母猪不建议使用深部输精。

使用深部输精的注意事项

练手阶段	1次普通输精80mL+1次深部输精80mL
上手阶段	2次深部输精80mL
掌握阶段	2次深部输精60mL
熟练阶段	2次深部输精40mL

为什么准确填写母猪配种的详细信息很重要？

　　人工授精完成的日期（配种日期）是母猪新一轮生产周期的起点，是确定母猪在妊娠阶段饲喂管理、疫苗免疫方案、B超孕检时间、进入产房待产的关键。因此必须要及时准确地记录母猪的配种信息。
　　母猪的配种信息包括配种母猪、公猪耳号、配种日期，配种次数、配种人员，配种评分（"333"评分法），检查返情日期、孕检日期、预计分娩日期等等（详见"母猪配种卡的填写"一节）。

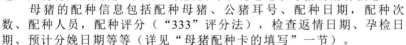

母猪卡

待配母猪在配种前一两个小时内要注意什么？

　　配种前1小时待配母猪不要与公猪进行接触，避免母猪进入发情不应期；同时配种前1小时待配母猪不要进行饲喂，避免因胃肠道消化对母猪静立反应以及吸收精液的影响。

输精过程中如何防止出现精液倒流？

　　使用普通输精管输精时让母猪主动吸收，严禁挤压输精瓶将精液强行输入阴道内，否则会产生严重的倒流。输精时若有精液倒流，先将输精瓶放低，使精液回流，然后略微抬高输精瓶，使精液缓慢流入生殖道中；同时用手按摩母猪的背部、腹侧及乳房，促进母猪子宫收缩吸收精液；精液出现倒流时还要检查输精管海绵头是否松动，如果松动，则要重新插入直至海绵头被子宫颈锁住后再进行输精。如果倒流超过10%以上，需要重新输一瓶精液。

　　使用深部输精管的操作与普通输精管差不多，可以让母猪自己吸收精液。

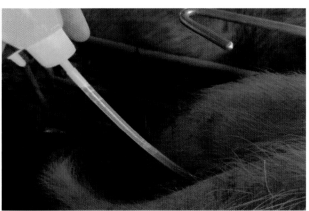

当输精管内有气泡出现时要放低输精管，将气泡排出，否则精液会出现倒流

一问一答有要点

小结

　　猪的人工授精技术目前已经被广泛应用于规模化的养猪生产中，并极大地提升了猪场生产成绩。人工授精技术通过输精管直接将精液输送至母猪生殖道内，使母猪成功受孕，替代公母猪本交。不仅可以减少公猪的饲养量，节约配种时间，减低生产成本，提高配种效率，而且可以将优秀公猪的遗传基因广泛应用，加速种猪遗传改良，提高商品猪质量。同时人工授精技术更加卫生，可以有效减少本交中公猪包皮积尿和其他污物的污染，降低母猪子宫受感染的概率，减少疾病的传播，提高受胎率和产仔数。

惊喜在这里

扫一扫加入

猪海拾贝互动社区

打开哼哼会APP扫描

第六章

控制非生产天数很重要

妊娠检查

本节疑惑

什么是非生产天数？

为什么要进行妊娠检查？

如何使用B超仪？

非生产天数

非生产天数(Non-productive Days, NPD)是指经产母猪以及超过适配日龄（230日龄）的后备母猪，既不在妊娠期又不在哺乳期的天数。非生产天数直接影响母猪的年产胎数，与母猪的利用率相关，是评估配怀舍母猪管理水平的一项重要指标。

每年每头母猪生产胎数=(365-非生产天数)/(妊娠天数+哺乳天数)

母猪非生产天数的组成包括必需非生产天数及非必需非生产天数。母猪断奶后在配种前的需要3~7天进入发情期才能接受配种，这几天是必需的非生产天数。母猪断奶后超过7天未配种，以及配种后发生返情、流产、空怀、阴户流脓、死亡等异常情况而产生的非生产天数是非必需非生产天数，这些非必需非生产天数的增加会减少母猪的年产胎数，严重影响母猪的生产效率。

母猪年产胎数计算表

非生产天数（d）	哺乳天数（d）				
	19	22	24	28	33
30	2.52	2.46	2.43	2.36	2.28
40	2.44	2.39	2.36	2.29	2.21
50	2.37	2.32	2.28	2.22	2.14
60	2.29	2.24	2.21	2.15	2.07
70	2.22	2.17	2.14	2.08	2.01
80	2.14	2.10	2.07	2.01	1.94

妊娠检查

（1）返情检查

驱赶公猪对妊娠18~30天的母猪进行发情检查，判断是否有母猪再次发情的情况。重点检查妊娠18~24天的母猪，即母猪配种后第一个发情周期。

（2）B超检查

使用B超仪对妊娠母猪进行2次检查；第一次在母猪妊娠25~35天，此时胚胎羊水最多，B超成像也最清楚，方便判断。第二次在母猪妊娠49~56天，通过B超检查可以及时发现隐性流产导致的空怀母猪。

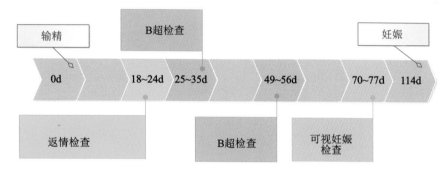

妊娠检查在整个妊娠期都要进行

B超妊娠检查

B超仪的原理是探头发出超声波后再接受反射回来声波信号形成图像来判断母猪是否怀孕，相对于脉冲回波仪及多普勒仪更为便捷和直观。

普通B超成像为黑白图像，画面会显示黑色、白色、灰色三种颜色，不同颜色的图像表示测得的不同结果，具体如下。

黑色：主要是液体，包括血液、羊水、组织间隙液体、炎症病灶等。

白色：主要是密度较高的物体，包括骨骼、结石等。

灰色：主要是实质性组织，包括肌肉、脏器等。

B超仪检查

增益度	40
亮度	32~33
对比度	32
使用频率	3.5MHz

B超仪的参数设置

使用B超仪时的要对B超仪的参数进行设定，使用频率调整到3.5兆赫兹，显示器的增益度调整到40，亮度调整到32~33，对比度调整到32，可以得到最佳的显示效果。

走进课堂
图文释惑

B超仪的使用方法

B超检测的位置在母猪下腹部（乳房外侧），距离倒数第2至第3个乳头上方10~20厘米处的区域，左右两边的腹侧都可以进行探测。随着妊娠时间的推移，探测位置可逐步前移，最远可达肋骨后端处。

使用B超探测时需要将涂抹耦合剂的探头呈45°角紧贴母猪腹部皮肤，为了获得较好的成像效果，探头可以进行前后或者上下定点扇形扫查。由于妊娠早期胚胎很小，要细心慢扫才能观察到。注意一旦探头接触皮肤后，切勿再滑动探头。

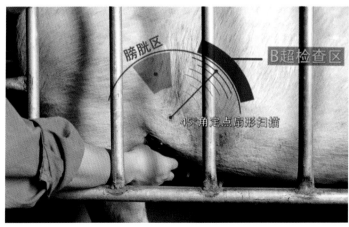

B超位置

图像分析及处理方法

阳性：显示不规则黑色椭圆形图像。
阴性：显示灰白没有任何图像。
膀胱：大面积的褐色阴影图像。

（1）复查

发现孕检阴性或者可疑的母猪立即在另一侧腹部复查1次。

（2）再次复查

如果复查结果仍是阴性，则要在其他母猪检查完之后再对这些母猪进行第三次检查；若第三次检测结果仍是阴性，间隔2~3天再检查一次才能最终确定为孕检阴性母猪，并在背上做好标记。

（3）膀胱图像

积满尿液的膀胱会干扰B超检查，显示出一个较大的黑色椭圆形图案，挡住了胚胎，遇到这种情况需要在第二天进行复查（在B超孕检前2小时内不要饲喂母猪，可以减少母猪膀胱积尿）。

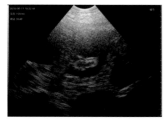 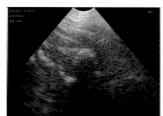 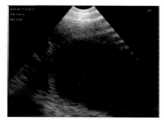

妊娠28天母猪B超孕检图像　　空怀母猪B超孕检图像　　母猪膀胱B超孕检图像

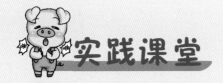
实践课堂

① **【准备B超仪】**

　　①如果是有线B超仪，在使用前需检查B超仪配件是否完整，检查包括主机、探头、电池（如果可拆卸）、充电器是否齐全，使用之前进行充电，开机检查指示灯是否正常亮起，并正确设置好各项参数，确保B超仪的正常运行和使用。

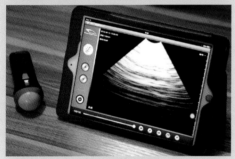

　　②如果是使用无线B超仪，注意将B超探头充满电，并通过无线连接已经安装好B超成像软件的iPad或者手机，确保成像清晰。

② **【确定待检母猪】**

　　使用B超进行妊娠检查前，首先核对母猪基本信息。查看母猪配种日期，确定母猪在妊娠25~35天，49~56天。同时轻拍待检母猪，使母猪站立，动作要轻，尽量使母猪保持安静。

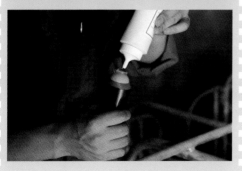

③ **【涂抹耦合剂】**

　　在无线B超探头顶端涂抹少量润滑油，耦合剂以刚好盖住探头头部为宜，涂抹后屏幕会呈现白色图像。

④ 【开始检测】

涂好耦合剂后，蹲在母猪臀部一侧，将探头以45°角贴住母猪一侧的下腹部，探头紧贴母猪腹部皮肤，以接触点为中心，向前、向后或向侧面稍微调整角度直到看到图像。注意，要确保探头探查母猪腹部部位的卫生和干净，否则会影响成像。

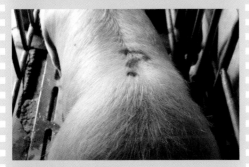

⑤ 【观察成像情况】

待显示屏上出现清楚的图像后按冻结键把探测到的胚胎图像冻结进行分析。若图像不清楚或未看到黑色阴影图像，可以重新在探头头部涂抹耦合剂，微调一下位置重新进行探查。

⑥ 【结果记录与分析】

将B超检查结果进行记录，对最终确定为孕检阴性的母猪，在母猪背上做好标记，并在母猪卡上标注妊检阴性。

⑦ 【赶走孕检阴性母猪】

将确认B超孕检阴性的母猪赶至配种区，根据猪场配种目标实际完成情况将母猪重新查情配种或者淘汰。

一问一答

为什么孕检时B超频率参数要设置在 3.5MHz？

因为不同的B超使用频率，它的探测深度是不一样的，3.5兆赫兹的频率可以穿过浅表皮肤及肌肉层。

A	B	C
2.5MHz：深部诊断 主要检查器官	3.5MHz：怀孕诊断 主要检查是否怀孕	5.0MHz：浅表诊断 主要检查背膘厚度

耦合剂有什么作用？

进行B超孕检时使用耦合剂的目的是填充探头与皮肤接触面之间的空隙，避免空隙中存在的少量空气影响探测；其次是通过耦合剂的"过渡"作用，可以减小超声波能量在此界面的反射损失；最后耦合剂可以起到"润滑"作用，减小探头面与皮肤之间的摩擦，使探头能灵活的转动。

如果大多数母猪B超孕检都为阴性应该怎样处理？

①第2次B超妊娠检查时复检。
②检查可能的疾病、环境或管理因素。
③检查B超仪是否出现故障及操作是否正确。

小结

　　正常情况下，母猪完成授精后，随着胚胎逐渐发育会进入为期114天的妊娠阶段，之后成功分娩进入哺乳期，从而完成一个完整的繁殖周期。但是在母猪配种后，仍会有一部分母猪受到各种因素的影响出现返情，流产，空怀等情况导致妊娠失败。这时就需要我们通过妊娠检查及时发现并处理这些母猪，缩短母猪非生产天数（NPD），提高母猪的繁殖效率；同时还可以预测每周分娩的母猪头数。

惊喜在这里

扫一扫加入

猪海拾贝互动社区

打开哼哼会APP扫描

2 可视妊娠检查

本节疑惑

什么是可视妊娠检查？

母猪妊娠期有哪些生理变化？

如何进行可视妊娠检查？

可视妊娠检查

虽然母猪配种后在妊娠早期经过返情检查及B超检查可以发现大部分未孕母猪，但仍有母猪在妊娠中后期会因为隐性流产等原因而导致空怀，通过观察母猪的生理变化特征可以及时发现未怀孕的母猪，降低非生产天数。

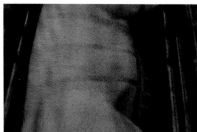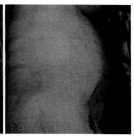

妊娠前期与妊娠后期的母猪腹部

掌握母猪妊娠期的生理变化

可视妊娠检查的关键是掌握母猪在不同妊娠阶段所表现出来的各种生理变化，并以此为依据鉴定母猪是否怀孕。母猪成功受孕后，随着妊娠时间的推移，身体会出现一系列的变化，其中主要变化部位是母猪的腹围、乳腺、阴户等。

母猪妊娠期变化表

妊娠时间	妊娠50~70d	妊娠70~100d	妊娠100~114d
25~35d孕检结果	阳性	阳性	阳性
有无发情症状	无	无	无
腹部变化	下腹部逐渐鼓起	腹部鼓起并下垂	下腹部明显膨胀下坠
乳腺变化	无变化	奶头逐渐突出变得明显	乳房轮廓增大，充盈
阴户变化	无变化	无变化	阴户肿胀下垂，变松弛

妊娠后期母猪的阴户与乳腺

检查时间

①可视妊娠检查的时间是妊娠70~77天，此时妊娠母猪的下腹部突出会变得明显。

②虽然给母猪进行可视妊娠检查的时间主要是在妊娠70~77天，但在日常工作中仍需要随时观察母猪，最好是在每天给母猪喂料后进行观察，避免"漏网之鱼"，重点观察头胎母猪、体况较瘦或过肥、食欲不佳、兴奋、烦躁不安、毛长杂乱、患有疾病的母猪。

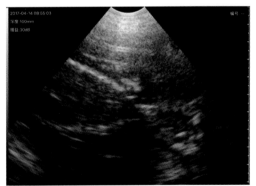

70~77d的孕检图像（可以看到清晰的骨骼图像）

疑似空怀母猪的处理办法

通过可视妊娠检查发现的疑似空怀母猪，可以使用B超仪进行孕检，尽管在妊娠中后期成像不是很明显，但是也可以进一步确认。

实践课堂

① 【确定待检母猪】
　　查看母猪卡上配种记录，确定母猪在妊娠70~77天。

② 【使母猪安静站立】
　　对于定位栏饲养的母猪，轻轻拍打母猪后背，使母猪站立以便观察，对于大栏饲养的母猪，要确保每头母猪分散站开，以便观察。

③ 【观察母猪】
　　①人站在母猪后面，查看母猪腹部是否由于胎儿发育表现得鼓起、膨胀、突出。
　　②检查母猪乳腺乳头是否突出、明显。
　　③检查母猪阴户颜色是否变红、松弛、下坠。

④ 【记录和标记】
　　根据观察结果进行记录，标记怀疑为空怀的母猪。

⑤ **【可疑母猪处理】**
　　对疑似空怀母猪使用B超仪进行妊娠检查，确定母猪是否怀孕。将空怀母猪赶回配种舍，进行发情检查或者淘汰。

一问一答

如果超过1%的母猪确定为空怀，应该怎么处理？

　　如果母猪群有超过1%的母猪出现空怀情况，那么就要引起高度重视，检查员工日常工作中对母猪的发情检查流程以及识别流产母猪的操作是否做到位。

妊娠70~100天的母猪可以观察到哪些体型变化？

①膨胀的下腹部突出。
②腹部膨胀并下垂。
③乳头更加突出。

一问一答有要点
控制非生产天数很重要

小结

　　为了确认是否成功受孕，母猪配种后在经过返情检查、B超检查后，通过可视妊娠检查可以更为准确和及时发现妊娠中后期的未孕母猪，这是控制母猪非生产天数不可缺少的环节。如果母猪在怀孕100天后才发现是没有怀孕，那么产生的非生产天数相当于经历5个21天的发情周期，会严重影响母猪的生产效率和成绩，因此在配怀舍生产管理中掌握可视妊娠检查技术非常有必要。

惊喜在这里

扫一扫加入

猪海拾贝互动社区

打开哼哼会APP扫描

3 母猪繁殖问题的处理方案

本节疑惑

造成母猪常见的繁殖问题有哪些？

造成母猪繁殖问题的因素有哪些？

如何进行问题母猪的处理？

母猪常见的繁殖问题

配怀舍母猪繁殖问题包括：乏情（不发情）、返情、流产、空怀、妊娠检查阴性、阴户流脓等情况。出现任意一种情况都会增加母猪的非生产天数，降低母猪的年产胎数。在日常生产管理中，返情、空怀及乏情是发生比例最高的繁殖问题。

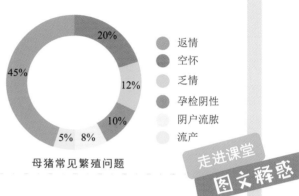

母猪常见繁殖问题

- 返情 20%
- 空怀 12%
- 乏情 10%
- 孕检阴性 8%
- 阴户流脓 5%
- 流产 45%

走进课堂
图文释惑

造成母猪繁殖问题的因素

配怀舍母猪繁殖问题通常是由于营养、疾病、环境、配种操作等各种原因导致，其中配种员的各项操作是否正确和规范是重中之重。

造成母猪繁殖问题的因素

影响因素	原因	措施
配种员	发情刺激	掌握正确的发情刺激方法
	发情检查	配种员要求技术熟练、操作规范、态度端正
	授精时机把握	根据不同情况母猪，掌握正确的授精时机
	授精技术	严格执行标准的人工授精程序
公猪	精液质量	重视环境、公猪健康、饲料营养等因素（慎用老龄或过于年轻的公猪）
	精液处理、储存	规范精液处理与储存方法、避免与敏感因子接触（消毒）
母猪	母猪体况差	保持母猪体况适宜（避免哺乳期掉膘严重）
	疥螨、传染性疾病（疾病）	合理做好疫苗免疫及药物保健，患病母猪尤其是发烧母猪及时处理（注意药物禁忌）
	老龄化（生殖激素分泌不足）	及时淘汰
饲料	采食量	配种至妊娠第21d胚胎着床期间，饲喂量控制1.8~2.0kg
	营养浓度	每千克饲料的营养浓度控制：消化能≤2 900kcal/kg；粗蛋白≥13.5%，禁止能量过高，及时补充青绿饲料
环境	温度	保持配怀舍温度适宜：15~21℃，防止慢性热应激
	应激	给母猪提供安静、平和、温度适宜的环境，避免移动
	光照（时间、强度）	保证母猪16h的光照时间，光照强度≥250Lux
霉菌毒素	玉米赤霉烯酮等	控制霉菌毒素污染，防止破坏雌激素与孕激素的平衡
饮水	饮水供应不足	保证供应充足（水流量＞1.5L/min）、干净的饮水，夏季避免水温过高

繁殖问题母猪的处理方法

处理繁殖问题母猪的方法其核心是理解和掌握影响母猪繁殖、发情、排卵的各种因素及原理，制定系统的解决方案，促使母猪重新发情排卵并成功完成配种受孕。常用的处理方法包括加强运动、改变环境、转运混群、注射激素等方法进行处理。

母猪繁殖周期

母猪的发情周期与排卵规律

母猪发情周期是卵泡在"下丘脑-垂体-卵巢轴"的神经内分泌系统调控下的生理活动，完成的卵泡发育、排卵、生成黄体、黄体溶解、卵泡再次发育等过程。母猪发情周期受到复杂的激素调控，如GnRH（促性腺激素释放激素）、FSH（促卵泡素）、LH（促黄体素）、雌激素、孕酮、氯前列烯醇等。各种生殖激素相互作用和协调，共同发挥作用，才能使母猪持续出现发情周期。母猪发情周期一般是18~24天，平均是21天，母猪排卵时间通常发生在发情期的2/3时间。根据卵泡的发育、排卵以及黄体的变化可以将母猪的发情周期分为卵泡期和黄体期。

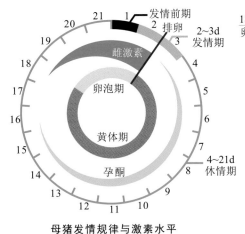

母猪发情规律与激素水平

母猪发情周期

在"下丘脑-垂体-卵巢轴"神经内分泌系统的调控下，母猪的卵泡在发情前4~5天开始逐步发育成熟，一直持续到排卵前。在发情前，母猪的下丘脑会释放GnRH（促性腺激素释放激素）作用于垂体，促使垂体分泌FSH（促卵泡素）和LH（促黄体素）作用于卵巢的初级卵泡发育为次级卵泡，其中以FSH作用为主。在FSH的持续作用下，次级卵泡不断发育，同时会释放雌激素，使母猪开始出现发情症状，包括：阴户红肿，生殖道分泌黏液，母猪开始进入发情期，持续2~3天。母猪发情后卵泡释放的雌激素同时会负反馈作用于下丘脑和垂体刺激分泌FSH和LH，其中以LH的分泌为主。当分泌的LH达到最高峰时，次级卵泡发育至成熟卵泡并破裂排出卵子。之后，排出卵子的卵泡在LH的作用下，形成黄体，发情周期由卵泡期进入黄体期。

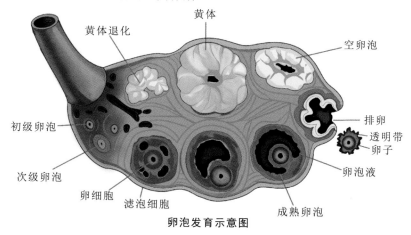

卵泡发育示意图

在黄体期，黄体可以分泌孕酮。在孕酮作用下，雌激素、FSH和LH分泌减少，子宫黏膜开始增厚，有助于受精卵的着床。如果卵子与精子形成受精卵，在孕酮作用下受精卵会快速生长发育并完成着床，使母猪进入妊娠期形成妊娠黄体。如果卵子未能成功与精子结合形成受精卵完成着床，或者着床的受精卵数量少于4个，在黄体形成的第14天左右，卵泡会分泌前列腺素使黄体溶解，之后FSH分泌开始增加，卵泡在FSH作用下重新开始发育，进入新一轮的发情周期。

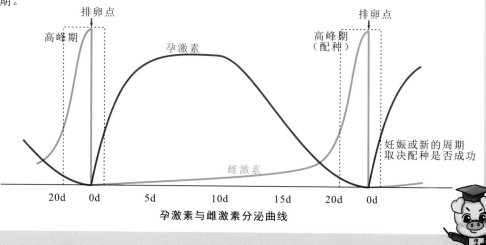

孕激素与雌激素分泌曲线

正确使用生殖激素

　　合理使用生殖激素可以促进母猪发情、排卵、维持妊娠、诱导分娩，了解和掌握常见的生殖激素及类似物是有效解决母猪的繁殖问题的一种方式。在实际生产应用中，促排3号（A3）的作用类似于GnRH，可以促进脑垂体分泌FSH和绒LH，从而促进卵泡充分发育成熟，集中排卵，增加排卵数量，还能提高怀孕早期的孕酮水平，有利于受精和胚胎着床。孕马血清（PMSG）的作用相当于FSH，可以促进卵泡发育成熟，绒毛膜促性腺素（HCG）的作用相当于LH，可以促进卵泡发育及排卵。通过给母猪肌肉注射这两种激素500~1 000IU，可以调节母猪生殖激素代谢，刺激卵泡发育成熟并排卵，促进母猪发情。在实际生产过程中，可以用于治疗母猪卵泡不发育、不排卵、不发情等繁殖问题。氯前列烯醇钠的作用主要是溶解黄体，对于断奶后持久黄体的母猪肌注后可以将黄体溶解，结合PMSG和HCG的使用，可以更好地促进母猪重新发情。

　　商品化的激素药品比较成熟有PG600，主要成分就是PMSG和HCG，对于卵泡不能发育和排卵的猪，肌注PG600会有一定效果，但是PG600对于处于黄体期的母猪效果不佳，因为黄体分泌孕酮会抑制PMSG和HCG。如果母猪在第一次肌注PG600后未出现发情，可以间隔12天再肌注一次，错开母猪的黄体期，可以刺激母猪再次发情。

常见生殖激素及类似物的作用

生殖激素	类似物	作用
GnRH	促排三号（A3）	促进垂体分泌FSH及LH
FSH	孕马血清（PMSG）	促进卵泡发育，体积增大，数量增加
LH	绒毛膜促性腺素（HCG）	促进卵泡成熟、排卵和黄体成熟
PGF2α	氯前列烯醇钠	溶解黄体；促使排卵；促使生殖道收缩
Oxytocin	催产素（缩宫素）	刺激子宫平滑肌的收缩，刺激乳汁排出（非分泌）
estrogen	雌二醇	促进生殖器官发育成熟及发情表现
P4	孕酮（黄体酮）	维持妊娠，抑制LH分泌及子宫收缩

后备母猪乏情（不发情）处理方案

　　由于受到环境、营养、管理、应激、疾病、卵巢先天发育不良等多种因素的影响，会导致后备母猪出现乏情。正常情况下，2%的后备母猪不发情是正常的，若高于2%，说明后备母猪的管理出现问题，需要从多方面来考虑和分析原因，并采取必要措施进行解决。

　　对于乏情后备母猪，通过运动、混群、饥饿、转运处理等方法进行处理来刺激后备母猪发情。如果所有常规方法都无效，再肌内注射生殖激素进行诱导发情。

需要后备母猪发情处理方案需要在刺激发情时就要开始执行，饲喂富含维生素矿物质的后备母猪料，让后备母猪每天与公猪充分接触，如果与公猪接触28天后未发情就需要此时采取措施进行处理：

①加强运动：每天让不发情后备母猪运动1~2小时。

②合栏转群：将不发情后备母猪混群、转运、与经产母猪混养等。

③每天继续使用公猪接触不发情后备母猪，刺激发情，每天2次，每次15~20分钟。

④在第49天，对剩下的不发情后备母猪肌注PMSG1000IU及HCG800IU。

⑤继续使用公猪与后备母猪接触，刺激发情，每天2次，每次15~20分钟。

⑥在第61天，对剩下的不发情后备母猪再次肌注PMSG1000IU及HCG800IU。

⑦继续使用公猪对后备母猪接触，刺激发情，每天2次，每次15~20分钟。

⑧在第68天，如果后备母猪仍然没有发情，就进行淘汰处理。

后备母猪乏情处理流程

经产母猪乏情（不发情）处理方案

正常情况下，95%的断奶母猪经在断奶后4~6天会开始发情，造成母猪断奶后不发情的原因主要有卵巢囊肿、持久黄体、体况过差、哺乳期发过情等原因。

母猪断奶后乏情（不发情）的主要原因

类别	原因
卵巢囊肿	卵巢卵泡不能发育或者不能排卵
持久黄体	母猪产后卵巢内保持一定量的黄体没有充分溶解，持续存在，分泌孕酮抑制FSH的产生，造成卵泡不能生长发育
体况过差	母猪哺乳期体储损失过多会导致母猪况较差
哺乳期发情	由于生殖激素代谢紊乱导致母猪产后5d内或者分娩14d之后发情，需要间隔21天后才会重新发情
疾病因素	由于饲料日粮营养搭配不合理，VE、VD、钙、磷等矿物质缺乏或者配比不平衡
营养缺乏和饲料霉变	由于母猪老龄化，机体功能下降，生殖激素分泌不足而导致乏情
母猪老龄化	母猪产后三联症（乳房炎、子宫炎、无乳综合征）及繁殖障碍性疾病(如蓝耳病、伪狂犬病、乙脑等)在母猪子宫及卵巢等部位产生产生炎性反应
应激因素	卫生条件差、舍内温度过高或者过低、湿度过大、光照不足、氨气浓度过高导致母猪下丘脑神经功能紊乱，使卵巢功能无法正常运行
发情检查不到位	发情检查操作不正确，发情刺激不到位，使母猪无法得到充分发情刺激

　　根据母猪断奶后不发情的原因结合实际生产情况进行分析，采取相对应的措施就可以有效解决问题。

　　经产母猪乏情（不发情）处理流程：

　　①断奶母猪饲喂哺乳料，同时饲喂葡萄糖150克/天，自由采食或根据母猪食欲饲喂。

　　②将断奶7天不发情母猪赶至问题母猪栏，通过混群、转运、运动进行刺激。

　　③每天继续使用公猪进行发情检查，一直持续到断奶后第21天。

　　④如果在断奶后第21天仍有母猪不发情，肌注PMSG1000IU及HCG800IU。

　　⑤每天继续使用公猪进行发情检查，大部分母猪应该会在第25~26天发情。

　　⑥如果有母猪仍然不发情，在第33天再次肌注PMSG1000IU及HCG800IU。

　　⑦如果母猪在断奶后第40天仍未发情，就进行淘汰处理。

　　对于断奶后体况很瘦，断奶20天以上还不发情的母猪，可以将红糖500克在铁锅中翻炒至有焦味，再加入1 000克水煮沸15分钟成糖水，拌入饲料中喂给母猪一次性吃完，连续饲喂3~5天，可促进母猪发情。

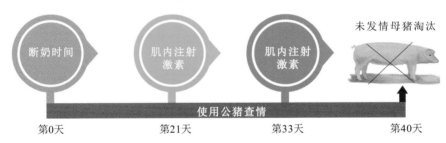

经产母猪乏情处理流程

返情母猪处理方案

　　母猪返情是造成母猪繁殖失败的一个主要因素，根据返情天数可以分为规律性返情和非规律性返情。在配种后18~24天、36~42天、57~63天左右母猪出现返情都属于规律性返情；其他时间出现返情为非规律性返情。

　　规律性返情主要原因是配种员的人工授精技术操作不规范导致，非规律性返情主要由于母猪应激及胚胎死亡造成。

造成母猪返情的原因

返情天数（d）	返情原因
3~17	①配种时机过迟②配种时未真正发情③卵巢囊肿未排卵
18~24	①人工授精失败②精子质量差③应激导致胚胎着床失败
25~35	①配种过早②胚胎死亡③胚胎着床数目过少<4个
36~48	①错过发情②胚胎死亡③未及时发现第一次返情或者隐性流产
49~80	①假妊娠②流产③上述多种原因综合
>80	上述多种原因综合

　　母猪返情后虽然可以进行再次配种，但是配种后的分娩率及产仔成绩都会下降，而且与返情次数有很大关系。母猪第1次返情并重新配种后的分娩率和产仔成绩处于中等水平；但是母猪第2次返情重新配种后的分娩率会很低，而且往往会配种失败。因此在决定返情母猪是否配种时，要考虑返情次数以及猪场的配种目标是否能完成。通常第一次返情的母猪会重新配种，第二次返情的母猪会直接淘汰。

流脓母猪处理方案

　　母猪配种后由于细菌进入母猪生殖道导致子宫内膜感染会造成流脓，主要的原因有：地板卫生条件差、输精操作不卫生、母猪老龄化等。

造成母猪流脓的原因

地板卫生条件差	母猪发情时地板的粪便未及时清理造成堆积或有积水潮湿，由于子宫颈张开，造成细菌感染
输精操作不注意卫生	输精时未清理母猪阴户、输精管插入时带入污染物等
母猪老龄化	流脓情况在老母猪上比较常见，尤其是5胎以上的母猪，这是由于高胎龄母猪抵抗力下降，子宫颈阻止细菌进入子宫的能力减弱所致

　　治疗措施：
　　①对流脓的母猪可以使用林可霉素、头孢类等抗生素结合氯前列烯醇钠和缩宫素进行治疗。
　　②注意人工授精时的卫生操作，避免母猪配种过早和过迟。
　　③及时淘汰老龄化母猪。

　　　流脓母猪是否再次进行配种取决于群体中问题的严重水平。如果发生率很低，建议淘汰所有的流脓母猪，尤其是当这些母猪胎龄比较高的时候；如果发生率很高，大量淘汰会导致配种目标无法完成，在这种情况下，部分母猪要进行重新配种以保证配种目标的完成，直到流脓问题通过治疗得到缓解。因此仔细监控母猪流脓症状并记录在配种卡上很重要。

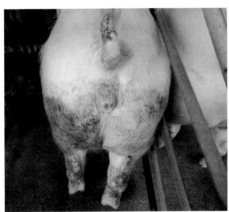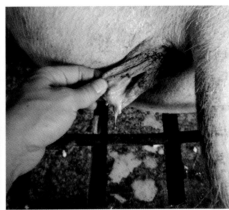

母猪流脓

妊娠检查阴性母猪处理方案

　　　妊娠检查阴性母猪建议赶回配种舍重新进行发情检查，直到再次发情配种，如果在进行发情检查后的第37天和第49天仍未发情，分别肌内注射PMSG1 000IU及HCG800IU，若仍未发情则淘汰。如果连续两次妊娠检查阴性或者是高胎龄母猪则建议淘汰。

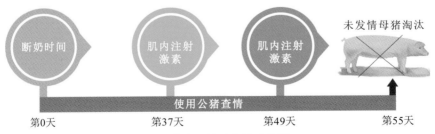

妊娠检查阴性母猪处理流程

空怀母猪处理方案

正常情况下，空怀母猪的比例一般不超过母猪群体的1%，造成母猪空怀的原因有：

(1)隐性流产
母猪流产后再次发情未被及时发现。

(2)胚胎死亡
胚胎死亡后导致激素代谢紊乱母猪不发情。

(3)疾病因素
母猪感染疾病如钩端螺旋体引起假孕。

(4)假孕现象
母猪接触到环境中的雌激素导致母猪假孕。

如果母猪空怀比例过高，说明母猪配种后的返情检查和妊娠检查工作没有做到位，需要加强和调整；同时需要考虑饲料霉变因素导致的母猪假孕，尽量使用优质的饲料饲喂母猪，给母猪提供充足合理的营养。对于这些空怀母猪，如果在配种目标完成的前提下建议最好直接淘汰。

空怀母猪处理流程

流产母猪处理方案

造成母猪流产的原因有传染性因素和非传染性因素。

传染性因素主要是疾病导致，如蓝耳、乙脑、细小、弓形体等传染病会破坏母猪胚胎、胎盘或子宫，导致胚胎死亡造成流产。同时当母猪感染疾病发烧时，由于母猪子宫会分泌大量前列腺素，溶解黄体，也会导致流产。因此，妊娠母猪在发烧期间需要及时使用退烧药使其退烧。

非传染性因素包括不合理用药、饲料霉变、机械性损伤、饲养管理不当等因素。

造成母猪流产的原因

项目	因素	原因	措施
传染性因素	疾病	乙型脑炎病毒、细小病毒、蓝耳、弓形虫等传染病感染，母猪胚胎、胎盘或子宫，导致胚胎死亡	加强免疫和保健
非传染性因素	发烧	发烧产生大量氯前列素，溶解黄体	及时注射退烧药物
	用药	怀孕期间超剂量使用地米、强的松、前列腺素等激素药物	禁用引起流产激素类药物
	饲料霉变	禁饲喂腐败、发霉变质饲料	使用优质饲料
	机械性损伤	撞击、跌倒、打架等机械性损伤	减少应激
	饲养管理不当	过度肥胖、长期便秘等	按实际体况调整饲喂加强运动

　　在决定淘汰流产母猪前需要仔细分析原因。正常情况下，如果母猪流产率在0.5%~1%，可以直接进行淘汰。如果是由于疾病造成的少量母猪流产最好是直接淘汰。如果是由于环境应激因素引起的母猪流产则需要再次配种。如果是由于疾病因素引起的大量流产，考虑到维持种群规模的需要，需要对母猪进行治疗并再次配种。

促进后备母猪发情有哪些措施？

后备母猪促进发情措施

公猪诱情	160日龄，每天2次，每头后备1~2min，辅助人工刺激
适当运动	每周2次运动，每次1~2h
疾病控制	做好隔离驯化，正确免疫保健，病猪及时治疗，加强健康管理：喂料时看采食状况，清粪时看猪粪色泽，休息时看猪呼吸，运动看肢蹄
转运效应	混群、调栏、转运，改变母猪环境，每2d调栏一次
发情母猪刺激	与发情母猪混群饲养
饥饿处理	断料24h或限饲喂3~7d，每天喂1kg，再自由采食，必须保证饮水充足
死精处理	每日向鼻腔喷洒少量成年公猪精液
激素处理	上述催情措施无效时使用母猪使用PG600等激素药物进行处理1~2次
Ve疗法	饲喂专用后备母猪料，同时额外添加维生素E300g/t，连喂2w

哪些因素会导致胚胎死亡？

导致胚胎死亡的原因

因素	原因	处理办法
母猪排卵	卵子少或质量差	提高母猪配种前营养浓度（短期优饲）、防止哺乳期掉膘
人工授精	操作不规范	核查配种员工作或公猪状况
胚胎死亡（3~35d）	疼痛或瘸腿	疼痛释放前列腺素引起黄体溶解，威胁妊娠
	转群应激	确保母猪安静、平和，尤其配种后前30d
	饲养管理	定时喂料、控制喂料量，增加饱腹感（纤维）
	疥螨	保持母猪零疥螨，疥螨易使母猪烦躁不安
	环境不良	保持环境舒适，防止热应激（15~22℃）
胎儿死亡（35d以后死亡）	子宫内空间不足	胎儿过大、过多
	疾病（发烧）	及时治疗，持续时间越长越危险

一问一答有要点
控制非生产天数很重要

常见的母猪生殖激素有哪几种？

GnRH（促性腺激素释放激素）、FSH（促卵泡素）、LH（促黄体素）、雌激素、催产素、氯前列烯醇、孕酮。

断奶后母猪不发情或者发情推迟的最主要的原因是什么？

最主要原因的是由于母猪哺乳期采食量不够，体储消耗过多，导致体况过瘦所致。

为什么连续返情2次的母猪最好进行淘汰？

因为连续返情2次的母猪配种后的配种分娩率及产仔数都很低。

如果配种分娩率为87%，母猪常见繁殖问题的控制指标应该是多少才合理？

母猪繁殖问题的控制指标

原因	指标（%）
乏情	2
返情	8
流产	1
阴户流脓	0.5
后期空怀	0.5
妊娠母猪淘汰	1
妊娠母猪死亡	0.5
配种分娩率	87

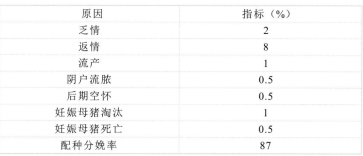

一问一答有要点
控制非生产天数很重要

小结

　　配怀舍问题母猪通常是由于营养、疾病、环境、配种管理等各种因素影响，导致母猪出现乏情（不发情）、返情、流产、空怀、流脓等各种繁殖问题，使得母猪利用率降低，非生产天数增加，从而严重影响了猪场的生产成绩与经济效益。

　　了解和掌握造成母猪繁殖问题的原因及处理办法，并采取正确的措施进行处理，可以提高母猪配种效率和降低非生产天数。

惊喜在这里

扫一扫加入

猪海拾贝互动社区

打开哼哼会APP扫描

4 种猪淘汰策略

本节疑惑

种猪淘汰有什么意义？

种猪淘汰的原因有哪些？

如何制定种猪淘汰策略？

哼哼课堂

种猪淘汰的意义

　　种猪的淘汰是指将生产性能下降或者患有疾病不适合留种的种猪清除出种猪群的过程。是为了维持种猪群生产性能稳定、调整合适胎龄结构以及维持种群规模而进行的一项猪场常规工作。

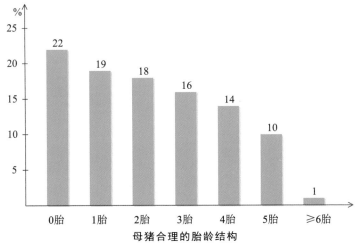

母猪合理的胎龄结构

造成种猪淘汰的原因

种猪淘汰的主要原因

种猪淘汰 原因	淘汰说明
繁殖障碍	引起繁殖障碍的原因很多：后备母猪不发情、断奶母猪不发情、连续返情、流产；公猪性欲低下、不愿意爬跨、死精等。繁殖障碍是导致母猪淘汰的第一大原因
老龄化	随着年龄的增长，种猪机体抵抗力和生产性能都会下降，严重降低生产成绩，老龄化是母猪淘汰的第二大原因。而公猪的使用年限一般不要超过2年
生产性能 下降	母猪由于产仔数少、仔猪初生重低、仔猪断奶前死亡率高等原因导致的淘汰都属于生产性能下降。也是导致母猪淘汰的一个重要因素
肢体问题	由于出现软骨症、关节炎、后躯麻痹、蹄部或者腿部损伤等原因造成种猪运动障碍也是导致种猪淘汰的另外一个主要因素

母猪淘汰策略

母猪淘汰原因

母猪淘汰原因	淘汰说明
疾病	患细小病毒、乙脑、伪狂犬等繁殖性疾病，多次疫苗接种无法产生抗体的母猪，疾病净化时呈阳性，皮炎，脖子脓肿的母猪
多次返情	母猪配种后复发情连续两次以上的，屡配不孕
乏情	两个情期（42d）以上不发情的母猪
多次流产	由于疾病引起或者母猪连续2次流产的母猪
肢蹄问题	出现肢蹄疾病，脓肿，跛脚，或者长时间瘫痪，久治不愈，严重影响生产的母猪
老龄化	已分娩8胎以上的老母猪
产仔差	连续2胎产子数少于6头或死胎和弱子多或产子不均匀的母猪
消瘦	体况严重消瘦，皮包骨，呕吐患慢性胃肠炎的母猪
子宫脱出	分娩时子宫脱出的母猪
脱肛	严重脱肛，无治疗使用价值的母猪
难产	分娩时间超过6h，仔猪、胎衣排不净的母猪
母性差	母性差，泌乳少，易压死仔猪，或有咬、吃仔猪恶癖的母猪
子宫炎	严重子宫炎，恶露排不净，配种5d后出现流脓，无法治愈的母猪
带仔差	乳头少于6对、发育不正常、有翻奶头或瞎奶头、泌乳力差的母猪
泌乳差	连续二产次、累计三产次哺乳仔猪成活率低于60%的母猪

母猪肢蹄问题

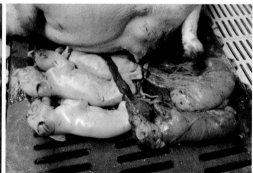
母猪妊娠后期流产

公猪淘汰策略

公猪淘汰原因

公猪淘汰原因	淘汰说明
肢蹄问题	肢蹄疾患，难以治愈
老龄化	老龄、连续使用2年以上，最长不超过2.5年
精子质量差	精子活力在0.5以下，浓度为0.8亿以下，畸形率18%以上
攻击性	公猪脾气性情反复无常，在平时饲喂及采精过程会攻击人
性欲低下	性欲低下，不愿意爬跨或反复爬跨，不能完成采精
体况差	体质过瘦难以恢复或因其他疾患而失去配种作用价值的
疾病	猪瘟、伪狂犬，蓝耳，细小，乙脑抗体不合格

后备母猪淘汰策略

后备母猪淘汰原因

后备淘汰原因	淘汰说明
选育不达标	阴户太小或破损，腰背如有弓状、塌陷，乳头<6对，前腿弯曲或脚扁平，后腿八字脚
乏情	超过8月龄以上不发情的后备和超过10月龄以上未配种
病原检测不合格	猪瘟、蓝耳抗体，伪狂犬野毒检测不合格的后备
长速过慢	6月龄体重未达到100kg
疾病原因	消瘦、咳嗽、肢蹄病、毛色差经治疗无效

种猪淘汰流程

种猪淘汰流程

一问一答

造成母猪淘汰的首要原因是什么？

繁殖障碍问题是导致母猪淘汰的第一大原因。

引起母猪繁殖障碍导致母猪淘汰的因素包括什么？

乏情、返情、流产、空怀、妊娠检查阴性、子宫流脓。

公猪的哪些行为会导致公猪淘汰？

攻击性强（包括攻击母猪和人）、不愿意爬跨假母台。

母猪最好的淘汰时机是什么时候？

母猪最好的淘汰时机是断奶时进行淘汰，因为此时淘汰不会增加非生产天数。

一问一答有要点
控制非生产天数很重要

小结

　　制定合理的种猪淘汰策略，可以有效剔除生产性能较差的问题种猪，维持健康高效的种猪群体，这对于降低非生产天数和提高猪场生产成绩都十分关键。

　　在淘汰的母猪中，大约有40%的淘汰母猪是由于生产性能差在断奶时进行淘汰，其他淘汰则主要是繁殖周期中出现疾病、返情、流产等问题的母猪。淘汰母猪要求在不影响母猪群体规模，可以完成配种目标的情况下进行，根据猪场的淘汰制度和母猪的实际情况，及时将问题母猪进行淘汰，避免影响猪场整体母猪的生产成绩。

惊喜在这里

扫一扫加入

猪海拾贝互动社区

打开哼哼会APP扫描

第七章

生产记录要准确

正确填写后备母猪信息卡

本节疑惑

后备母猪信息卡有什么作用？

后备母猪信息卡要填写哪些内容？

后备母猪信息卡怎么使用？

哼哼课堂

后备母猪信息卡的作用

后备母猪信息卡记录了后备母猪从开始进行刺激发情到完成配种的所有生产信息，对于后备母猪的生产管理非常重要。

后备母猪信息卡填写的主要内容

后备母猪信息卡需要填写的内容包括：耳号、日龄、发情记录、免疫保健记录、治疗记录等内容。

使用后备母猪信息卡

积极查看后备母猪卡上记录的信息，可以防止工作上的疏漏和不足之处，发现日常管理中存在的问题，尤其是后备母猪的发情记录和治疗记录。后备母猪出现第二次发情后就需要进行催情补饲，提高后备母猪的排卵数。在后备母猪发病治疗期间，每天都要检查后备母猪卡，跟踪治疗效果并决定后续的治疗方案。

后备母猪信息卡

耳号	栏位	品种	到场日龄	第一次发情	第二次发情	第三次发情	配种日期	死淘	疫苗免疫				
									免疫时间	种类	剂量	头数	执行人
									治疗信息				
									耳号	原因	药物	剂量	效果

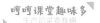

一问一答

后备母猪信息卡中最重要的功能是什么？

　　记录后备母猪的每一次发情日期，用于跟踪和预计配种时间。
　　当后备母猪开始进行刺激发情并出现第一次静立反应时，在后备母猪卡首次发情记录栏中填写第一次发情日期，并预计第二次发情日期。当后备母猪出现第二次发情时，在第二次发情记录栏中填写第二次发情日期，并计算第三次发情日期及执行催情补饲。

如果后备母猪信息卡上免疫和治疗信息没有记录会怎样？

　　会导致免疫程序和治疗跟踪混乱，严重影响后备母猪的健康。
　　如果后备母猪发病需要进行药物治疗时，在治疗一栏中填写后备母猪耳号、药物名称、剂量、疗程、原因。在治疗的最后一天记录药物的休药期。

为什么记录后备母猪的日龄也很重要？

　　因为这决定了后备母猪的刺激发情开始时间。

小结

　　后备母猪是猪场的未来，是配怀舍管理的重点环节。后备母猪引入猪场并开始进行隔离饲养后，就必须为每头后备母猪制作后备母猪信息卡，用于填写后备母猪在配种之前的所有生产信息。后备母猪进场后要完成隔离、疫苗免疫、药物保健、刺激发情与同步发情等工作流程。为确保这些流程能够正确执行，所有的免疫、治疗及发情信息都要进行详细记录，以此为基础完成后备母猪的配种目标。

惊喜在这里

扫一扫加入

猪海拾贝互动社区

打开哼哼会APP扫描

2 正确填写母猪信息卡

本节疑惑

填写母猪信息卡有什么要求？

母猪信息卡要填写哪些内容？

母猪信息卡怎么使用？

填写母猪信息卡的要求

（1）及时性

配怀舍母猪发生任何事件必须在当时就记录下来，否则容易造成信息遗漏，影响生产管理。尤其是母猪的配种日期必须及时记录，母猪配种后进行返情检查、B超孕检、体况评分等工作都要依靠配种日期来进行计划。

（2）准确性

母猪信息卡上记录了母猪在配怀舍的所有生产信息，同时也是输入到电脑信息软件的原始凭证，必须保证信息卡上的信息准确无误。不准确的记录不仅会导致生产出现混乱，而且会在生产分析时浪费大量时间和精力。

母猪信息卡填写的主要内容

母猪信息卡的内容包括耳号、胎次、发情日期、配种日期、公猪耳号、人工授精评分、体况评分、预产期等信息，还包括返情、流产、空怀、妊娠检查阴性等异常情况信息。

母猪信息卡的类型

母猪信息卡又叫母猪卡，主要有塑料卡片和纸质两种类型。塑料母猪信息卡的正面用于记录母猪耳号、配种日期、预产期，背面是记录母猪的产仔信息数据，优点是耐用，缺点是记录的母猪配种信息量较少。纸质版的母猪信息卡是猪场根据猪场实际情况进行制作，包含母猪返情检查、B超孕检、体况评分；还有一种是通过猪场信息专业化软件（如美国的herdsman软件）直接打印出来，记录母猪的配种信息量更全面，可以更好地对母猪进行配种管理。

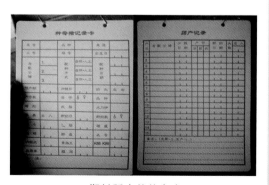

塑料版本的信息卡

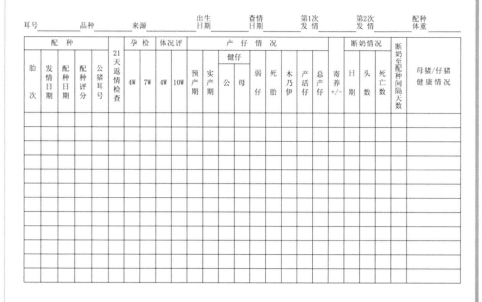

G39563		组:		母系指数: 100.00			最近一次配种
		备用身份号:		遗传品种: F1-二元			14/05/19
		耳缺:		家系:			预产期
		状态: 已配种		父系:			14/09/10
		出生日期:		母系:			
		胎次:		母系指数:			
		猪场: FFXZC		终端父系指数:			平均

胎次	0	1	2	3		平均
分娩日期		13/07/08	13/11/26	14/04/20		
总产仔数	0	12	11	13	0	12.00
活仔数	0	8	9	13	0	10.00
死胎	0	3	2	0	0	1.67
木乃伊	0	1	0	0	0	.33
妊娠天数	0	116	115	115	0	115.33
胎次间隔	0		141	145	0	143.00
断奶日期		13/07/29	13/12/19	14/05/12		
断奶仔猪数	0	9	7	11	0	9.00
断奶日龄	0	21	23	22	0	22.00
寄养仔猪净数量	0	1	0	0	0	.33
死猪头数	0	0	2	2	0	1.33
交配次数	1	1	1	1	0	.75
第一次配种	13/03/14	13/08/03	13/12/26	14/05/19		
最近一次配种						
公猪	D67/D67	D67/D154-4	D381/D381	D67/D67		

21天日期: 14/06/09　35天日龄: 14/06/23　第80天:14/08/07　100天: 14/08/27

注释:

软件生成的母猪信息卡

XXX猪场母猪卡

耳号＿＿＿　品种＿＿＿　来源＿＿＿　出生日期＿＿＿　查情日期＿＿＿　第1次发情＿＿＿　第2次发情＿＿＿　配种体重＿＿＿

胎次	配　种				21天返情检查	孕　检		体况评	产　仔　情　况									断奶情况			断奶至配种间隔天数	母猪/仔猪健康情况
	发情日期	配种日期	配种评分	公猪耳号		4W	7W	4W 10W	预产期	实产期	健仔		弱仔	死胎	木乃伊	产活仔	总产仔	寄养+/-	日期	头数	死亡数		
											公	母											

纸质版本母猪信息卡

哼哼课堂趣味多

一问一答

母猪信息卡的最主要的作用是什么？

记录母猪日常生产所发生的所有事件，帮助猪场人员进行日常管理，提高管理效率。

哪一项是母猪信息卡上生产信息的起点？

母猪的配种日期。

母猪信息卡可以悬挂在哪里？

信息卡一般都悬挂在定位栏母猪头部上方或临近墙壁一侧，纸质版用塑料文件袋装好并用夹子夹住，大栏饲养的母猪一般悬挂在母猪栏上方。在悬挂信息卡时要核查母猪耳号，分娩产仔信息，断奶信息，产房健康信息等。

悬挂在墙壁一侧的母猪卡必须醒目标明栏号

小结

　　母猪信息卡记录了母猪一生之中所有的生产信息，从第一次配种开始到最终淘汰，母猪信息卡上都要有详细的记录，是猪场信息管理体系中的中重要组成部分。正确填写母猪信息卡是配怀舍母猪管理的基础工作，也是猪场管理良好的表现。

惊喜在这里

扫一扫加入

猪海拾贝互动社区

打开哼哼会APP扫描

第八章

更有效地管理您的猪场

 猪场可视化信息管理

本节疑惑

什么是可视化管理？

猪场可视化管理有什么作用？

如何建立猪场可视化管理体系？

猪场可视化信息管理

　　现代化猪场是一个复杂的生产系统，每天各个部门都会进行各种流程，发生各种事件，产生大量的生产信息和数据。猪场可视化管理是通过颜色、照片、标牌、图表、挂图、标识等工具将猪场生产数据和生产流程通过眼睛可见的方式出现在栏舍中，起到随时提醒和指导猪场员工进行生产和检查的一种管理方法。通过可视化信息管理，可以实现猪场生产的透明化，管理的可视化，有效提高猪场生产效率和生产成绩。

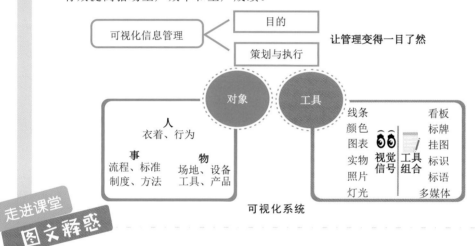

可视化系统

猪场标准生产流程可视化管理

　　猪场生产流程可视化管理是指将猪场各个环节标准的生产流程、操作步骤、详细要求通过挂图、文字、表格、卡片等形式悬挂在生产车间，让员工明确每项工作操作流程该如何进行，明白"该如何正确操作"并养成良好的习惯。例如：在进行精液稀释时，可以在实验室悬挂精液稀释标准操作流程和步骤，随时提醒员工进行正确的稀释操作。

实验室挂图

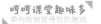

猪场生产操作过程中的可视化管理

　　猪场生产操作过程中的可视化管理是指应用不同颜色的蜡笔在母猪身上进行标记方便员工进行识别目前已经进行的各种实际操作进度，猪场常见的可视化管理是在人工授精时给母猪进行的各种形式的标记。

（1）人工授精标记系统

　　人工授精时通过不同形式和颜色的标记区分母猪发情的时间与人工授精的时间和次数。

发情　　　　配种　　　　发情结束　　第一天上午发情　第一天下午发情　发情立即配种
　　　　　　　　　　　　　　　　　下午配种　　　　第二天上午配种　连续配种三次
　　　　　　　　　　　　　　　　　第二天上午发情　第二天下午发情
　　　　　　　　　　　　　　　　　下午配种　　　　第三天上午配种

人工授精"DSG"标记法，利用颜色区分上下午

发情前期　　发情　　第一次配种　第二次配种　发情前期　对公猪静立　对人静立　第一次配种

      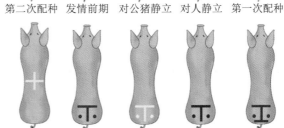

第三次配种　第二个星期　第三个星期　　淘汰　　第二次配种　第二个星期　第三个星期　发情结束

发情配种标记法；准备三种颜色，每隔一个星期换一次颜色，当再次用到
同一种颜色时即表示过了一个发情周期，这种颜色区分主要用于查返情

（2）异常情况标记系统

异常情况的可视化就是指将猪场日常生产过程中可能会出现的各种异常现象，比如体况太瘦、返情流产的问题母猪通过卡片、颜色标记等形式显现出来，让员工能及时发现和识别，并能尽快进行处理。

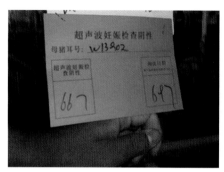 

问题母猪卡

| 淘汰保留 | 流产 | 空怀 | 疑似妊娠检查阴性 | 确定妊娠检查阴性 | 恶露 |

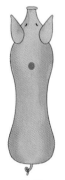 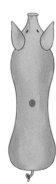 

| 治疗 | 打疫苗 | 待观察 |

生产数据的可视化管理

生产数据的可视化管理是将生产数据通过看板的形式体现出来。猪场常用的数据看板有母猪生产批次记录看板，将每周配种头数、品种、分娩头数等情况与实际配种目标进行比对。

配怀舍生产批次记录看板

建立猪场可视化管理体系的方法

①结合猪场实际情况，制定标准的生产操作流程是可视化管理的基础。

②利用各种工具制作标识和看板，悬挂在醒目处，用于指导生产流程的各项操作。

③对猪场所有员工进行培训，明确目标，统一思想，全员参与，推动可视化管理开展。

④正确执行可视化管理。

⑤持续改进，逐步优化，建立可视化管理的标准化管理。

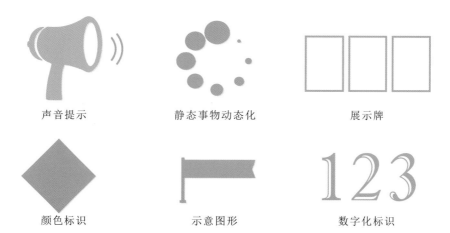

| 声音提示 | 静态事物动态化 | 展示牌 |
| 颜色标识 | 示意图形 | 数字化标识 |

可视化管理的常见实施方法

哼哼课堂趣味多
更有效地管理您的猪场

一问一答

猪场可视化信息管理有什么优点？

通过可视化管理可以将猪场各种生产信息数据与猪场日常生产紧密结合在一起，让员工非常直观看到猪场的实时生产数据、标准生产操作流程及员工的实际生产操作情况，可以更好地推动各项生产流程技术的执行和落地，及时发现工作中存在的问题并进行纠正。

建立猪场可视化管理的首要工作是什么？

猪场如果要建立可视化管理，首先必须让员工充分理解可视化管理的目的和意义，明确创建可视化管理的重要性和必要性，统一员工思想。

动员员工结合生产实际情况，制定标准的生产操作流程步骤，统一设计各个生产环节的图示和标识。让每一位员工参与到可视化管理的建设工作中去，让员工知道什么是可视化，为什么要做可视化，如何来做好可视化。

猪场可视化管理体系如何持续改进？

猪场管理者要遵循持续改进态度，对于可视化管理存在的问题要及时纠正。当猪场生产设备更新、猪群管理方式改变而相应生产流程也随之改变时要及时进行优化，将整改和变更后的内容更新到现场的可视化图示、标识中，这样才能不断地完善和提高猪场可视化信息管理的水平。

小结

　　可视化管理是根据实际生产需要，运用形象直观而又色彩适宜的各种视觉形式制定一套系统"可见"的管理方案。能让企业的流程更加直观，使企业内部的信息实现可视化，并能得到更有效的传达，从而实现管理的透明化。可视化管理包括看板管理和目视管理在内的所有现场管理内容。

　　掌握可视化信息管理，可以使猪场各个生产流程更加有序高效地开展和进行，提高猪场员工现场管理的效率，有利于发现生产一线工作中存在的各种问题，以便及时发现和修正，从而不断优化生产流程，提高员工的技能水平，提高猪场生产成绩。

打开哼哼会APP扫描

惊喜在这里

扫一扫加入

猪海拾贝互动社区

2 批次生产管理

本节疑惑

什么是生产批次管理？

批次生产管理有什么优点？

如何建立生产批次管理模式？

猪场批次化管理

　　猪场批次生产管理是根据猪场分娩舍产床和其他栏舍数量制定生产计划，将母猪群分成若干批次或群体集中配种、分娩、断奶，使猪场生产达到计划有序、均衡生产的目的。批次生产管理可以根据猪场母猪规模和实际栏舍情况将生产批次改为1、2、3、4、5周作为一个批次进行管理，以便将母猪集中在1周内配种后，并集中在妊娠期结束后的1周内完成分娩。

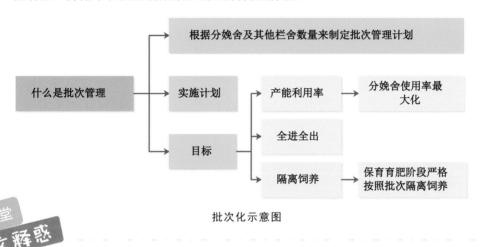

批次化示意图

批次生产管理模式的优点

　　猪场生产操作过程中的可视化管理是指应用不同颜色的蜡笔在母猪身上进行标记，方便员工识别目前已经进行的各种实际操作进度，猪场常见的可视化管理是在人工授精时给母猪进行的各种形式的标记。

　　（1）使生产管理有序进行

　　传统猪场生产管理对母猪的配种、分娩、断奶等工作没有进行合理的计划，生产管理相对混乱。批次生产管理可以将猪群以周为单位，按照生产节律进行合理计划，集中配种、分娩、断奶、转群，可以做到全进全出、均衡生产，使得生产有序进行。

　　（2）提高猪群健康水平

　　批次生产管理可以严格的执行全进全出管理，使不同批次间的猪群集中在不同栏舍中饲养，避免不同生产阶段和日龄的猪群混养，降低猪群交叉感染的机会，有效防止疾病的水平传播，提高猪群健康水平。

(3)提高生产效益

批次生产的猪群日龄相近，猪群的营养需求一致，不同阶段的饲料更换可以集中进行，有利于减少猪群应激，满足猪群生长的营养需求，使得猪群生长速度快，整齐度高，可以集中出栏，经济效益更好。

(4)人员管理灵活

批次生产管理可以将传统连续生产方式情况下每天或每周都需要执行的配种、分娩接生、仔猪护理、疫苗免疫、转群等重要工作，集中安排在短时间内完成；可以有效地分配人力，给员工足够的休息时间，有利于提高员工积极性和工作效率。

批次生产管理模式与传统连续生产管理模式比较

项目	类别	传统生产模式	批次管理生产模式
生产管理	生产有序	否	是
	全进全出	否	是
	均衡生产	否	是
	仔猪方便寄养	否	是
健康管理	交叉感染	有	无
	日龄差异	大	小
	抗体整齐度	低	高
	健康状况	低	高
生产效益	饲料报酬	低	高
	生长速度	低	高
	群体整齐度	低	高
	用药成本	高	低
	集中出栏	否	是
人员管理	分配任务	难	易
	工作效率	低	高
	员工休息	无	有

走进课堂
图文释惑

批次生产管理模式设计原理

批次生产管理是根据母猪的生产周期来设定母猪群的分娩批次来安排集中生产，取决于母猪生产周期和两个生产批次的间隔时间。母猪生产周期是由母猪从断奶到发情的天数、妊娠期及哺乳期天数组成，例如妊娠期114天，哺乳期28天、断奶再发情期5天，共147天（21周），说明母猪从上次配种到断奶后再次配种需要间隔21周循环回转一次。猪场母猪的生产批次数是由生产周期长度除以各批次之间的间隔时间(周)来确定。

需要注意的是母猪生产批次数必须是整数，在实际生产过程中，可以通过调整哺乳天数长度来调整生产周期长度。如果哺乳天数是21天，母猪的生产周期则为140天，那么经过20周后母猪断奶后重新配种进入下一轮的生产循环。

根据不同批次间隔时间和母猪哺乳时间可以将母猪群分为不同的批次生产管理小组：1周批次间隔：21个组；2周批次间隔：10个组；3周批次管理：7个组；4周批次管理：5个组；5周批次管理：4个组。

不同生产管理系统的生产批次数

项目	1周批次	2周批次	3周批次	4周批次	5周批次	6周批次
生产周期长度（w）	20	21	20	21	20	20
每批次间的间隔时间（w）	1	1	2	3	4	5
批次数	20	21	10	7	5	4

不同批次生产管理模式的特点和比较

不同批次	妊娠周期	断奶配种周期	繁殖周期	周期内批次数	产房循环周期	配种	分娩	断奶	闲置	说明
1周	16	3	1	20	1	同周	同周	同周	无	每周都有母猪分娩、断奶、配种
2周	16	3	1	10	4	1周	与配种同周	1周	无	同1周母猪分娩、配种、1周断奶
3周	16	4	1	7	6	1周	1周	1周	无	1周母猪分娩、1周配种、1周断奶
4周	16	3	1	5	4	1周	与配种同周	1周	2周	同1周母猪分娩、1周断奶、有2周产房工作量少
5周	16	3	1	4	5	1周	1周	1周	2周	1周母猪分娩、1周断奶、1周配种、有2周产房工作量少

表头"工作安排时间"跨"配种、分娩、断奶、闲置"四列。

通过批次生产管理，可以将母猪配种、分娩、断奶集中在1周内进行。其中3周批次管理模式中，母猪配种、分娩、断奶分别在单独一周进行，正好与母猪的发情周期3周（平均21天）相吻合的，这正好是配种母猪的返情周期，可以将配种结束3周后返情的母猪过3周再次配种编入下一个批次母猪群体，可以最有效地提高母猪的利用率。

批次生产管理模式的选择

猪场建立批次生产管理模式要考虑猪场保育育肥的饲养容量，其次是分娩舍产床的数量，因为产床的数量决定了每一批次母猪能分娩的头数，也关系到全场的能繁母猪头数，母猪头数越多的猪场采取越大生产批次间隔进行生产所需要的产床数目也越多。正常情况下，通常500头以上母猪猪场适合1周批次生产，500头母猪以下猪场可以结合猪场实际栏舍选择2、3或5周一个批次间隔进行生产。如果考虑母猪的发情周期，那么最好就选择3周批次进行生产管理最为适合。

不同母猪头数的猪场批次生产间隔时间建议

经产母猪/头	批次间隔/w	每批产床数/个	合计产床数/个	产房栋舍	保育头数	上市头数/批
100	3	13	26	2	124	117
150	3	20	40	2	190	181
250	3	33	66	2	314	298
350	3	46	92	2	437	415
500	1	22	123	6	209	199
>1 000	1	44	246	6	418	397

注：①年产2.3胎、每胎活仔数10头、仔猪成活率95%、保育至上市成活率95%计算。
②150头母猪猪场选择3周批次生产后，每批育成上市肥猪头数与500头母猪选择1周批次的上市肥猪头数差不多。

批次生产管理的注意事项

(1)母猪断奶后同步发情方法

定时输精技术是在母猪断奶后24小时内注射PMSG使母猪卵泡发育同步化，经过72小时后再注射GnRH促使卵巢在38~42小时内同步排卵，间隔24小时可以对母猪进行第一次人工输精，间隔48小时后进行第2次输精。在输精同时可以在每份精液中加入缩宫素10IU，轻摇3~5次后进行输精，这样操作可以促进母猪子宫收缩，更好的吸收精液，使精子更早到达输卵管的壶腹部与卵子相遇完成受精，提高受孕率。

母猪断奶后同步发情流程

(2)母猪同期分娩

同期分娩技术就是对妊娠114天还未分娩的母猪肌注氯前列烯醇钠溶解黄体，使母猪在24~36小时内顺利分娩。将批次间分娩之仔猪日龄控制在3日龄以内。达到同期分娩的目的。

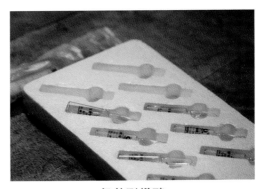

氯前列烯醇

(3)后备母猪的同步发情

猪场需要储备足够数量的后备母猪用于经产母猪的更新，通常210日龄可配种后备母猪头数占到母猪头数6%左右。采用正确的后备母猪刺激发情和同步发情的方法来刺激后备母猪，做好后备母猪的发情记录，可以合理控制后备母猪的发情，满足批次生产管理配种需要。也可以采用给后备母猪连续饲喂四烯雌酮来控制后备母猪发情时间进行及时配种。

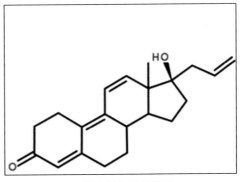

四烯雌酮化学结构图

哼哼课堂趣味多
更有效地管理您的猪场

（4）配种后及时做好妊娠检查

配种后的母猪在配种后18天做好返情检查，在妊娠4周和7周使用B超做妊娠检查，尽早发现返情及空怀母猪。

（5）做好信息记录

猪场采用批次生产管理之后，要准确记录母猪的生产记录，并进行分析，统计母猪断奶后至发情的平均天数和平均妊娠天数之和，通过调节母猪哺乳天数和发情天数对母猪的生产繁殖周期进行调整，满足批次生产管理的需要。

一问一答

猪场执行批次化管理的优点有哪些？

　　批次管理的优势就是使猪场生产有计划，在同一时间内提供更多商品猪，利于集中销售；同时减少与外界接触的机会，降低外界疾病传入的风险，特别适合小型猪场；能充分利用分娩栏，如果计划不严密，造成分娩栏的空置，使成本浪费；有效利用后备母猪，后备母猪进行同期发情，使饲养成本费用低，延长母猪使用年限；有计划分群工作，可以节省人力，资源优化配置，安排经验丰富的人从事重要的工作。

猪场如何选择合适的批次化管理模式？

　　500头母猪以下规模猪场适合3周批次生产管理模式，可以将配种、分娩、断奶分别集中在一周内同时进行。

同期分娩有什么好处？

　　在母猪分娩时期有大量的相近时间分娩的母猪，可以更好地给日龄相近的哺乳仔猪进行寄养，提高仔猪成活率。

小结

　　猪群通过批次生产管理可以严格执行全进全出，使不同生产阶段的猪只各自处于不同的猪舍内，可以有效阻断传统连续饲养方式下猪群疾病的水平传播，减少猪群交叉感染，提高猪群健康度。同时运用批次生产管理可以集中安排员工的工作时间，让员工有时间进行休息，提高工作效率。随着养猪业的发展和分工，专门的出售仔猪的母猪场和购买仔猪进行育肥的育肥场已经普遍存在，批次化管理非常适合这种两点式的生产形式。目前在国外养猪发达国家和国内在大型规模化猪场，猪场批次生产管理技术得到了广泛的应用。

惊喜在这里

扫一扫加入
猪海拾贝互动社区

打开哼哼会APP扫描

参考文献

林长光. 2016. 母猪精细化养殖新技术[M]. 福州：福建科学技术出版社.

芦惟本. 2013. 跟芦老师学养猪系统控制[M]. 北京：中国农业出版社.

吴　德. 2013. 猪标准化规模养殖图册[M]. 北京：中国农业出版社.

中华人民共和国国家质量监督检验检疫总局，中国国家标准化管理委员会. 2008. 规模猪场环境参数及环境管理：GB/T17824.3—2008[S]. 北京：中国标准出版社.

中华人民共和国农业部. 2004. 农业行业标准—猪饲养标准：NY/T65—2004 [S].

Challinor C M G, D am B E, Close W H. 1996. The effects of body condition of gilts at first mating on long-term sow productivity[J]. Animal Science，62：660.

de Jong E, Laanen M, Dewulf J, et al. 2013. Management factors associated with sow reproductive performance after weaning[J]. Reprort Domest Anim，48（3）：435-440.

Douglas S L, Szyszka O, Stoddart K, et al. 2014. A meta-analysis to identify animal and management factors influencing gestating sow efficiency[J]. Animal Science，92（12）：5716-5726.

England D C. 1986. Improving sow efficiency by management to enhance opportunity for nutritional intake by neonatal piglets[J]. Animal Science，63（4）:1297-1306.

John Gadd. 2015. 现代养猪生产技术：告诉你猪场盈利的秘诀[M]. 北京：中国农业出版社.

Knox RV, Rodriguez Zas S L, Sloter N L, et al. 2013. An analysis of survey data by size of the breeding herd for the reproductive management practices of North American sow farms[J]. Animal Science，91（1）：433-445.

Mark Roozen, Kees Scheepens. 2016. 母猪的信号[M]. 马永喜，译. 北京：中国农业科学技术出版社.

Mark Roozen, Kees Scheepens. 2016. 猪的信号[M]. 马永喜，译. 北京：中国农业科学技术出版社.

Palmer J. Holden, M. E. Ensminger. 2007. 养猪学 [M]. 第7版. 王爱国，主译. 北京：中国农业大学出版社.

Signoret J P, Du mensnil. 1960. Role of an acoustic signal from the boar on the reactional behabior of the sow in estrus [J]. C R Hebd Seances Acad Sci，250，1355-1357.

Taveros A A, More S J. 2001. A field trial of the effect of improved piglet management on smallholder sow productivity in the Philippines[J]. Prev Veterinary Medicine，49（3-4）：235-247.

Young B, Dewey C E. 2010. Management factors associated with farrowing rate incommercial sow herds in Ontario[J]. Friendship RM. Can Vet J，51（2）：185-189.